大连交通大学学术著作出版基金资助出版

土木工程软件应用系列

MIDAS GTS NX
数值模拟技术与工程应用

王海涛 涂兵雄
苏　鹏 古兴康　编著

U0244670

大连理工大学出版社

图书在版编目(CIP)数据

MIDAS GTS NX 数值模拟技术与工程应用 / 王海涛等
编著. -- 大连 ：大连理工大学出版社，2020.9(2025.2 重印)
（土木工程软件应用系列）
ISBN 978-7-5685-2246-5

Ⅰ. ①M… Ⅱ. ①王… Ⅲ. ①岩土工程－数值模拟－
计算机辅助分析－应用软件 Ⅳ. ①TU4－39

中国版本图书馆 CIP 数据核字(2019)第 243662 号

大连理工大学出版社出版

地址:大连市软件园路 80 号　邮政编码:116023
营销中心:0411-84707410　84708842　邮购及零售:0411-84706041
E-mail:dutp@dutp.cn　URL:https://www.dutp.cn
大连朕鑫印刷物资有限公司印刷　　　　大连理工大学出版社发行

| 幅面尺寸:185mm×260mm | 印张:21.5 | 字数:497 千字 |
| 2020 年 9 月第 1 版 | | 2025 年 2 月第 3 次印刷 |

责任编辑:张　泓　　　　　　　　　　　　责任校对:裴美倩
封面设计:温广强

ISBN 978-7-5685-2246-5　　　　　　　　　　定　价:59.80 元

MIDAS GTS NX(New eXperience of Geo-Technical Analysis System)是由迈达斯公司开发的岩土与隧道结构有限元分析软件。该软件将通用的有限元分析内核与岩土隧道结构的专业性要求有机结合,集合了目前岩土隧道分析软件的优点。该软件包括非线性弹塑性分析、非稳定渗流分析、施工阶段分析、渗流-应力耦合分析、固结分析、地震分析、动力分析等。该软件不仅具有岩土分析所需的基本分析功能,还为用户提供了包含最新分析理论的强大分析功能,是岩土和隧道分析与设计的最佳解决方案之一。

MIDAS GTS NX 软件以其全中文化的操作界面、直观亲和的前处理、多样的分析功能、丰富的材料本构模型、简洁全面的后处理,已在世界众多大型岩土和隧道工程中得到应用。MIDAS GTS NX 的用户遍及全国各大设计院校及科研院所,并在数百项工程中得到应用。相信在不久的将来,MIDAS GTS NX 必将成为中国岩土工程师手中的分析利器。本书详细地讲解了 MIDAS GTS NX 的操作及其工程应用,并附有案例操作视频,方便读者学习。本书以 MIDAS GTS NX 为平台,共分 10 章。具体内容如下:

第 1 章 MIDAS GTS NX 数值模拟介绍。主要介绍了岩土工程问题的基本特点、有限元及其在岩土工程中的应用、MIDAS GTS NX 的特点及工程应用、MIDAS GTS NX 的用户操作界面。

第 2 章 完成一个简单分析案例。本章主要通过对隧道开挖过程进行模拟分析,使读者简单了解并学会使用 MIDAS GTS NX 进行一般的数值模拟操作。

第 3 章 几何。一般情况下,几何模型主要通过建立顶点与曲线、曲面与实体、布尔运算、分割、延伸、转换、子形状、删除、工具等功能建立。

第 4 章 网格。网格操作功能包括属性/坐标系/函数、控制、生成、网格组、延伸、转换、节点、单元、工具等。

第 5 章 分析方法。分析方法包括静力/边坡分析、渗流/固结分析、动力分析等。用户使用时,应根据不同的工况类型进行选择,在使用时要注意各个类型的区别。

第 6 章 分析。本章主要对 MIDAS GTS NX 的分析求解方法进行了简要的介绍,包括各类分析所采用的数学原理。

第 7 章 结果与工具。本章对 MIDAS GTS NX 的结果处理进行了简要的介绍,包括计算完毕后计算结果的提取。

第 8 章 基坑施工阶段分析案例。本章简单介绍了基坑开挖支护过程的施工分析,并对模型做出施工阶段分析,介绍了分析后对结果的处理和对表格曲线的获取。

第 9 章 三维列车动荷载分析案例。本章简单介绍了 MIDAS GTS NX 模拟列车在行进过程中对路基和轨道板的应力和其他影响过程。主要定义了不同土层、路基层和路面层的材料属性,对模型做出特征值分析和时程分析,并介绍了分析后对结果的处理和对表格曲线的获取。

第 10 章 渗流及渗流-应力耦合分析案例。本章主要介绍了 MIDAS GTS NX 渗流及渗流-应力耦合数值分析的操作流程。

本书中的所有案例模型和操作视频均可在大连理工大学出版社官网（http://dutp.dlut.edu.cn）或扫描封面上的二维码下载，读者可以在熟悉基本理论的基础上参照视频教学同步演练，从而较快掌握 MIDAS GTS NX 岩土数值分析的基本思路及操作过程，并掌握相关使用技巧。

本书可作为工科院校土木、力学等专业高年级本科生、研究生学习 MIDAS GTS NX 应用软件的教材，也可以作为岩土工程、隧道与地下工程技术人员学习 MIDAS GTS NX 软件的参考用书。

本书由王海涛、涂兵雄、苏鹏、古兴康编著。同时参加本书编写的工作人员还有高军程、高仁哲、吴跃东、张小浩、孙昊宇、刘维、庄心欣、郭涛、李志明、何永、闫帅、申佳玉、金慧、张景元。

感谢北京迈达斯技术有限公司刘井学经理对本书编写的指导，并提供了宝贵的资料。感谢大连交通大学土木工程学院的领导及同事对本书写作提供的帮助。感谢北京迈达斯技术有限公司对本书的写作提供技术支持。本书在写作的过程中还参考了岩土论坛（http://bbs.yantuchina.com/）及北京迈达斯技术有限公司官网（http://cn.midasit.com/）的部分资料，在此，也一并表示感谢。限于编著者水平，书中疏漏在所难免，欢迎广大读者批评指正。

编著者

2020 年 6 月

目 录

第1章 MIDAS GTS NX 数值模拟介绍

1.1 MIDAS GTS NX 简介

MIDAS GTS NX(New Experience of Geo-Technical Analysis System)是一款针对岩土领域研发的通用有限元分析软件,不仅支持线性/非线性静力分析、线性/非线性动态分析、渗流和固结分析、边坡稳定分析、施工阶段分析等多种分析类型,而且可进行渗流-应力耦合、应力-边坡耦合、渗流-边坡耦合、非线性动力分析-边坡耦合等多种耦合分析,适用于地铁、隧道、边坡、基坑、桩基、水工、矿山等各种实际工程的准确建模与分析。

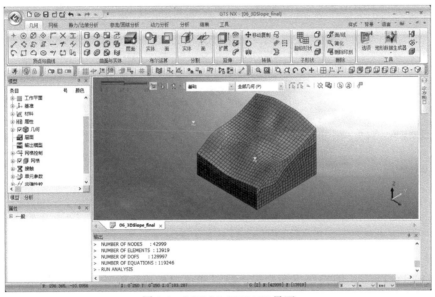

图 1-1　MIDAS GTS NX 界面

MIDAS GTS NX 提供了多种 CAD 接口程序、CAD 标准的几何建模功能、网格划分功能,以及使用基于 64 位集成求解器的最新图形处理技术和分析功能,模型规模越大,分析速度提升越明显。

MIDAS GTS NX 是经过国内外专业技术人员和专家的共同努力,并考虑实际设计人员的需要,基于 Windows 环境开发的,是一款易学习、易使用、功能强大的岩土分析软件。MIDAS GTS NX 为适应最新的计算机软硬件发展,搭载了 64 位集成求解器。菜单构成非常直观,即便初学者也可很快掌握。经过严格测试并具有品质保证的分析功能和分析速度、卓越的图形表现以及结果整理等功能将为用户提供一个全新的分析环境。

另外,MIDAS GTS NX 在开发阶段通过几千种例题的计算,将其计算结果与理论值同其他软件的计算结果进行了比较、验证,并运用在大量的工程项目中,证明了它的准确性和高效性。

北京迈达斯技术有限公司主页(cn.midasuser.com)上提供了部分最具代表性的例题。由于采用了最新理论,因此在有限元运算原理方面可得出较同类软件更为精确的计算结果。

1.2 初识 MIDAS GTS NX

1.2.1 操作界面构成

MIDAS GTS NX 为用户提供了便捷的操作环境,操作界面由丽板菜单、工作窗口、工作目录树窗口、属性窗口、任务窗口、工具栏、关联菜单、表格窗口、输出窗口等组成,如图 1-2 所示。

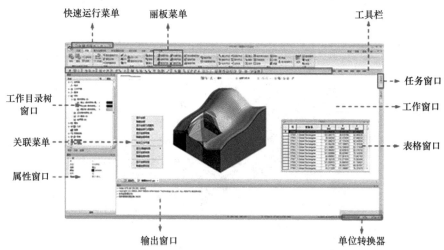

图 1-2　MIDAS GTS NX 操作界面构成

MIDAS GTS NX 的操作界面由如下窗口和菜单构成:

1.工作窗口(Work Window)

利用 MIDAS GTS NX 的多种图形用户界面(GUI)功能,进行建模和后处理作业的窗口。

2.工作目录树窗口(Work Tree Window)

工作目录树窗口中列有项目的所有几何体、网格及用户输入的各种荷载、边界条件和分析控制信息,具有与 Windows 操作系统的资源管理器类似的树形结构。

在工作目录树窗口中可清楚地确认工作内容,支持各种选择功能,并根据选择对象提供包含目标操作命令的关联菜单。

3.属性窗口(Property Window)

属性窗口提供在工作窗口或工作目录树窗口中选择的个体的相关属性信息。

属性窗口根据工作模式或选择对象的不同,其构成也不同,在属性窗口中可修改名称、颜色等基本信息。

4.输出窗口（Output Window）

输出建模和分析过程的各种信息以及警告和错误信息。

5.任务窗口（Task Pane Window）

按照标准步骤便捷地调出主要建模方法和分析功能在各阶段中相应的功能,根据功能分类和步骤提供相关菜单。提供多样的工作面板定义,用户可以根据操作特性和符号自由使用。

6.表格窗口（Table Window）

将各种输入数据或分析结果以电子表格形式显示的窗口。在表格窗口中提供了各种编辑、添加、查询和整理命令以及制作图表功能,并可与 Microsoft Excel 数据互换兼容。

7.单位转换器（Unit Converter）

可以便捷转换使用中的单位系统。可以对力、长度、时间的单位进行转换,使前处理特性或后处理数据输入更方便。

8.丽板菜单（Ribbon Menu）

内含 MIDAS GTS NX 运行中需要的所有功能的指示命令语。主菜单按丽板菜单形态提供,为了扩大使用的空间,可以把丽板菜单最小化,使用时可双击子菜单的名称快速实现。若再次双击,丽板菜单就会回到原来的状态。丽板菜单的构成如图 1-3 所示。

图 1-3　丽板菜单的构成

9.工具栏（Toolbar）

集中经常使用的与视图工具关联的功能。

MIDAS GTS NX 中为经常使用的一些命令提供了便利的图标菜单。特别是将具有类似功能的图标集成到相同的表单中,方便用户查找使用。

对工具栏的图标菜单功能不了解时,可将鼠标放置到图标上,便会显示相应的图标功能说明小贴士。工具栏的构成如图 1-4 所示。

图 1-4　工具栏的构成

10.关联菜单（Context Menu）

在工作窗口或工作目录树窗口中单击鼠标右键,系统将会自动获取用户的工作状况、选择对象、单击位置,显示相对应的功能或经常使用的功能。

1.2.2　MIDAS GTS NX 文件启动

1.建立新文件

建立新文件时,应设置分析所需的初始变量,包括模型类型、重力方向及加速度大小、单位系统等。模型类型可定义为 2D、3D 或轴对称。在 2D 模型的情况下,重力方向为 Y 方向;在 3D 模型的情况下,重力方向可指定为 Y 方向或 Z 方向,对话框如图 1-5 所示。

图 1-5　分析设置对话框

定义分析模型时需要结构尺寸或材料性质等数据,这些物理量的信息一般要按特定单位系统为基准定义。在 MIDAS GTS NX 中,可转换力、长度、时间单位,用户在定义分析模型时,可根据建模过程转换单位系统。MIDAS GTS NX 中支持的单位系统见表 1-1。

表 1-1　　　　　　　　　　　　　　　　单位系统

荷载	长度	时间
kgf	mm	sec
tonf	cm	min
N	m	hr
kN	in	day
lbf	tf	
Kips	μm	

2.打开文件

用户可打开旧版 MIDAS GTS 文件和 MIDAS GTS NX 文件。

按图 1-6 的路径选择分析模型,用户可预先查看相应模型文件的图像和基本的模型分析信息。

3.保存文件

保存当前项目文件。如图 1-7 所示,在选项对话框中勾选【自动保存文件】后,软件会按设置的保存时间间隔自动保存文件。

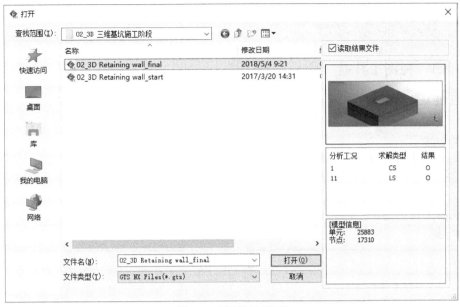

图 1-6　模型打开路径

图 1-7　选项对话框

　　用新名称保存当前项目文件。在建模过程中虽然可以用撤销或重做功能取消或恢复操作,但是如果按建模阶段分别保存最终模型,则可使修改错误模型和变更条件变得更加简单。

4.关闭活动的文件

　　当对模型信息进行了修改,关闭当前打开的项目时,软件会弹出是否保存修改的提示信息。

1.3 界面介绍

1.3.1 视图工具栏

视图工具栏如图 1-8 所示。因为在 CAD 软件中,坐标系的 Y 轴一般都指向上边,所以在导入 CAD 中建立的几何模型时,若想在与 CAD 相同的视点上查看模型,可利用轴侧视图查看。

图 1-8 视图工具栏

视图工具栏图标功能见表 2-2。

表 2-2 视图工具栏图标功能

图标	功能
	显示整体模型 放大或缩小模型使其适合窗口大小
	缩放栅格 放大或缩小模型使其适合工作平面栅格
	缩放窗口 放大鼠标指定的四边形区域
	放大或缩小 放大或缩小模型及工作平面的栅格,使其适合窗口大小。单击图标菜单,在工作窗口上用鼠标左键或鼠标滚轮放大或缩小模型 在按住鼠标左键的状态下,向右拖动鼠标则放大模型;向左拖动鼠标则缩小模型。滚轮向上将放大模型,滚轮向下将缩小模型 在按住【Ctrl】键的状态下,若按住鼠标左键拖动,即使没有选择图标也能放大或缩小模型
	旋转 单击视图工具栏,在工作窗口上按住鼠标左键拖动鼠标,模型就按拖拽的方向旋转。想连续旋转模型时,即在按住【Ctrl】键的状态下,按住鼠标右键拖动鼠标
	旋转中心 指定旋转的基准位置,以此点为中心旋转模型。在工作窗口上单击鼠标滚轮并拖动,就能以指定的基准点为中心旋转模型
	平行移动 将模型移动到目标位置。在工作窗口上按住鼠标左键拖动鼠标,模型就按拖拽的方向移动 在按住【Ctrl】键的状态下,若按住鼠标滚轮拖动,即使没有选择图标也能移动模型
	法向视图 将视图调整到工作平面的法线方向(画面将转化成工作平面的 X 轴在画面的右侧、Y 轴在画面的上侧的二维视图)
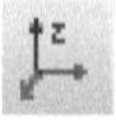	轴侧视图 1 将视点调整到等轴位置(指向整体坐标系 Z 轴的上端)

续表

图标	功能
	轴侧视图 2 将视点调整到等轴位置(指向整体坐标系 Y 轴的上端) 一般在 CAD 软件中,整体坐标系 Y 轴指向上端。因此,导入 CAD 中建立的几何模型时,若想在与 CAD 相同的视点上查看模型就用轴侧视图 2
	前视图 将视点调整到模型正面 适合以 Z 轴为基准,整体坐标系基准的 YZ 平面旋转 180 度的平面
	后视图 将视点调整到模型背面 适合整体坐标系基准的 YZ 平面
	顶视图 将视点调整到模型顶面 适合以 X 轴、Y 轴为基准,整体坐标系基准的 XY 平面旋转 90 度的平面

1.3.2　建模助手工具栏

建模助手工具栏如图 1-9 所示,其图标功能见表 2-3。

图 1-9　建模助手工具栏

表 2-3　　　　　　　　　　　　　建模助手工具栏图标功能

图标	功能
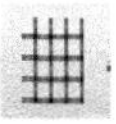	显示/隐藏栅格 在界面显示或隐藏栅格
	显示/隐藏基准轴/面 在窗口显示或隐藏基准轴、基准面
	显示/隐藏 WCS 显示或隐藏 WCS WCS(Workplane Coordinate System)是指工作平面的坐标系
	显示/隐藏 GCS 显示或隐藏 GCS GCS(Global Coordinate System)是始终固定的整体坐标系
	调整网格 将当前工作平面调整到期望的位置 移动工作平面的方法有基于参考平面法、三点法和法向法
	定义栅格 帮助用户建模的栅格始终处于工作平面的 XY 平面位置上。使用栅格建模时,可以使用网格捕捉功能(✳)获取所需坐标位置,并可在界面上大概估计模型或单元尺寸等 栅格可根据对象模型的尺寸和用户使用的便捷性设置

续表

图标	功能
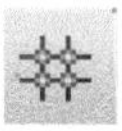 ✳	定义捕捉 用户直接指定点的位置时,可选择选择工具栏的各种捕捉选项

1.3.3 选择工具栏

选择工具栏作为运行各种功能时选择设置对象的方法,是整个建模操作中必须使用的非常重要的功能。根据操作状态和对象,使用最有效的选择方法是非常必要的。

为了使用户能够在所有工作状态下选择最有效的对象,MIDAS GTS NX 提供了各种选择方法。

选择工具栏如图 1-10 所示,提供了 MIDAS GTS NX 所有的选择方法。

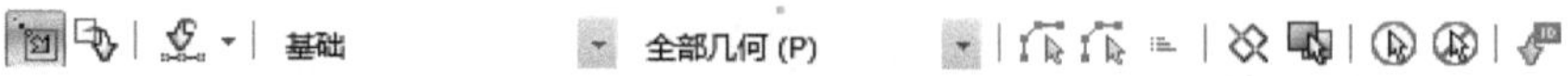

全部几何(P)

图 1-10 选择工具栏

在工作窗口中,使用鼠标选择操作对象时,指定个体的边界会变成绿色亮显,可预先确认操作对象是否被正确选择。选择工具栏图标功能见表 2-4。

表 2-4   选择工具栏图标功能

图标	功能
 ↘	拾取/窗口选择 将指定对象添加到选择模式中
 ↘	取消选择 将指定对象设置为解除选择模式
 拾取或框选图标	拾取或框选 单击个体选择或解除选择 选择区域的方法有四边形、椭圆形、多边形、连接线
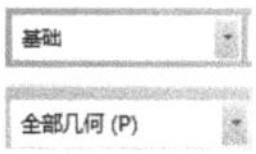 选择过滤图标	选择过滤 指定选择对象的类型进行过滤
选择相邻图标	选择所有相邻的边/面(或单元) 选择边/面(或单元)后,单击鼠标就能自动选择相邻的边/面(或单元)
特征角选择图标	通过特征角选择相邻的边/面(或单元) 选择面/线(或单元)后,单击鼠标就能自动选择相邻的已定义特征角度内的边/面(或单元)
≔	定义特征角度 定义要选择的相邻的边/面(或单元)的特征角度
✕	交叉选择 选择四边形、圆形、多边形中包含与区域边界线相交的对象

续表

图标	功能
	选择正面 在当前视图状态下选择的区域中,只能选择正面对象 在目标以多层存在的情况下,只选择一个层面的对象时使用
	选择全部 选择当前工作窗口中显示的所有对象 在显示全部的状态下,选择当前工作窗口中的所有对象
	取消全部选择 解除选择当前工作窗口中显示的所有对象 在显示全部的状态下,解除选择当前工作窗口中的所有对象
	通过编号选择节点/单元 在节点和单元选择模式中,输入编号选择对象或解除选择

1.3.4 添加视图操作工具栏

添加视图操作工具栏如图 1-11 所示。

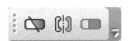

图 1-11 添加视图操作工具栏

1.3.5 节点/单元工具栏

节点/单元工具栏如图 1-12 所示。

图 1-12 节点/单元工具栏

节点/单元工具栏图标功能见表 2-5。

表 2-5 节点/单元工具栏图标功能

图标	功能
	显示/隐藏自由边 在工作平面上可显示或隐藏自由边 自由边是指 2D 单元间节点不共享的部分
	显示/隐藏单元坐标系 在工作平面上显示或隐藏单元坐标系 因为单元的生成顺序和方向决定了单元坐标系,所以为了输出标准荷载,单元坐标系的 方向必须一致。可使用【网格】→【单元】→【网格参数】→【修改坐标系】来修改单元坐标系
	显示/隐藏材料坐标系 在工作平面上显示或隐藏材料坐标系 在工作目录树的【网格】中选择所需网格组,单击鼠标右键,【显示】→【材料坐标系】,设置 显示材料坐标系

续表

图标	功能
°n	显示/隐藏节点号 在工作平面上显示或隐藏节点号 该功能可用于查看特定节点的结果
	显示/隐藏单元号 在工作平面上显示或隐藏单元号 该功能可用于查看特定单元的结果
	查询节点/单元 用户可输入特定的节点号或单元号,或者在窗口单击选择节点或单元,信息将在输出窗口中显示
	显示/隐藏单元 在界面上显示或隐藏整体模型中需要的单元 利用此功能可只显示部分模型,这在处理复杂的大规模模型时十分有用 若选择【全部】,则显示全部单元。通过【前次】按钮,可恢复最近使用的前一阶段单元的激活或钝化状态
	显示所有单元 只显示特定单元后,想要回到初始状态(显示所有单元)时使用
	测量 测量两点间的距离或角度 与【执行与几何】→【工具】→【测量】的功能相同

1.3.6　执行分析工具栏

执行分析工具栏如图 1-13 所示。

1.执行分析

选择要执行的分析工况,操作如图 1-14 所示。

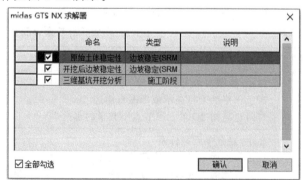

图 1-13　执行分析工具栏　　图 1-14　MIDAS GTS NX 求解器对话框

2.前处理模式

在前处理模式下,几何、网格、荷载、边界条件等信息是以与 Windows 资源管理器相类似的树形结构形式实时显示的。关联菜单提供各种控制功能,实现对象的选择、修改、显示或隐藏等操作。

3.后处理模式

结束正常分析后,软件会自动读取分析结果,有效的计算结果将以树形结构显示。用户可执行各种操作,实现如输出图形、输出表格及输出后处理图形状态等功能。

对几何形状或单元网格等进行下一步操作时,用户须转换成前处理模式,然后再执行重新分析。

1.4 基本原理

1.4.1 单元计算的数学原理

1.有限元公式

将应力-应变关系或应变-应力关系作为约束条件,代入用应力变分形式表示的虚功原理方程,得到用式 1-1 表示的胡-鹫变分原理为

$$\delta G_{get} = \int_{\Omega} (\nabla \delta u)^{\mathrm{T}} \sigma + \delta \varepsilon^{\mathrm{T}} [\sigma(\varepsilon) - \sigma] + \delta \sigma^{\mathrm{T}} (\nabla u - \varepsilon) \mathrm{d}\Omega \tag{1-1}$$

式中　　δG_{get}—— 外力产生的虚功;

　　　　u—— 位移;

　　　　σ—— 应力;

　　　　ε—— 应变;

　　　　$\sigma(\varepsilon)$—— 用应变表示的应力;

　　　　∇—— 应力 - 应变关系算子。

公式 1-2 是包含了平衡方程、本构方程和相容方程的一般表达形式。如果本构方程总是满足应力应变关系,则可得到如公式 1-2 所示的赫林格 - 赖斯纳变分原理:

$$\delta G_{get} = \int_{\Omega} (\nabla \delta u)^{\mathrm{T}} \sigma + \delta \sigma^{\mathrm{T}} [\nabla u - \varepsilon(\sigma)] \mathrm{d}\Omega \tag{1-2}$$

式中　$\varepsilon(\sigma)$—— 用应力表示的应变。

在此基础上再满足 ε 和 ∇u 的协调关系,式 1-2 可以变化为虚功原理的一般表达式:

$$\delta G_{get} = \int_{\Omega} (\nabla \delta u)^{\mathrm{T}} \sigma(u) \mathrm{d}\Omega \tag{1-3}$$

在有限元法中,将虚功原理的积分区域限制在一个单元内,将位移 u 用形函数插值表示为

$$u = N \mathrm{d}_{\varepsilon} \tag{1-4}$$

式中　　N—— 形函数;

　　　　d_{ε}—— 单元节点自由度。

利用应变 - 位移关系 $\varepsilon^k = \nabla u^h = \mathrm{Bd}_{\varepsilon}$,单元内的虚功原理方程表达式为

$$\delta G_{get} = \delta d^{\mathrm{T}} F = \delta d^{\mathrm{T}} \left[\sum \int_{\Omega} \mathrm{B}^{\mathrm{T}} D \mathrm{Bd}\Omega \right] d = \delta d^{\mathrm{T}} K d \tag{1-5}$$

式中　D—— 应力 - 应变关系矩阵。

在线性分析中,总刚度矩阵 K 与节点位移 d 不相关。单元的刚度矩阵 K_e 表达为

$$K_e = \int_\Omega B^T D B d\Omega \tag{1-6}$$

这个等式适用于小变形的弹性结构分析,但是同样的原理也适用于非线性分析。

2.形函数

定义单元之前需要首先假设位移场的形函数,除特别注明外,位移场的形函数也同样适用于渗流和固结单元的孔压场。本小节的例子不遵循求和约定,一维、二维、三维的形函数用自然坐标系(ξ,η,ζ)表示。

(1)一维形函数

① 两节点形函数

$$N_i = \frac{1+\xi_i\xi}{2} \quad -1\leqslant\xi\leqslant1 \tag{1-7}$$

$\xi_1=-1,\xi_2=1$

② 两节点埃尔米特插值形函数

$N_1 = 1 - 3\xi^2 + 2\xi^3$

$N_2 = l\xi - 2l\xi^2 + l\xi^3$

$N_3 = 3\xi^2 - 2\xi^3$

$$N_4 = -l\xi^2 + l\xi^3 \quad 0\leqslant\xi\leqslant1 \tag{1-8}$$

l—— 单元长度。

③ 三节点三角形函数

$$N_1 = \frac{1}{2}\xi(\xi-1)$$

$$N_2 = \frac{1}{2}\xi(\xi+1)$$

$N_3 = 1 - \xi^2$

$$-1\leqslant\xi\leqslant1 \tag{1-9}$$

(2)二维形函数

① 三节点三角形

$N_1 = 1 - \xi - \eta$

$N_2 = \xi$

$$N_3 = \eta \tag{1-10}$$

② 六节点三角形

$N_1 = (1-\xi-\eta)(1-2\xi-2\eta)$

$N_2 = \xi(2\xi-1)$

$N_3 = \eta(2\eta-1)$

$N_4 = 4\xi(1-\xi-\eta)$

$N_5 = 4\xi\eta$

$$N_6 = 4\eta(1 - \xi - \eta) \tag{1-11}$$

③ 四节点四边形单元

$$N_i = \frac{1}{4}(1 + \xi_i\xi)(1 + \eta_i\eta) \tag{1-12}$$

④ 八节点四边形单元

$$N_i = \frac{1}{4}(1 + \xi_i\xi)(1 + \eta_i\eta)(\xi\xi_i + \eta\eta_i - 1), i = 1,2,3,4$$

$$N_i = \frac{1}{4}(1 - \xi^2)(1 + \eta_i\eta), i = 5,7$$

$$N_i = \frac{1}{4}(1 + \xi_i\xi)(1 - \eta^2), i = 6,8 \tag{1-13}$$

三角形单元的节点位置和自然坐标系如图 1-15 所示，四边形单元的节点位置和自然坐标系如图 1-16 所示。

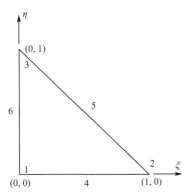

图 1-15　三角形单元的节点位置和自然坐标系

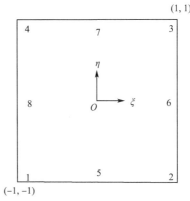

图 1-16　四边形单元的节点位置和自然坐标系

（3）三维形函数

① 四节点四面体

$$N_1 = 1 - \xi - \eta - \zeta$$
$$N_2 = \xi$$
$$N_3 = \eta$$
$$N_4 = \zeta \tag{1-14}$$

② 十节点四面体

$$N_1 = 2(1 - \xi - \eta - \zeta)\left(\frac{1}{2} - \xi - \eta - \zeta\right)$$

$$N_2 = 2\xi\left(\xi - \frac{1}{2}\right)$$

$$N_3 = 2\eta\left(\eta - \frac{1}{2}\right)$$

$$N_4 = 2\zeta\left(\zeta - \frac{1}{2}\right)$$

$$N_5 = 4\xi(1-\xi-\eta-\zeta)$$
$$N_6 = 4\xi\eta$$
$$N_7 = 4\eta(1-\xi-\eta-\zeta)$$
$$N_8 = 4\zeta(1-\xi-\eta-\zeta)$$
$$N_9 = 4\xi\zeta$$
$$N_{10} = 4n\zeta \tag{1-15}$$

四面体单元的节点位置和自然坐标系如图 1-17 所示。

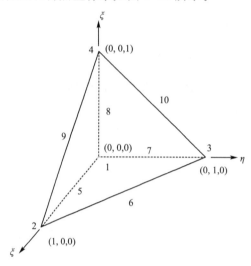

图 1-17　四面体单元的节点位置和自然坐标系

③ 六节点五面体

$$N_i = \frac{1}{2}(1-\xi-\eta)(1+\zeta_i\zeta), i = 1,4$$

$$N_i = \frac{1}{2}\xi(1+\zeta_i\zeta), i = 2,5$$

$$N_i = \frac{1}{2}\eta(1+\zeta_i\zeta), i = 3,6 \tag{1-16}$$

④15 节点五面体(楔形)

$$N_i = \frac{1}{2}(1-\xi-\eta)(1+\zeta_i\zeta)(\zeta_i\zeta-2\xi-2\eta), i = 1,4$$

$$N_i = \frac{1}{2}\xi(1+\zeta_i\zeta)(\zeta_i\zeta+2\xi-2), i = 2,5$$

$$N_i = \frac{1}{2}\eta(1+\zeta_i\zeta)(\zeta_i\zeta+2\eta-2), i = 3,6$$

$$N_i = 2\xi(1-\xi-\eta)(1+\zeta_i\zeta), i = 7,13$$

$$N_i = 2\xi\eta(1+\xi_i\xi), i = 8,14$$

$$N_i = 2\eta(1-\xi-\eta)(1+\zeta_i\zeta), i = 9,15$$

$$N_{10} = (1-\xi-\eta)(1-\zeta^2)$$

$$N_{11} = \xi(1 - \zeta^2)$$
$$N_{12} = \eta(1 - \zeta^2) \tag{1-17}$$

五面体(楔形)单元的节点位置和自然坐标系如图 1-18 所示。

五节点或 13 节点五面体是锥形的,由于节点耦合性,其退化形函数应用广泛。

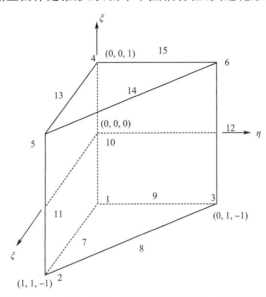

图 1-18　五面体(楔形)单元的节点位置和自然坐标系

⑤五节点五面体(锥形)

五面体(锥形)单元的节点位置和自然坐标系如图 1-19 所示。

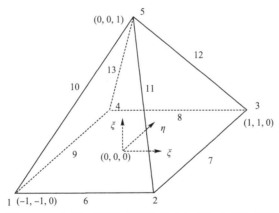

图 1-19　五面体(锥形)单元的节点位置和自然坐标系

通过数值分析可以求得单元刚度矩阵、质量矩阵、荷载、单元内力等。MIDAS GTS NX 提供两种数值积分方法:高斯积分法和罗贝托积分法。

1.4.2　材料本构模型

岩土及结构的材料特性和材料行为特性的定义要基于各模型的类型。在 MIDAS

GTS NX 中,各个材料类型所适用的本构模型类型见表 2-6。岩土建模所采用的单元,如平面应变、实体等也可以分配到不考虑 K_0 影响和渗透特性的结构材料上。

表 2-6 本构模型类型

材料类型	模型类型	岩土材料	结构材料	材料行为特性
各向同性	弹性(Elastic)	○	○	线弹性
	特雷斯卡(Tresca)	○	×	弹塑性
	范梅塞斯(von Mises)	○	×	弹塑性
	莫尔-库伦(Mohr-Coulomb)	○	○	弹塑性
	德鲁克-普拉格(Drucker-Prager)	○	○	弹塑性
	霍克-布朗(Hoek-Brown)	○	○	弹塑性
	邓肯-张(Duncan-Chang)	○	×	非线性弹性
	应变-软化(Strain-Softening)	○	×	弹塑性
	修正剑桥(Modified Cam Clay)	○	×	弹塑性
	Jardine	○	×	非线性弹性
	日本中央电力研究所(D-min)	○	×	非线性弹性
	修正莫尔-库伦(Modified Mohr-Coulomb)	○	○	弹塑性
	用户定义模型	○	○	弹塑性
正交各向异性	横观各向同性(Transversely Isotropic)	○	○	线弹性
	节理岩体(Jointed Rock)	○	○	弹塑性
二维等效线性	二维等效线性	○	○	(等效)线弹性
接触面/桩	接触	×	○	弹塑性
	壳界面	×	○	弹塑性
	壳界面的用户设定行为	×	○	弹塑性
	桩	×	○	非线性弹性

注:○指材料可以选择该种特性,×指材料无法选择该种特性。

【各向同性】各向同性材料是任意方向都具有相同性质的材料,用于定义大部分的线弹性、非线性弹性、弹塑性等材料的行为特性。

【正交各向异性】自然岩土一般为层状且倾斜,这导致在正交方向上可能有不同的强度。如节理岩体,材料属性的定义是基于因特定的限制条件而不同的方向和行为。

【二维等效线性】二维等效线性分析的专用模型。基于等效线性化方法,使用收敛强度和阻尼比来考虑材料的非线性和非弹性行为。

【接触面/桩】适用于模拟结构和岩土之间的相对行为(界面行为)。

1.弹性类模型

(1)弹性模型

最简单的本构模型是应力与应变直接成比例的线弹性模型,该模型只有 2 个参数,即弹性模量(E)和泊松比(ν),其参数曲线图如图 1-20 所示。

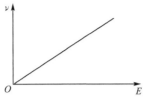

图 1-20 弹性模型参数曲线

由于线弹性模型没有定义屈服值,因此其计算的应力及应变可能非常不符合实际。在常规岩土工程分析工况中,推荐使用莫尔-库伦模型或者其他非线性材料模型。但是,这个模型适用于较岩土材料强度大得多的混凝土或钢材结构,也可模拟较硬的材料,如岩石。

(2)邓肯-张模型

岩土的应力-应变行为越接近破坏条件越呈现出非线性,非线性弹性模型可以通过改变岩土模量来模拟这样的岩土行为。为了计算岩土模量,邓肯和张(1970)提出了计算公式。在这个公式中,应力-应变曲线为双曲线,岩土模量是侧限应力和剪切应力的函数。因为这个非线性弹性模型可方便地从三轴抗压试验或相关文献中获得材料特性值,所以非常实用。

三轴抗压试验结果可以生成纵轴为 E 或 B_m,横轴为 σ_3 的坐标图。各轴对数刻度对齐后,在 $\sigma_3 = 10$ 的点上纵轴值成为初始加载模量系数(K)。纵轴为 E 时,可以由斜率求得初始刚度指数(n);纵轴为 B_m 时,可以由斜率求得体积模量指数(m)。这里的体积模量 B_m 可按式(1-18)定义,也可以按式(1-19),由与泊松比的关系推算。这里的泊松比是限制在 $0 \sim 0.5$ 以内的值。

$$B_m = \frac{(\Delta\sigma_1 + \Delta\sigma_2 + \Delta\sigma_3)/3}{\Delta\varepsilon_v} \tag{1-18}$$

式中 $\Delta\sigma$——主应力的变化量;

$\Delta\varepsilon_v$——体积应变的变化量。

$$B_m = \frac{E}{3(1-2v)} \tag{1-19}$$

邓肯-张模型的非线性应力-应变曲线如图 1-21 所示,按照应力状态和应力路径定义为三种岩土模量:初始模量(E_i)、切线模量(E_t)、卸载-再加载模量(E_{ur})。

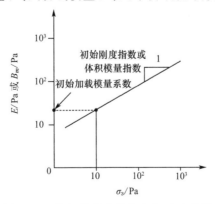

图 1-21 邓肯-张的非线性应力-应变曲线

这里可以从初始模量和切线模量的关系中求得破坏比(R_f)。破坏比双曲线的渐近线和最大抗剪强度的比值为 0.75～1。在切线模量值非常小的情况下，可能会引起收敛问题，所以最小切线模量值可设置为大气压(Pa)。体积模量系数(K_b)可由体积模量(B_m)和体积模量指数(m)计算。

$$B_m = K_b P_a \left(\frac{\sigma_3}{P_a}\right)^m \tag{1-20}$$

卸载-再加载模量系数 K_{ur} 可由卸载-再加载模量 E_{ur} 计算。

$$E_{ur} = K_{ur} P_a \left(\frac{\sigma_3}{P_a}\right)^n \tag{1-21}$$

当侧限应力为 0 或负数(拉伸状态)时，初始模量也可能是 0 或负数，所以需要设置侧限应力下限值，设置的最小侧限压力是 0.01 Pa。

由于邓肯-张模型是在 σ_3 为常数的常规三轴试验基础上提出的，比较适用于围压不变或者变化不大、轴压增大的情况，如土石坝和路堤填筑的模拟。

2.理想弹塑性模型

(1)莫尔-库伦模型

莫尔-库伦模型是理想弹塑性模型，它综合了胡克定律和库伦破坏准则。它的强度参数曲线如图 1-22 所示。莫尔-库伦模型有 5 个参数，即控制弹性行为的 2 个参数：弹性模量(E)和泊松比(ν)；控制塑性行为的 3 个参数：有效黏聚力(c)、内摩擦角(φ)和剪胀角(ψ)。该行为假定对一般的岩土非线性分析结果来说是可靠的，因此被广泛应用于模拟大部分岩土材料。

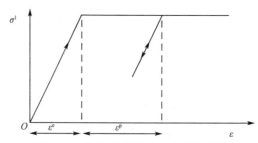

图 1-22　莫尔-库伦模型强度参数曲线

对于岩土材料，莫尔-库伦模型有两个缺点。第一，中间主应力不影响屈服，这个假设与实际的土体试验结果相矛盾。第二，莫尔圆的子午线和破坏包络线是直线，强度参数(摩擦角)不会随着侧限应力(或者静水压力)改变。

莫尔-库伦模型在一定侧限应力范围内可以得到可靠性相当高的结果，而且使用方便，所以经常被使用于堤坝、边坡等稳定性问题的分析。

定义莫尔-库伦模型的主要非线性参数如 1-23 所示。

黏聚力(C)	30	kN/m^2
黏聚力增量	0	kN/m^3
参考高度黏聚力增量	0	m
摩擦角(Fi)	36	[deg]
□膨胀角	36	[deg]
□抗拉强度	0	kN/m^2

图 1-23 定义莫尔-库伦破坏准则的主要非线性参数

不同土体有不同的黏聚力和内摩擦角,这些参数对应于剪切强度方程。与其他土木材料不同,土体几乎不抗拉,破坏形式以剪切破坏为主。剪应力引起抗剪行为和抗剪极限,即剪切强度。土体的抗剪强度包括黏聚力和内摩擦角。

根据莫尔-库伦屈服准则,土体的剪切强度表示为

$$\tau = C + \sigma \tan \varphi \qquad (1\text{-}22)$$

根据莫尔-库伦屈服准则,黏聚力为内摩擦角等于 0 时的剪切强度,通常定义为不排水状态下土体的剪切强度。反之,砂质土几乎没有黏聚力,按照地勘报告可取 $C=0$,但为了避免分析发生错误,建议输入 0.2 kN/m² 以上的值。如果定义了黏聚力,软件会按定义的黏聚力大小自动计算抗拉强度。一般岩土材料的抗拉强度会被忽略,为了避免不真实的抗拉行为,可设置抗拉截断。

一般情况下,即使岩土各层材料相同,土体的强度特性也会随着深度和侧限应力的变化而变化,如图 1-24 所示。例如,对于数十米深的地层,只定义一个强度参数可能会限制详细的模拟地层行为。虽然可以对地层细分后建模,但这种特征可以用基于参考高度变化的黏聚力代替。当根据参考高度的黏聚力增量为 0 时,相对于标准高度(参考高度)的黏聚力为常量值;当黏聚力增量不为 0 时,相对于标准高度(参考高度)的黏聚力按式 1-23 计算。

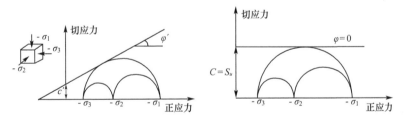

图 1-24 土体的强度特性随深度和侧限应力的变化

$$
\begin{aligned}
C &= C_{ref} + (y_{ref} - y)C_{inc} \qquad (y \leqslant y_{ref}) \\
C &= C_{ref} \qquad\qquad\qquad\quad\ (y > y_{ref})
\end{aligned} \qquad (1\text{-}23)
$$

在上式中,y 表示当前有限元法中进行计算的单元积分点位置。如果积分点位置高于参考位置 y_{ref},黏聚力有可能小于 0。为了防止这种情况的发生,这时的黏聚力不再减小,而设为定值 C_{ref}。标准高度与黏聚力函数曲线如图 1-25 所示。

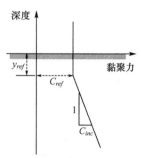

图 1-25　标准高度与黏聚力函数曲线

膨胀角可以看作是剪应变的体积增加率。一般也可定义为膨胀角＝内摩擦角－30°。即内摩擦角小于30°时,膨胀角可以看做接近0°。例如,超固结黏土的膨胀角接近0°;沙质土的膨胀角会随内摩擦角的大小而改变。在实际试验中,非常松散的砂质土,虽然能定义负数的膨胀角,但数值上来说应在0°到内摩擦角之间取值。

执行不排水分析时,如果内摩擦角为0°,则膨胀角必须按0°设定。如果不考虑膨胀角,膨胀角与输入的摩擦角数值相同,即不勾选膨胀角的情况下,软件自动考虑用与摩擦角相同的膨胀角进行分析。

（2）德鲁克-普拉格模型

德鲁克-普拉格模型是德鲁克和普拉格（1952）为解决在莫尔-库伦模型的屈服形状边角位置发生的数值性问题而开发的,其内部算法与莫尔-库伦屈服模型一致,材料常数可参考莫尔-库伦屈服准则的常数黏聚力（c）和内摩擦角（φ）。因而,莫尔-库伦模型的缺陷在德鲁克-普拉格模型中同样存在。相对而言,在模拟岩土材料时,莫尔-库伦模型较德鲁克-普拉格模型更加合适。

3.硬化类弹塑性模型

（1）修正莫尔-库伦模型

该模型是对莫尔-库伦模型的改进,由非线性弹性模型和弹塑性模型组合,适用于淤泥或砂土行为特性。修正莫尔-库伦模型可以模拟不受剪切破坏或压缩屈服影响的双硬化行为。

由初始偏应力引起的轴应变和材料刚度的减小,虽然类似于双曲线（非线性弹性）模型,但相对于弹性理论,更接近塑性理论,并且考虑岩土不同的膨胀角及采用屈服帽。其主要的非线性参数见表1-7～表1-10。

表 1-7　　　　　　　　　　　　土体刚度和破坏相关参数

参数	说明	参考值
E50ref	标准排水三轴试验中的割线刚度	$E_i \times (2 - R_f)/2$（E_i＝初始刚度）
Eoedref	主固结仪加载中的切线刚度	E50ref
Eurref	卸载／重新加载刚度	$3 \times$ E50ref
m	应力水平相关幂指数	$0.5 \leqslant m \leqslant 1$（硬土取0.5,软土取1）
c	有效黏聚力	莫尔-库伦模型中的破坏参数

续表

参数	说明	参考值
φ	有效摩擦角	莫尔-库伦模型中的破坏参数
ψ	最终剪胀角	$0 \leqslant \psi \leqslant \varphi$

表 1-8　高级参数（建议使用参考值）

参数	说明	参考值
R_f	破坏比	$0.9(<1)$
Pref	参考压力	100
KNC	正常固结下的侧压力系数	$1-\sin\varphi(<1)$

表 1-9　剪胀截断相关参数

参数	说明	参考值
Porosity	初始孔隙比	——
Porosity(Max)	最大孔隙比	Porosity<Porosity(Max)

表 1-10　帽盖屈服面相关参数

参数	说明	参考值
P_{c0}	前期超负载压力	也可以根据超固结比（OCR）得到
α	帽盖形状系数（前期固结应力的比例系数）	根据 KNC 得到（自动计算）
β	帽盖硬化系数	根据 Eoedref 得到（自动计算）

（2）修正剑桥模型

修正剑桥模型是模拟黏土材料时使用的模型。黏土体积变化量与压力的一般关系如图 1-26 所示，可以用正常固结线和超固结线的概念表示。超固结线也叫膨胀线（回弹性），作用的应力（荷载）的增加会使应力状态按照超固结线向正常固结线移动。继续通过两线的交叉点增加应力，应力状态就会按照正常固结线下降。这类似于弹性-塑性硬化模型的应力-应变曲线的特征，即超固结线对应初始的线弹性区间，正常固结线则对应塑性硬化区间。

对于修正剑桥模型，必须定义初始孔隙比、初始应力和预固结压力。预固结压力可以直接输入或由初始应力和超固结比（OCR）自动计算。同时输入超固结比和预固结压力，优先使用直接输入的初始预固结压力。

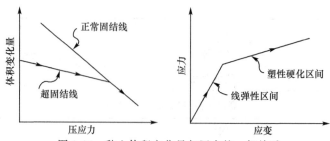

图 1-26　黏土体积变化量与压力的一般关系

　　岩土的特性值通常由一维固结试验得到,压缩指数 C_c 和膨胀指数(回弹指数)C_s 可由孔隙率 $\log_{10}(p)$(void ratio,e)的图形得到。超固结比值可用于由当前加载的分布应力计算初始状态的应力分布。因为各深度的应力会按输入的超固结比分别计算,并且地表应力可能低于实际岩土的初始应力,所以可直接定义 P_c(预固结压力)值。当同时设置超固结比和 P_c 值时,分析中首先使用 P_c 值。在输入了 P_c 值的情况下,在求解器内部检查输入的 P_c 值和初始应力状态是否满足屈服函数,如果不满足就重新计算 P_c 值。

　　修正剑桥模型从根本上说是不允许破坏准则(应力-应变关系)出现拉应力的,但是各种条件下都可能产生拉应力,如在固结过程中,邻近土层因路堤荷载引起的隆起膨胀,或由于开挖产生的隆起。在克服材料模型限制并增加适用性的情况下,可进行容许拉应力范围内的拉应力分析。

　　未指定容许拉应力的大小时,需要反复分析,输入一个相对大于超载或破坏行为产生的拉应力的值。因此,需要设置容许拉应力值,以防止分析过程中因拉破坏造成的分析结果的发散和终止。但是,当直接输入 P_c 值时,容许拉应力不能超过 P_c 值。当定义使用超固结比时,软件会考虑输入的容许拉应力的大小自动通过内部计算得出 P_c 值。

　　修正剑桥模型从理论上和试验上都较好地阐明了土体的弹塑性变形特性,是应用最为广泛的软土本构模型之一。

1.5　本章小结

　　本章介绍了 MIDAS GTS NS 软件的应用范围、基本原理、界面组成以及文件启动等基本操作。通过对本章内容的学习,读者可以对数值模拟建模的基本情况有所了解,大大提高初学者的学习效率,为具体操作的学习打下基础。

第2章 完成一个简单分析案例

MIDAS GTS NX 是一个大型应用软件,要全面掌握并熟练应用它是非常困难的。学习本软件,最重要的是要学会如何在所研究的学科中应用好它,如何让它为工程的设计和问题的分析服务,如何在软件中获取自己所需的信息。因此,首先要了解 MIDAS GTS NX 在工程应用分析中必需的操作步骤;然后,尝试对不同的工程问题进行分析。本章将通过一个完整且简单的案例帮助用户完成这一步。

2.1 案例概要

该案例模拟在岩土地区盾构掘进开挖的模型分析,地层分为土层和岩层两层。

隧道埋深为 20 m,盾构隧道直径为 6 m,隧道施工时仅对距离隧道中心点 3～5 倍的土层范围内产生扰动,因此确定原型土层的尺寸范围是 40 m(宽)×40 m(深)×20 m(长)。盾壳和注浆用板单元模拟,管片和岩土用实体单元模拟。盾构掘进开挖时,假设掘进压力(P)将在盾构掘进面上产生作用。

在本案例学习中使用的资料是简化过的,仅以分析为主。

2.2 定义材料特性

2.2.1 材料构成及特性

岩土层材料特性选择莫尔-库仑模型,结构材料特性选择弹性模型。各土层和结构使用的材料特性、结构特性、岩土材料属性见表 2-1～表 2-3。

表 2-1 实体材料特性

名称	土层	岩层	管片
材料特性	各向同性	各向同性	各向同性
模型类型	莫尔-库仑	莫尔-库仑	弹性
一般			
弹性模量/MPa	100	360	21
泊松比	0.3	0.25	0.3

续表

容重/(kN·m^{-3})	19	23	24
初始应力参数 K_0	0.5	0.5	1
渗透性			
饱和容重/(kN·m^{-3})	19	23	24
初始孔隙比	0.5	0.5	0.5
排水参数	排水	排水	排水
非线性			
黏聚力/(kN·m^{-2})	62	1 882	—
摩擦角/(°)	20	37.01	—

表 2-2 结构特性

名 称	盾壳	注浆
材料特性	各向同性	各向同性
模型类型	弹性	弹性
弹性模量/MPa	250	10
泊松比	0.2	0.3
容重/(kN·m^{-3})	78	22.5

表 2-3 岩土材料属性

材料类型	土	岩层	管片	盾壳	注浆
网格类型	3D	3D	3D	2D	2D
材料	土	岩	管片	钢材	注浆
厚度/m	—	—	—	$T/T_1 = 0.06$	$T/T_1 = 0.06$

2.2.2 定义材料

运行软件,单击【文件】菜单,在下拉列表中选择【新建】,弹出如图 2-1 所示的分析设置对话框,在【项目名称】中输入"盾构掘进模型",其余条件按默认设置选择,然后单击【确定】退出对话框。

在左侧工作目录树窗口中找到【模型】→【材料】→【各向同性】,使用鼠标右键单击【各向同性】,单击【添加】,在【名称】中输入"土层",将土层信息输入在如图 2-2 所示的对话框中,然后单击【适用】。依次将表 2-1 和表 2-2 中的材料输入对话框,表中没有的信息按默认条件设置即可。

各材料输入之后显示在工作目录树窗口中,如图 2-3 所示。

图 2-1　分析设置对话框

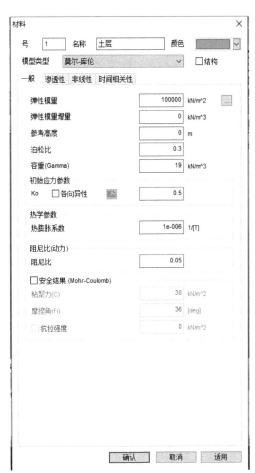

图 2-2　材料对话框

图 2-3　材料特性工作目录树窗口

MIDAS GTS NX数值模拟技术与工程应用

2.2.3 定义属性

岩土体的属性是3D实体类型,盾壳、注浆的属性是2D板类型。在建模前定义好模型中需要使用的所有材料属性及特性,在后期建模中便可以非常方便地直接选用定义好的属性。

在工作目录树窗口中选择【属性】→【3D】,使用鼠标右键单击【添加】,在【名称】中输入"土层",【材料】选择【土层】,【材料坐标系】选择【整体直角】,然后单击【适用】,如图2-4所示。依次将"土层""岩层""管片"按表2-3的内容输入。

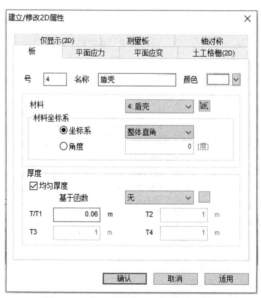

图 2-4　建立/修改 3D 属性对话框

在工作目录树窗口中选择【属性】→【2D】,使用鼠标右键单击【添加】,选择【板】,在【名称】中输入"盾壳",【材料】选择【盾壳】,【坐标系】选择【整体直角】,其余按默认设置,然后单击【适用】,如图2-5所示。"注浆"材料属性也按此操作输入。

图 2-5　建立/修改 2D 属性对话框

输入各材料的属性后,属性目录工作树窗口如图2-6所示。

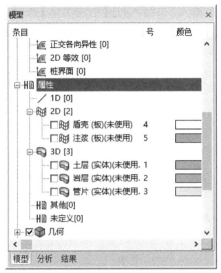

图 2-6　属性目录工作树窗口

2.3　几何建模

2.3.1　建立二维平面

用矩形建立整个岩土层。在视图工具栏上单击法相视图 ⊞ ，选择【几何】→【顶点与曲线】→【矩形】 □ 。勾选【生成面】，在【开始位置】输入"0,0"，单击【Enter】键，在对角位置输入"40,40"后单击【适用】。在【开始位置】输入"0,0"，单击【Enter】键，在对角位置输入"40,30"后单击【确认】。

用圆建立隧道截面的形状。选择【几何】→【顶点与曲线】→【圆】 ◎ 。勾选【生成面】，在【中心位置】中输入"20,20"，单击【Enter】键。在【半径大小】中输入"3"，单击【适用】，在【中心位置】中输入"20,20"，在【半径大小】中输入"3,2"，单击【Enter】键。

生成的模型二维几何图如图 2-7 所示。

图 2-7　模型二维几何图

2.3.2　建立几何体

用生成的形状来创建实体，选择【几何】→【延伸】→【扩展】，选择生成的 4 个面，方向指定为 Y 方向。在【长度】中输入"20"后勾选【生成实体】选项,然后单击【确认】,如图 2-8 所示。用【删除】键删除开始创建的四个面(两个矩形面,两个圆面)。

图 2-8 延伸对话框

选择【几何】→【曲面与实体】→【自动连接】→【目标形状(生成的实体)】,选择【布尔运算】后单击【确认】。利用【F2】键,把工作目录树中几何形状的实体分别修改为"外径""内径""岩层""土层"。

定义盾构开挖进尺长度。按面分割实体时,必须生成大于分割实体的面,才能正常执行形状的布尔运算操作。

选择【几何】→【顶点与曲线】→【矩形】,在视图工具栏上单击法向视图，创建一个略大于隧道形状的矩形,勾选【生成面】,在圆形左侧单击鼠标左键,移动鼠标在对角单击生成矩形,如图 2-9 所示。

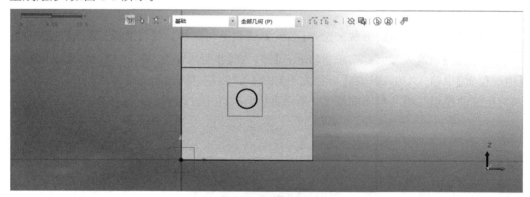

图 2-9 创建矩形

选择【几何】→【转换】→【移动复制】,【目标形状】选择前一阶段生成的面,方向指定为 Y 方向。方法为【复制(均匀)】,【距离】、【次数】分别输入"1"和"19"。单击【确认】后,利用【删除】键删除源面。

在工作目录树的几何目录下选择【内径】、【外径】、【土层】、【岩层】,使用鼠标右键选择【显示模式】→【仅线】,可以看到移动复制后的切割面,如图 2-10 所示。

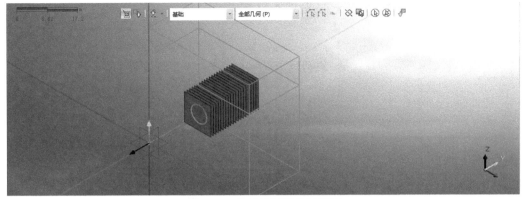

图 2-10　移动复制后的切割面

利用新创建的 19 个面分割隧道,因为相邻岩土要共享节点,所以在分割相邻面上选择岩土层实体。

选择【几何】→【分割】→【实体】,目标实体选择外径和内径实体,分割工具选择前面生成的 19 个面。勾选【分割相邻面】,相邻面选择岩层和土层实体,单击【确认】,如图 2-11 所示。

单击【全部实体】,使用鼠标右键选择【显示模式】→【带阴影的线条】。在如图 2-12 所示的实体工作目录树中,可以通过勾选【实体】来显示,或者通过取消勾选【实体】来显示。

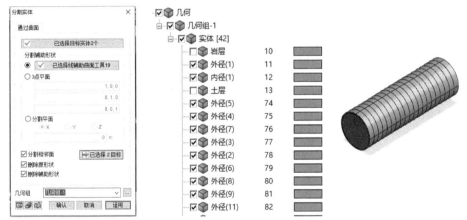

图 2-11　分割实体对话框　　　　图 2-12　实体工作目录树

利用【F2】键可以修改内径实体名称,使其具有从左向右的顺序名称。使用鼠标右键单击【实体[42]】,选择【排序】→【依据名称】。

2.4　创建网格

2.4.1　尺寸控制

为了生成网格的数量少且质量高,需要预先指定网格的大小。在视图工具栏上单击【正视图】□,选择【网格】→【控制】→【尺寸控制】,选择有关"内径""外径"实体的边线。【方法】指定为【单元长度】,在【网格尺寸】中输入"1",如图 2-13 所示。单击【确认】后,可以查看是否完整地指定了种子大小,如图 2-14 所示。

图 2-13　尺寸控制对话框

图 2-14　在内径网格模型上查看种子

2.4.2　生成网格

因为映射网格只能按六面体形状生成单元,所以相对两面的种子信息必须一致才能生成单元。为此 MIDAS GTS NX 提供基本的四面体和六面体单元的混合网格形式,方便生成高质量单元。

单击【网格】→【生成】→【3D】 3D,选择【自动-实体】,目标选择 20 个"内径"实体。在【尺寸】中输入"1"。选择【混合网格生成器】,属性选择【岩层】,在【网格组】中输入"内径",如图 2-15 所示。单击【适用】后生成如图 2-16 所示的内径网格模型。

图 2-15　生成网格(实体)对话框(1)

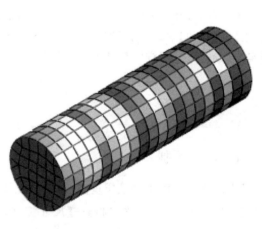

图 2-16　内径网格模型

用同样的方法对 20 个"外径"实体也生成网格组,并在【网格组】中输入"管片",其所生成的外径网格代表"管片",如图 2-17(a)所示。土层和岩层的【尺寸】修改为"4",其余操作同上,如图 2-17(b)和图 2-17(c)所示。生成的全部网格模型如图 2-18 所示。

(a)生成岩层网格组　　　　　　(b)生成土层网格组　　　　　　(c)生成岩层网格组

图 2-17　生成网格(实体)对话框(2)

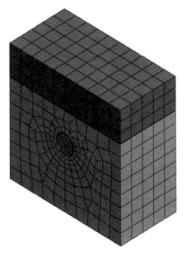

图 2-18　生成的全部网格模型

2.4.3　生成盾壳单元

在工作目录树窗口中,设置屏幕上不显示网格,只勾选 20 个"外径"实体显示在屏幕上。在视图工具栏上单击【正视图】　。单击【网格】→【单元】→【析取】　,【类型】选择【面】,目标选择有关"外径"实体的面(200 个)。属性指定为【盾壳】,在【网格组】中输入

"盾壳",勾选【忽略重复面】选项和【基于所属独立形状注册】选项,如图2-19所示,然后单击【确认】。

图2-19 析取单元对话框

在视图工具栏上单击【右视图】 ⬚ 。单击【单元】→【删除单元】 ,选择如图2-20所示的前面部分和后面部分的各单元,然后单击【适用】,其对话框如图2-21所示。

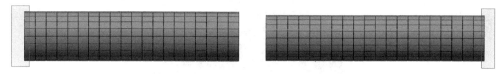

图2-20 应选择的前面部分和后面部分的各单元

图2-21 建立/删除单元对话框(1)

单击【正视图】⬚，选择如图 2-22 所示的内部各单元，可以用【圈选】🌀 选择内部区域，其对话框如图 2-23 所示。生成的盾壳单元网格模型如图 2-24 所示。

图 2-22　应选择的内部各单元　　　　　图 2-23　建立/删除单元对话框(2)

虽然网格划分已经完成，但是还需要注意网格名称的规则性。具体操作步骤为：单击【网格】→【网格组】→【重命名】，选择【重新命名】，目标选择 20 个"外径"网格，【坐标】首选指定为【Y】，【顺序】选择"升序"，在【名称】中输入"外径♯"，在【后缀起始号】中输入"1"，如图 2-25 所示，然后单击【适用】。依次重新命名"内径"网格模型和"盾壳"网格模型。

图 2-24　盾壳单元网格模型　　　　　图 2-25　网格组对话框

2.5 设置分析

2.5.1 设置荷载条件

单击【静力/边坡分析】→【荷载】→【自重】,在【名称】中输入"重力-1",在【荷载组】中输入"自重",在【分量 G_z】中输入"－1",如图 2-26 所示,然后单击【适用】。

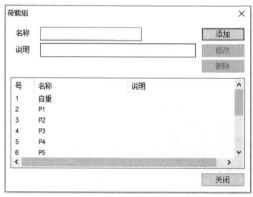

图 2-26　重力对话框

单击【静力/边坡分析】→【荷载】→【定义组】 ![icon] ,利用【添加】键定义荷载组,在【名称】中输入"P1",单击【添加】,并依次输入到"P10",生成如图 2-27 所示的荷载组,然后单击【关闭】。

图 2-27　荷载组对话框

在左侧工作目录树窗口中,内径选择 1、3、5、7、9、11、13、15、17、19 后单击【仅显示】。按住鼠标滚轮可以改变视角。选择【荷载】→【压力】 ![icon] 。在【名称】中输入"压力-1",【目标类型】修改为【面】,选择内径 1 的前面部分,【方向】指定为【参考坐标系】、【整体直角】、【Y】,勾选【均布荷载】后输入"4 500"。【荷载组】指定为"P1",如图 2-28 所示,然后单击【适用】。

图 2-28　压力对话框

用同样的方法选择有关内径 1、3、5、7、9、11、13、15、17、19 前面部分的面,也生成荷载组,如图 2-29 所示。

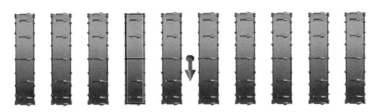

图 2-29　生成的荷载组

2.5.2　设置边界条件

单击【约束条件】→【约束】 约束,选择【自动】,勾选【考虑所有网格组】,单击【确认】。

单击【边界条件】→【边界属性】 改变属性,在施工阶段表单中,目标全部按外径网格选择,【特性】指定为【管片】,单击【适用】。对话框刷新后,在新的施工阶段表单中,目标全部按盾壳单元选择,【特性】指定为【注浆】,单击【确认】。

2.6　定义施工阶段

选择【施工阶段】→【施工阶段助手】,开挖过程可以按表 2-4 形成施工阶段。输入后的网格、边界和荷载激活状态如图 2-30 所示。

表 2-4 施工阶段

组类型	组名称前缀	A/R	开始后缀	F	后缀增量	开始阶段	阶段增量
网格	内径#	R	1	0	2	1	1
网格	内径#	R	2	0	2	1	1
网格	外径#	R	1	0	2	1	1
网格	外径#	R	2	0	2	1	1
网格	盾壳#	R	1	0	2	5	1
网格	盾壳#	R	2	0	2	5	1
网格	盾壳#	A	1	0	2	1	1
网格	盾壳#	A	2	0	2	1	1
网格	外径#	A	1	0	2	4	1
网格	外径#	A	2	0	2	4	1
网格	盾壳#	A	1	0	2	8	1
网格	盾壳#	A	2	0	2	8	1
荷载	P	A	1	0	1	1	1
边界	外径#	A	1	0	2	4	1
边界	外径#	A	2	0	2	4	1
边界	盾壳#	A	1	0	2	8	1
边界	盾壳#	A	2	0	2	8	1

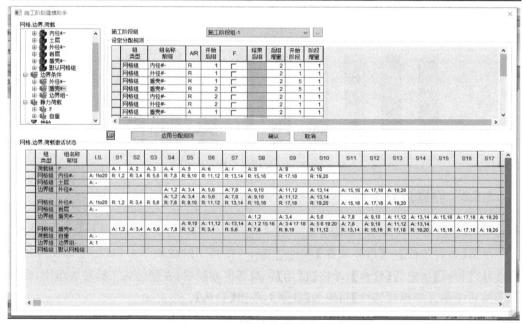

图 2-30 施工阶段建模助手对话框

单击【静力/边坡分析】→【施工阶段】→【施工阶段管理】,选择【施工阶段组-1】定义施工阶段。单击【阶段号】,选择"I.S.",勾选【位移清零】,如图 2-31 所示,单击【保存】后单击【关闭】。

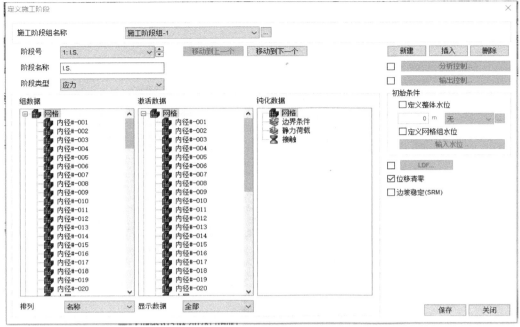

图 2-31　定义施工阶段对话框

2.7　设置分析工况

单击【分析】→【分析工况】→【新建】,【名称】设置为"盾构掘进模型",【分析类型】设置为"施工阶段",【施工阶段组】设置为"施工阶段-1",单击【确定】。

2.8　执行分析

选择【分析】→【运行】,执行分析。完成分析后自动转换成后处理模式(查看结果)。

2.9　分析结果

2.9.1　位移云图

选择结果目录树上【IS】→【INCR-17】→【Displacement】来查看地层位移变化趋势。TX、TY、TZ 代表对应的 X、Y、Z 方向的位移。在视图工具栏上选择【正视图】查看位移云图,如图 2-32 所示。

选择【分析结果】→【高级】→【结果标记】,选择要查看的节点来查看有关节点上的结果值。在结果标记上也可以确认最大、最小、最大绝对值发生的位置。

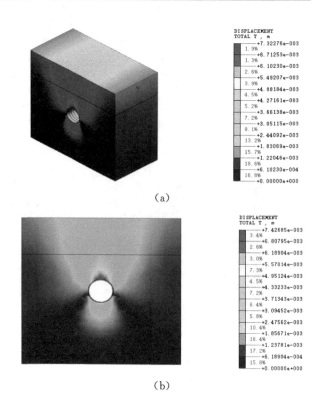

（a）

（b）

图 2-32 开挖完成后的位移云图

如图 2-33 所示，移动工作屏幕下端的滑动条，确认各阶段的地层位移变化趋势。

图 2-33 滑动条

2.9.2 利用剪切面查看岩土层内部位移云图

在工作目录树窗口中单击【剪切面】 ，单击【添加】，然后单击【关闭】。通过剖面可以直接查看剪切面的结果，如图 2-34 所示。

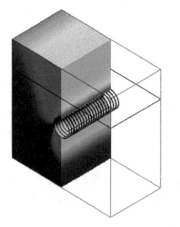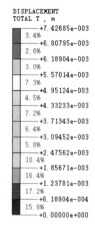

图 2-34 剪切面的结果

2.9.3 图表结果

在隧道盾构施工中,最重要的分析指标是地表沉降以及土体损失,所以我们可以在盾构掘进模型中提取此类结果进行分析。隧道盾构掘进完成后,可以查看与隧道轴线垂直的监测断面地表沉降变化曲线。具体操作为:首先,关闭【剪切面】,显示所有网格。其次,单击【剪切面】,【平面方向】选择【Z】,在【距离】中输入"40",单击【添加】,如图 2-35 所示,最后单击剪切面对话框中的【关闭】。

图 2-35　剪切面对话框

选择【高级】→【提取结果】,【结构类型】选择【Displacements】,【结果】选择【TZ TRANS-LATION(V)】,【顺序】选择【节点】,在模型上选择如图 2-36 所示的最上部节点,【排序】选择【X】,其对话框如图 2-37 所示。单击【表格】,输出的数据提取结果如图 2-38 所示。

图 2-36　节点选择

图 2-37　提取结果对话框

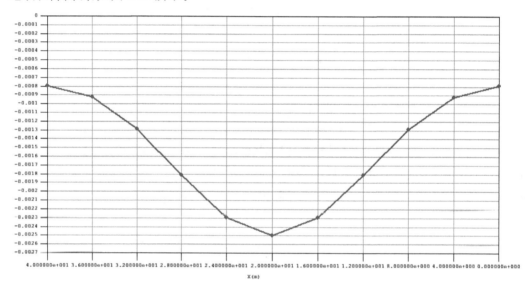

号	节点	X (m)	Y (m)	Z (m)	I.S.:(LOA TZ TRAN
1	5128	4.000000e+001	8.000000e+000	4.000000e+001	0
2	5179	3.600000e+001	8.000000e+000	4.000000e+001	0.
3	5175	3.200000e+001	8.000000e+000	4.000000e+001	0.
4	5171	2.800000e+001	8.000000e+000	4.000000e+001	0.
5	5167	2.400000e+001	8.000000e+000	4.000000e+001	0.
6	5163	2.000000e+001	8.000000e+000	4.000000e+001	0.
7	5159	1.600000e+001	8.000000e+000	4.000000e+001	0.
8	5155	1.200000e+001	8.000000e+000	4.000000e+001	0.
9	5151	8.000000e+000	8.000000e+000	4.000000e+001	0.
10	5147	4.000000e+000	8.000000e+000	4.000000e+001	0.
11	5144	0.000000e+000	8.000000e+000	4.000000e+001	0.

图 2-38　数据提取结果

2.9.4　显示图形

拖动鼠标,选择 X 列数据以及最后一组数据(开挖完成后的地表沉降),使用鼠标右键单击【显示图形】,单击【确认】后生成以 X 方向位置为横坐标,对应沉降量为纵坐标的地表沉降曲线,如图 2-39 所示。

图 2-39　地表沉降曲线

2.10　本章小结

本章主要通过对隧道开挖过程的模拟分析,使读者简单了解并会使用 MIDAS GTS NX 进行一般的数值模拟操作,主要概括为定义材料特性、建立几何模型、创建网格、设置边界、定义施工阶段、求解分析、查看结果。初学者通过对本章的学习,会对 MIDAS GTS NX 的操作方法有一个大致的了解。

第3章　几何

一般情况下,模型的建立主要依靠操作界面中的几何工具栏,如图 3-1 所示。其操作功能包括:顶点与曲线、曲面与实体、布尔运算、分割、延伸、转换、子形状、删除、工具等。下面依次介绍各项功能的应用。

图 3-1　几何工具栏

3.1　顶点与曲线

几何实体的建立是由点和线开始的,以下内容介绍生成各类顶点与曲线的方法,顶点与曲线工具栏如图 3-2 所示。

图 3-2　顶点与曲线工具栏

3.1.1　顶点

在二维(2D)或三维(3D)空间上生成独立的顶点。顶点对话框如图 3-3 所示。

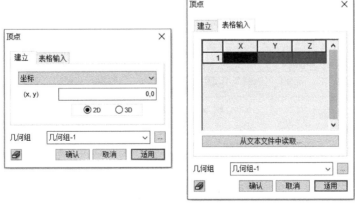

图 3-3　顶点对话框

1.2D 点生成

2D 点生成有以下六种方式：

【坐标】可直接单击工作平面生成点，也可通过输入坐标生成顶点。

【圆或圆弧中心】选择已经画好的圆弧，在圆弧的中心生成顶点。

【顶点中心】选择已经画好的一组点，在中心位置生成顶点。

【线-线交叉点】在两线交叉的位置生成顶点。

【线-面交叉点】在线和面交叉的位置生成顶点。

【转换节点为顶点】在已经生成单元网格的情况下，在节点位置生成顶点。

可以把生成的顶点注册到几何组，用户可以重命名这个几何组。

2.3D 点生成

3D 点是将三维的坐标直接输入表格。在文件中选择导入坐标功能时，也可以导入包含坐标值的".txt"格式文档。当生成".txt"文件时，点的坐标值须按(X,Y,Z)坐标的顺序，并以空格隔开。

图 3-4 所示为在$(0,0,0),(1,1,2),(2,2,2),(5,5,5)$的位置生成顶点的输入文件示例。

图 3-4　生成 3D 顶点的输入文件示例

3.1.2　线

在工作平面上生成线类型的直线，其对话框如图 3-5 所示。

图 3-5　线对话框

1.2D 线生成

输入起点和终点的坐标值生成线，用户可选择以下三种方式输入终点。

【绝对值(x,y)】对话框中输入 2D 绝对坐标值。

【相对值(d_x,d_y)】对话框中输入与前次输入位置的相对距离。

【长度/角度】在前次输入位置的基础上，输入长度和角度。这里的角度是指工作平面

上相对于 X 轴按逆时针方向旋转的角度。

2.3D 线生成

输入起点和终点的坐标值生成线,用户可选择以下两种方式输入终点。

【绝对值(x,y,z)】对话框中输入 3D 绝对坐标值。

【相对值(d_x,d_y,d_z)】对话框中输入与前次输入位置的相对距离。

虽然直接单击工作平面或单击几何形状也可以指定下一个点,但因工作平面 XZ 是二维的,所以不能获取 Y 值。

3.1.3　圆弧

在工作平面上生成线类型的圆弧,其对话框如图 3-6 所示。

图 3-6　圆弧对话框

1.2D 圆弧生成

2D 圆弧生成的方式有三种。各方法均可通过直接单击工作平面来指定点。圆弧是以工作平面的法向为基准按逆时针方向生成的。

　按顺序输入中心点的坐标【绝对值(x,y)】、圆弧起点的坐标【绝对值(x,y)、(半径,起始角)】以及终点的坐标【绝对值(x,y)、夹角、结束角】生成圆弧。

　按顺序输入圆弧起点的坐标【绝对值(x,y)】、圆弧上任意点的坐标【绝对值(x,y)】以及圆弧终点的坐标【绝对值(x,y)】生成圆弧。

　从现有的线端点开始到任意的点【绝对值(x,y)】结束,生成与线相切的连续圆弧。生成的圆弧与连接的线虽然是连续的,但却是不同的线。圆弧的起点为已有线段上距鼠标单击位置最近的端点。

2.3D 圆弧生成

3D 圆弧生成的方式有以下两种。各方法均可通过直接单击工作平面来指定点。圆弧是以工作平面的法向为基准按逆时针方向生成的。

　按顺序输入中心点的坐标【绝对值(x,y,z)】、圆弧起点的坐标【绝对值(x,y,z)】以及圆弧终点的坐标【绝对值(x,y,z)】生成圆弧。

按顺序输入圆弧起点的坐标【绝对值(x,y,z)】、圆弧上任意点的坐标【绝对值(x,y,z)】以及圆弧终点的坐标【绝对值(x,y,z)】生成圆弧。

3.1.4　圆

在工作平面上生成线类型的圆,其对话框如图 3-7 所示。

生成圆的方式有四种,各方法均可通过直接单击工作平面来指定点。

输入中心点的坐标【绝对值(x,y)】和半径生成圆。

输入直径一端点的坐标【绝对值(x,y)】和另一端点的坐标【绝对值(x,y)】,相对值(d_x,d_y),(长度,角度)生成圆。

输入指定任意三点的坐标【绝对值(x,y)】生成圆。

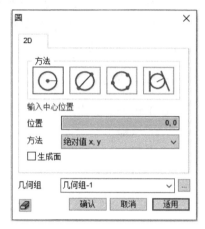

图 3-7　圆对话框

夹于两线间且与线相切的圆。用户需要输入半径后选择两条线。

选择【生成面】,可以现有圆的外轮廓为边界生成一个圆形平面。

3.1.5　多段线

在工作平面上生成线类型的多段线,其对话框如图 3-8 所示。

图 3-8　多段线对话框

1.2D 多段线生成

输入起点和终点的坐标生成多段线。起点坐标按【绝对值(x,y)】形式输入,终点坐标可按以下三种方法中的一种操作。各方法均可通过直接单击工作平面来指定点,单击鼠标右键就会停止添加插入点,并生成多段线。

【绝对值(x,y)】在对话框中输入 2D 绝对坐标。

【相对值(d_x,d_y)】在对话框中输入与前次输入位置的相对距离。

【长度/角度】在前次输入位置的基础上,输入长度和角度,这里的角度是指工作平面

上相对于 X 轴按逆时针方向旋转的角度。

2. 3D 多段线生成

输入起点和终点的坐标生成多段线。起点坐标按【绝对值(x,y,z)】的形式输入,输入终点时可选择以下两种方式中的一种。虽然直接单击工作平面或单击几何形状也可以指定下一个点,但因工作平面 XZ 是二维的,所以不能获取 Y 值。单击鼠标右键就会停止添加插入点,并生成多段线。

【绝对值(x,y,z)】在工作平面上输入 3D 绝对坐标。

【相对值(d_x,d_y,d_z)】在工作平面上输入与前次输入位置的相对距离。

当选择【生成面】时,如果生成的多段线是封闭的,则生成以该多段线轮廓为边界的面。

当选择【连接起点和终点】时,在工作窗口中单击鼠标右键就会自动连接起点和终点并闭合多段线。

3.1.6 矩形

在工作平面上生成线类型的矩形,其对话框如图 3-9 所示。

图 3-9 矩形对话框

输入矩形对角线的一端点的坐标【绝对值(x,y)】和对角端点的坐标【绝对值(x,y)、相对值(d_x,d_y)】生成矩形。

按顺序输入矩形的第一个角的坐标【绝对值(x,y)】和第二个角的坐标【绝对值(x,y)、相对值(d_x,d_y)、长度生成矩形。

直接单击工作平面或单击几何形状也可以指定下一个点。

当选择【生成面】时,如果生成的矩形是封闭的,生成以该矩形轮廓为边界的面,这时将不会生成线类型的矩形。

3.1.7 椭圆

在工作平面上生成线类型的椭圆,其对话框如图 3-10 所示。

图 3-10 椭圆对话框

在工作平面上输入椭圆中心点的坐标【绝对值(x,y)】和长轴、短轴半径生成椭圆。

在工作平面上输入长轴方向时可按【绝对值(x,y)】输入长轴方向的终点或按【长度/角度】的形式输入。按【长度/角度】输入时,这里的角度是指工作平面上相对于X轴按逆时针方向旋转的角度。直接单击工作平面也可以指定点。

当选择【生成面】时,以现有椭圆的轮廓线为边界生成椭圆平面,这时将不会生成线类型的椭圆。

3.1.8 B样条曲线

在工作平面上生成线类型的B样条曲线,其对话框如图3-11所示。

图 3-11 B样条曲线对话框

1.2D B样条曲线生成

输入起点和终点的坐标生成B样条曲线。起点的坐标按【绝对值(x,y)】的形式输入,终点的坐标可选择以下三种方式中的一种。

【绝对值(x,y)】在工作平面上输入2D绝对坐标。

【相对值(d_x,d_y)】在工作平面上输入与前次输入位置的相对距离。

【长度/角度】在前次输入位置的基础上,输入长度和角度,这里的角度是指工作平面上相对于X轴按逆时针方向旋转的角度。

也可以通过直接单击工作平面来指定点,单击鼠标右键就会停止添加插入点,并生成B样条曲线。

2.3D B 样条曲线生成

输入起点和终点的坐标生成B样条曲线。起点的坐标按【绝对值(x,y,z)】的形式输入,终点的坐标可选择下列两种方式中的一种。

【绝对值(x,y,z)】在工作平面输入3D绝对坐标。

【相对值(d_x,d_y,d_z)】在工作平面上输入与前次输入位置的相对距离。

虽然直接单击工作平面或单击几何形状可指定下一个点,但因为工作平面XZ是二维的,所以不能获取Y值。单击鼠标右键就会停止添加插入点,生成B样条曲线。

当选择【生成面】时,如果生成的B样条曲线封闭,则可直接生成以该B样条曲线轮廓为边界的面。

当选择【调整两端相切矢量】时,完成B样条曲线后,通过在最后阶段中调整起点和终点的切线矢量,可修改B样条曲线的整体形状。

3.1.9 轮廓线

在工作平面上生成由直线或圆弧构成的轮廓线,其对话框如图3-12所示。

图 3-12 轮廓线对话框

直接单击工作平面选择点或输入坐标值。鼠标单击工作平面指定点后,通过单击鼠标右键可以停止添加插入点,并生成轮廓线。

输入三点的坐标生成直线轮廓线。输入起点的坐标【绝对值(x,y)】后继续使用输入下一点坐标【绝对值(x,y),相对值(d_x,d_y)】的方法生成连接的直线。

输入两点的坐标生成圆弧轮廓线。生成一个与前一步生成的线有连接关系的弧。由于前一步所生成线的终点自动设置为圆弧的起点,所以只需要输入圆弧的终点坐标【(半径,角度)、(长度,角度)】。圆弧不能通过连接已有线段生成,只能通过与上一步的线连接的方式生成。

输入三点的坐标生成圆弧轮廓线。在生成圆弧轮廓线时,如果前一步生成的线的端点被用作圆弧的起点,只需要输入两个点的坐标【绝对值(x,y)、相对值(d_x,d_y)】。但当只是生成圆弧轮廓线的第一步时,必须从起点开始按顺序输入三个的点坐标才能生成圆弧轮廓线。

当选择【生成面】时,如果生成的轮廓线是封闭的,则以现有轮廓为边界生成一个平面,这时不会生成线类型的轮廓线。

3.1.10 正多边形

在工作平面上生成正多边形,其对话框如图 3-13 所示。

图 3-13 正多边形对话框

在圆上生成内接正多边形。首先输入正多边形的边数,然后输入外接圆的中心坐标【绝对值(x,y)】,选择下列三种方法中的一种输入半径和坐标。

【绝对值(x,y)】在工作平面上输入 2D 绝对坐标值。

【相对值(d_x,d_y)】在工作平面上输入与前次输入位置的相对距离。

【长度/角度】在前次输入位置的基础上,输入长度和角度,这里的角度是指工作平面相对于 X 轴按逆时针方向旋转的角度。

正多边形的顶点将处于第二个输入点的位置。

在圆上生成外接正多边形。首先输入正多边形的边数,然后输入内接圆的中心坐标【绝对值(x,y)】,选择下列三种方法中的一种输入半径和坐标。

【绝对值(x,y)】在工作平面上输入 2D 绝对坐标值。

【相对值(d_x,d_y)】在工作平面上输入与前次输入位置的相对距离。

【长度/角度】在前次输入位置的基础上,输入长度和角度,这里的角度是指工作平面上相对于 X 轴按逆时针方向旋转的角度。

正多边形和圆的切点将处于第二个输入点的位置。

⬡ 输入边的长度和正多边形的中心点、顶点与工作平面 X 轴的夹角,生成正多边形。

输入要生成的正多边形的边数。输入正多边形边的长度后输入正多边形的中心坐标【绝对值(x,y)】。输入一个顶点与工作平面 X 轴的夹角(按逆时针方向旋转)生成正多边形。

当选择【生成面】时,如果生成的正多边形是封闭的,则生成以该多边形轮廓为边界的面,这时不生成线类型的多边形。

3.1.11 螺旋线

生成线类型的螺旋线,其对话框如图 3-14 所示。

图 3-14 螺旋线对话框

【选择方向】指定方向矢量为螺旋线的基准线。可以选择基准轴、基准平面、面或线。

【2 点矢量】通过定义起点和终点坐标的方向矢量,生成螺旋线的基准线。起点和终点的坐标可以在工作窗口中直接单击输入。

输入【起始 XYZ】、【间距】、【圈数】、【锥角】,生成螺旋线。

【起始 XYZ】按螺旋线的起点输入 3D 坐标绝对值,也可直接单击工作窗口指定。

【间距】螺旋线一周对应的轴向高度增量。

【圈数】螺旋的圈数。

【锥度】螺旋的基准轴和螺旋侧面的坡度。

生成的螺旋线可能会发生一些误差,如输入的数值与锥度不完全匹配等。

3.1.12 隧道截面

在工作平面上生成线类型的隧道截面,其对话框如图 3-15 所示。

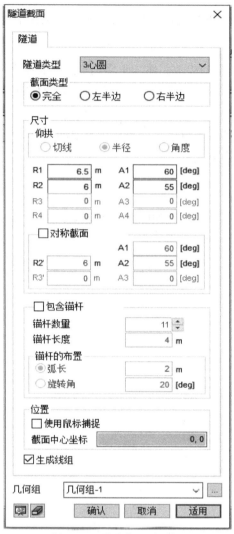

图 3-15　隧道截面对话框

隧道类型可以分为【3 心圆】、【3 心圆＋仰拱】、【5 心圆】和【5 心圆＋仰拱】等类型,截面类型可按【完全】、【左半边】和【右半边】三种方式生成。

【3 心圆】不同中心和直径的三个圆弧生成隧道。

【3 心圆＋仰拱】不同中心和直径的三个圆弧与一个仰拱生成隧道。

【5 心圆】不同中心和直径的五个圆弧生成隧道。

【5 心圆＋仰拱】不同中心和直径的五个圆弧与一个仰拱生成隧道。

【尺寸】输入要生成的隧道截面的半径（$R_1 \sim R_4$）和角度（$A_1 \sim A_4$）。左、右侧截面不对称时，勾选【对称截面】就可生成非对称隧道截面。这时输入的 $A_1' \sim A_3'$，$R_2' \sim R_3'$ 将显示左侧半截面的形状。

隧道仰拱类型为【3 心圆＋仰拱】或【5 心圆＋仰拱】。在隧道底面不平坦时仰拱用圆弧形式建立。可以用下列三种方式生成仰拱。

【切线】以指定的仰拱截面半径（R）和角度（A）为基本信息生成 3 心圆（或 5 心圆）。

【半径】如果输入半径（R），软件就会自动计算最佳的角度（A）后与 3 心圆（或 5 心圆）的信息组合生成仰拱。

【角度】如果输入角度（A），软件就会自动计算半径（R）与 3 心圆（或 5 心圆）的信息组合生成仰拱。

在隧道截面形状上包含锚杆时，勾选【包含锚杆】选项并设置锚杆线。用户输入【锚杆数量】和【锚杆长度】，使用【弧长】或【旋转角】分配锚杆。

【位置】输入已生成的隧道截面形状的中心点位置。勾选【使用鼠标捕捉】时，可用鼠标单击工作平面以获取隧道截面线的中心点坐标，也可直接输入截面中心点坐标。

【生成线组】将隧道截面形状生成单独的线组。如果不勾选，就会生成由许多线段组成的隧道截面形状。

3.1.13 圆角与倒角

在两条线相交的部位生成圆角或倒角。只有当线位于工作平面内时才可以生成圆角或倒角，其对话框如图 3-16 所示。

图 3-16 圆角与倒角对话框

1.圆角

选择工作平面上想要生成圆角的两条线后输入半径。生成圆角后的曲线将生成单独的线组，如图 3-17 所示。

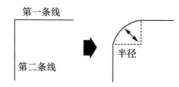

图 3-17　生成圆角的示例

【删除原形体(仅线)】删除圆角外侧的线。如果选择的线是弧或圆,则不会被删除。

2.倒角

选择工作平面上想要倒角的两条线后输入长度。倒角后的曲线将生成单独的线组。

【删除原形体(仅线)】删除倒角外侧的线。

3.1.14　线组

选择一组线,使其生成单独的线组,如图 3-18 所示。

图 3-18　生成线组对话框

选择误差极限以内的线生成一个线组。

【误差】是指所选择的线在此范围内被认定为完全连接的允许误差。例如,如果两条线间的距离是 2×10^{-6} m,并且容差被设定为 0.000 1 m,这两条线被认定为连接,如图 3-19 所示。

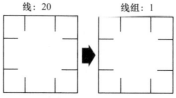

图 3-19　线组的示例

执行操作后,所选线将被删除,只保留合并后的线组。

3.1.15　延伸线

选择工作平面内的线,延伸或修剪其长度使之与终点一致,其对话框如图 3-20 所示。

图 3-20　延伸线对话框

1.延伸线

选择要延伸到辅助线的直线,如图 3-21 所示。当所选线延伸后不能与辅助线相交时,不能执行延伸功能。B 样条曲线类型的线不能应使用延伸功能。

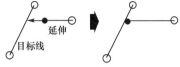

图 3-21　延伸线的示例

2.端点重合

选择要执行端点重合的线。执行操作后,已选择的线将被删除,只保留延伸的线,如图 3-22 所示。当两条线中的一条足够长且只延伸相对较短的线时,短线将延伸到长线且长线在交叉点处被切断。

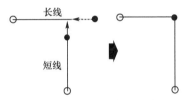

图 3-22　端点重合的示例

3.1.16　交叉分割

交叉分割是在相交点处剪断相交线,其对话框如图 3-23 所示。

选择要执行交叉分割操作的线。执行操作后,交叉分割前的线将被删除,只保留交叉分割后的线,如图 3-24 所示。

图 3-23　交叉分割对话框

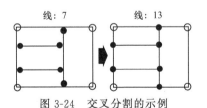

图 3-24　交叉分割的示例

3.1.17　修剪线

在交叉点修剪与其他线交叉的线,只有存在交叉的线时才能执行修剪功能,其对话框如图 3-25 所示。

执行操作后,原存在的线将被删除,只保留若干独立的线。选择修剪操作中被当作基准的线。把执行修剪操作的线作为目标线,可以同时选择多条边,基准线在修剪后不改变,如图 3-26 所示。

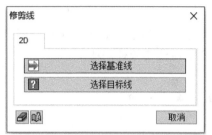

图 3-25　修剪线对话框

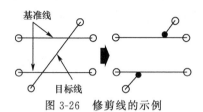

图 3-26　修剪线的示例

3.1.18　打断线

在 3D 空间打断线,其对话框如图 3-27 所示。

【百分比】按百分比打断线。如图 3-28 所示,可以同时选择多条线分割。把线的原始长度看作 1,输入 0 到 1 之间的值,按此比率打断线。

图 3-27　打断线对话框

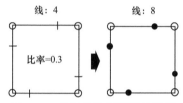

图 3-28　按百分比打断线的示例

【顶点】按顶点打断线,如图 3-29 所示。在要打断的点上没有几何形状时,可用捕捉功能在工作平面上建立顶点,也可直接输入顶点的坐标值。

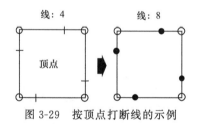

图 3-29　按顶点打断线的示例

【线】按线打断线,如图 3-30 所示,选择基准线打断目标线。

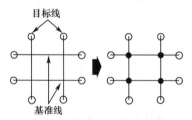

图 3-30　按线打断线的示例

【平面】按平面打断线,按平面打断线的示例如图 3-31 所示。

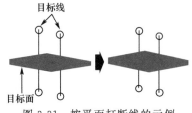

图 3-31　按平面打断线的示例

3.1.19　合并线

选择工作平面上的线,通过合理的延伸或修剪长度使它们的端点重合,其对话框如图 3-32 所示。

直接在工作窗口中选择多条线,并把容差内的线合并成一条线,如图 3-33 所示。执行操作后,所选线将被删除,只保留合并后的线。

图 3-32　合并线对话框

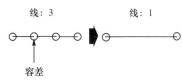

图 3-33　合并线的示例

3.1.20　偏移曲线

用相同的距离偏移线并生成新的线,其对话框如图 3-34 所示。

可以选择工作平面上的曲线或直线,也可以选择圆或圆弧,如图 3-35 所示。因为偏移目标线总是沿着法线方向的,所以不需要选择方向,只要输入【偏移距离】就会自动偏移。当勾选【生成面】时,可以生成包含偏移线的平面。

图 3-34　偏移曲线对话框

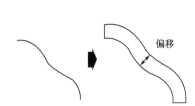

图 3-35　偏移曲线的示例

3.1.21　最短距离直线

在空间形状之间用最短距离生成直线,当形状交叉时在交叉点生成直线,其对话框如图 3-36 所示。

图 3-36　最短距离直线对话框

【最短距离直线】如果按顺序选择两个形状，就会在空间上生成连接相应形状的最短距离的直线，如图 3-37 所示。

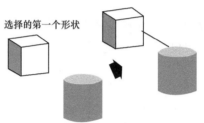

图 3-37　最短距离直线的示例

【曲面交叉线】如果按顺序选择两个交叉的形状，就会在相应交叉的位置生成直线。交叉线为一条线则生成一条直线，交叉线为多条线时将生成包含所有线的组合形状，如图 3-38 所示。

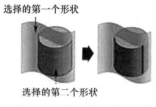

图 3-38　曲面交叉线的示例

3.2　曲面与实体

生成顶点和曲线之后，便可以进行生成曲面与实体的操作，可以生成圆柱、圆锥、箱形、楔形等几何体。曲面与实体工具栏如图 3-39 所示。

图 3-39　曲面与实体工具栏

3.2.1 圆柱

生成面组或实体类型的圆柱,其对话框如图 3-40 所示。

输入原点、半径、高度及角度,生成圆柱形状,如图 3-41 所示。

【原点】圆柱底面圆心坐标。原点坐标可以在工作平面内直接单击获取,也可以单击工作窗口中的几何体定义。但因工作平面 XZ 是二维的,所以不能获取 Y 值。

【角度】输入形成圆柱顶面和底面的圆的旋转角度。如果输入"360",则会生成具有圆形底面和顶面的典型圆柱。

【生成实体】勾选这个选项会生成实体类型的圆柱,如果没有勾选这个选项则会生成面组类型的圆柱。

【GCS】以整体坐标系为基准输入原点坐标,这时需要输入原点的三维坐标。

【WCS】以工作平面坐标系为基准输入原点坐标,这时需要输入原点的二维坐标。

图 3-40 圆柱对话框

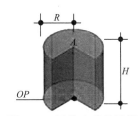

图 3-41 圆柱生成的示例

3.2.2 圆锥

生成面组或实体类型的圆锥,其对话框如图 3-42 所示。

输入原点、顶部半径、底部半径、高度及角度生成圆锥形状,如图 3-43 所示。

图 3-42 圆锥对话框

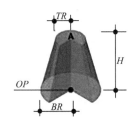

图 3-43 圆锥生成的示例

【原点】圆锥底面的原点坐标。原点坐标可以在工作平面内直接单击获取,也可以单击工作窗口中的几何体定义。但因工作平面 XZ 是二维的,所以不能获取 Y 值。

【角度】输入形成圆锥顶面和底面的圆的旋转角度。如果输入"360",则会生成具有圆形顶面和底面的典型圆锥。

【生成实体】勾选这个选项会生成实体类型的圆锥,如果没有勾选这个选项则会生成面组类型的圆锥。

【GCS】以整体坐标系为基准输入原点坐标,这时需要输入原点的三维坐标。

【WCS】以工作平面坐标系为基准输入原点坐标,这时需要输入原点的二维坐标。

3.2.3 箱形

生成面组或实体类型的箱形,其对话框如图 3-44 所示。

输入原点、宽度 X、宽度 Y 以及高度,生成箱形形状。

【原点】指箱形底面角点的坐标。原点坐标可以在工作平面内直接单击获取,也可以单击工作窗口中的几何体定义。但因工作平面 XZ 是二维的,所以不能获取 Y 值。

3.2.4 楔形

生成楔形的非标准六面体。可以生成面组或实体类型的六面体,其对话框如图 3-45 所示。

图 3-44　箱形对话框

图 3-45　楔形对话框

输入原点、长度、形状宽度,生成楔形。

【原点】六面体底面角点的坐标。原点坐标可以在工作平面内直接单击获取,也可以单击工作窗口中的几何体定义。但因工作平面 XZ 是二维的,所以不能获取 Y 值。

【DX】、【DY】、【DZ】分别指六面体底面的 X 方向长度、Y 方向宽度和六面体 Z 方向的高度。

【$X_{\min}$】、【$X_{\max}$】顶面起点和终点在 X 轴方向上的相对距离。

【$Z_{\min}$】、【$Z_{\max}$】顶面起点和终点在 Z 轴方向上的相对距离。

3.2.5　圆球

生成面组或实体类型的圆球,其对话框如图 3-46 所示。

输入原点、半径和角度生成圆球,如图 3-47 所示。

图 3-46　圆球对话框

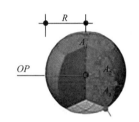

图 3-47　圆球生成的示例

【原点】圆球原心的坐标。坐标可以在工作平面内直接单击获取,也可以单击工作窗口中的几何体定义。但因工作平面 XZ 是二维的,所以不能获取 Y 值。

输入生成圆球的角度,各个参数如下:

【角度 1】圆球垂直面的旋转角度。

【角度 2】圆球垂直面开始的角度($0°<A_2≤90°$)

【角度 3】圆球垂直面结束的角度($-90°≤A_3≤0°$)

3.2.6　圆环

生成旋转的环形体,其对话框如图 3-48 所示。如果截面封闭,则可以生成环形的面组或实体圆环。如果截面开放,则可以生成闭合回路的几何体。截面的形状是圆或圆弧。

输入原点、外径、内径和角度,生成圆环,如图 3-49 所示。

图 3-48　圆环对话框

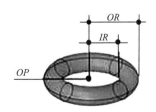

图 3-49　圆环生成的示例

【原点】圆环的圆心坐标。坐标可以在工作平面内直接单击获取,也可以单击工作窗口中的几何体定义。但因工作平面 XZ 是二维的,所以不能获取 Y 值。

【外径】和【内径】分别指圆环面的外半径和圆环面的内半径,且 $0<IR<OR$。

【角度】指旋转体截面(圆或圆弧)开始的角度。假设截面角度位于 XZ 平面,与 X 轴正方向形成的角度。

3.2.7 生成面

当选择一系列闭合的线时,生成以这些线为轮廓的面,其对话框如图 3-50 所示。

【平面】选择要生成面的边部边界线。线的数量没有限制。但是边界不能重合,并且必须闭合以生成面。

【边界面】选择 2 条或 4 条线作为边界线使用,生成三维曲面。

在选择 4 条线的情况下,所选择的边界线只有能够组成闭合的区域,才能正常生成曲面,如图 3-51 所示。

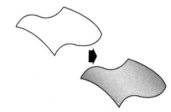

图 3-50　生成面对话框　　　　图 3-51　边界面生成的示例

在选择 2 条线的情况下,所选择的 2 条边界线以最短距离生成平面或曲面。因为边界面在各线的起点和终点间连接生成面,所以 2 条线方向不一致时会生成扭曲的面。在这种情况下,勾选【反转(在 2 边之间)】,就可以在连接各线的起点和终点后,生成正常的面。

【栅格面】在整体坐标的 XY 平面上设置虚拟的栅格,在每个栅格点输入高程的数据,生成一个复杂的曲面,如图 3-52 所示。

M 和 N 分别指 X 轴和 Y 轴方向的栅格线数。原点 X、原点 Y 是栅格起点的 X,Y 坐标,L_X、L_Y 是平面在 X、Y 方向的长度。标高可以直接导入表格对话框中,也可以按文本文件输入。

【点】生成含全部选择点的空间曲面,如图 3-53 所示。

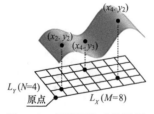

图 3-52　栅格面生成的示例　　　　图 3-53　点生成面的示例

可以在窗口上选择点,也可以将坐标直接导入表格对话框中。当采用表格输入点坐标时,将激活【建立顶点】,勾选时生成输入的点,如果不勾选只生成面。

3.2.8 圆角与倒角

在实体或面组的边生成圆角或倒角,其对话框如图 3-54 所示。

图 3-54　圆角与倒角对话框

【圆角】选择要进行圆角操作的边。只有实体或面组下级的边可以选择。在起点和终点位置,分别输入圆角半径 1 和半径 2。虽然不显示边的方向,但可以用预览功能提前确认要生成的形状。圆角生成的示例如图 3-55 所示。

【倒角】选择要进行倒角操作的边。只有实体或面组下级的边可以选择。输入倒角边的起点长度和终点长度。虽然不显示边的方向,但可以用预览功能提前确认要生成的形状。倒角生成的示例如图 3-56 所示。

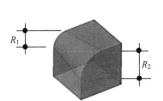
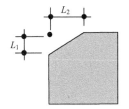

图 3-55　圆角生成的示例　　　　图 3-56　倒角生成的示例

3.2.9 偏移

单击【偏移】图标,可以偏移实体或面组的全部或部分生成新的面组,其对话框如图 3-57 所示。

图 3-57　偏移对话框

【整个形状】按相同的偏移距离偏移所选目标的所有形状(实体、面组),如图 3-58 所示。

勾选【圆角连接边界】时,偏移所有面之后,不连接的部分通过曲线处理连接。偏移距离即圆角上使用的半径大小。

勾选【删除原形状】时,删除进行偏移操作的原形状,只保留最终形状。

【部分面】偏移选择目标的一部分面,如图 3-59 所示。

勾选【各面独立偏移】时,独立地偏移各个面。在这个选项关闭的状态下如果选择多个连接的面,就会生成面组类型的偏移面。

 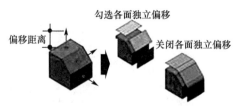

图 3-58　偏移整个形状的示例　　　　　　图 3-59　偏移部分面的示例

3.2.10　印刻

把指定的曲线或顶点投影到指定的面上后,基于投影的形状在面内生成线或点。当在面上划分网格时,这些印刻的线和点都会体现出来,其对话框如图 3-60 所示。

图 3-60　印刻对话框

1.顶点

选择要印刻的面后选择要印刻的顶点。印刻方向可以采用以下三种方式设定。

【选择方向】直接指定印刻的方向,可以选择基准坐标轴、基准面、面或线。

【2 点矢量】输入起点和终点的坐标作为印刻的方向矢量。起点和终点的坐标可以直接在工作窗口中单击定义。

【最短距离直线的方向】在辅助对象与目标面的最短路径上投影。

勾选【直线连接两顶点】时,连接原点和投影点生成直线。

2.曲线

选择要印刻的面后选择要印刻的线。印刻方向可以采用以下三种方式设定。

【选择方向】直接指定印刻的方向,可以选择基准坐标轴、基准面、面或线。

【2 点矢量】输入起点和终点的坐标作为印刻的方向矢量。起点和终点的坐标可以直接在工作窗口中单击定义。

【最短距离直线的方向】在辅助对象与目标面的最短路径上投影。

3.自动印刻

选择要印刻的面后选择要印刻的线或点就会自动执行印刻。

当线穿过多种实体时,执行【自动印刻】功能就会分割每个实体内的线,并在实体连接位置自动地执行印刻。

3.2.11　自动连接

自动生成目标形状之间的共享面或做布尔运算,其对话框如图 3-61 所示。

图 3-61　自动连接对话框

选择自动连接的目标形状,此功能将自动执行如下命令:

【印刻】自动生成相连实体的共享面。

【布尔运算】

(1)在实体内存在实体的情况下做嵌入处理。

(2)在实体和实体相连或部分包含的情况下做差集处理。

3.2.12　合并面线

保留面的同时把该面的边界线合并成一条线,其对话框如图 3-62 所示。

在单一形状的情况下,只能对一个面执行合并;在多个形状的情况下,对选择角度误差范围内包含的所有线自动执行合并面线,如图 3-63 所示。

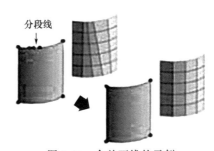

图 3-62　合并面线对话框　　　　图 3-63　合并面线的示例

只有当所选择的线的夹角在标准范围内时才能执行合并操作,要合并成的线必须与其他线连接。

3.2.13 层面助手

层面助手可利用钻孔数据在三维空间上生成多层曲面,其对话框如图 3-64 所示。

图 3-64 层面助手对话框

定义【层面名称】并指定钻井【名称】和【位置】。单击【添加】可以对每一个钻孔进行添加,并可直接输入每个层面的深度。这些深度是相对于整体坐标系并且按照地表面以下计算的。例如,输入的地表面深度为 −10 m,土层为 30 m,风化岩为 60 m,则土层位于地表面以下 40 m,风化岩位于地表面以下 70 m。

采用多钻井生成面时,需要输入 3 个或 3 个以上钻井。

建立的地层面和钻井线分别以面和线注册到工作目录树下的几何组中。用户可指定几何组的名称。

3.3 布尔运算

当实体或面出现部分重叠的情况时,需要通过布尔运算解决问题,其工具栏如图 3-65 所示。

图 3-65 布尔运算工具栏

3.3.1　实体

选择目标对象进行布尔运算。布尔运算包括并集、差集、交集、嵌入四种方式。

【并集】执行并集运算,将所选的多个目标合并成一个形状,主要适用于实体对实体,其对话框如图 3-66 所示。在将两个形状合并成一个形状的过程中,各形状的外边界线保持不变。但是,如果勾选了【合并面】选项,则目标位置将被定义为一个单独的面,边界线将被自动删除。

【差集】执行差集运算,删除目标对象与辅助对象重合的部分,主要适用于实体对实体,其对话框如图 3-67 所示。

图 3-66　布尔运算对话框(1)

图 3-67　布尔运算对话框(2)

【交集】执行交集运算,除了重合部分,删除所有目标上的其他部分。交集运算主要适用于实体对实体,其对话框如图 3-68 所示。如果对两个面进行交集运算,可能会生成不恰当的形状。

【嵌入】在目标对象中插入辅助对象,其对话框如图 3-69 所示。这个命令通常用于建模时目标对象内存在不同材料的情况。目标对象和辅助对象首先进行交集运算后,在目标对象的内部插入交集运算后的结果形状。

图 3-68　布尔运算对话框(3)

图 3-69　布尔运算对话框(4)

勾选【删除辅助形状】时,结束操作后,将删除辅助对象。

3.3.2　面

选择多个独立面,合并生成一个面组。

【并集】运算将不能执行缝合操作,无法将重叠及相互贯通的面或面组集合成一个面组,其对话框如图 3-70 所示。勾选【合并面】时,将删除边界线并将各面合并成一个面。

【缝合】运算将选择多个独立的面或面组,捆绑成一个面组,其对话框如图 3-71 所示。

这个功能在面或面组不重叠,且边界线连接时使用。

图 3-70　布尔运算对话框(5)　　　　图 3-71　布尔运算对话框(6)

【误差】指缝合操作中使用的允许极限。如果所选面的外边线间隙在误差范围内,则可生成一个没有自由边的独立面组。

勾选【非流形线】时,可缝合由 3 个或 3 个以上面共享一条边的非流形面。如果不勾选这个选项,则不会缝合非流形面。

勾选【生成实体】时,如果生成的面组完全封闭,则自动将封闭的面组转换成实体。

3.4　分割

分割几何体或面,其工具栏如图 3-72 所示。

图 3-72　分割工具栏

3.4.1　实体

分割实体对话框如图 3-73 所示。选择要分割的目标实体,以辅助曲面分割实体,如图 3-74 所示。

图 3-73　分割实体对话框

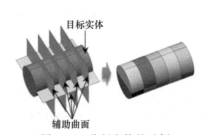

图 3-74　分割实体的示例

可以按以下三种方式设定辅助曲面。

【选择辅助曲面】直接选择用于分割实体的面。想使用由多个面分割时,可以将面捆绑成一个面组来完成正确的分割。

【3点平面】用一个无限大平面来分割实体,并通过3点的坐标来定义平面。3点的坐标可以直接单击工作窗口输入。

【分割平面】通过与整体坐标系相关的工作平面来分割实体。

【分割相邻面】分割多个相邻实体的相邻面时,可能这些实体只有一部分需要被分割,在这样的情况下,相邻实体所对应的表面也会被分割。通过分割相邻实体上对应的表面,这些表面上的节点可以实现分割实体与相邻实体的节点耦合。

【删除原形状】删除分割前使用的所有原形状。

【删除辅助形状】在分割操作后删除辅助形状。

3.4.2　面

用任意的线或面分割多个面,其对话框如图3-75所示。

图3-75　分割曲面对话框

1.通过曲线

选择要分割的目标面或面组,如图3-76所示,选择用于分割的辅助线。如果辅助形状由多条线组成,则将多条线合并为一条线以便于分割操作。

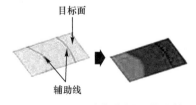

图3-76　通过曲线分割面的示例

如果目标面与辅助线不在一个平面上,则通过投影辅助线来分割目标面。这时用户必须定义【投影方向】。可以用下列四种方式指定投影方向。

【选择方向】直接定义辅助线的投影方向。可以选择基准坐标轴、基准面、面和线。

【2点矢量】输入起点和终点的坐标来定义用于投影基准轴的方向矢量。起点和终点也可以直接单击工作窗口指定。

【线上的点（比率）】将辅助线上任意点到目标面的最短距离定义为投影方向。输入 0 到 1 之间的比率值，以确定辅助线上的任意点。

【最短距离直线的方向】以辅助线到目标面的最短路径投影辅助线。

【分离被分割面】勾选此选项时，面组将被分成面。

2.通过曲面

选择要分割的目标面或面组，如图 3-77 所示，选择用于分割的辅助曲面。辅助曲面可以直接指定曲面，也可以指定三点坐标的无限大平面。

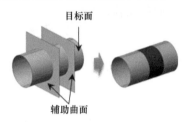

图 3-77　通过曲面分割面的示例

【删除原形状】删除分割前使用的所有原形状。

【删除辅助形状】在分割操作后删除辅助形状。

3.5　延伸

延伸包括扩展、旋转、放样、扫描等操作，其工具栏如图 3-78 所示。

图 3-78　延伸工具栏

3.5.1　扩展

按直线方向扩展几何形状（面、线）生成实体或面。使用线可以生成面，使用面可以生成实体，也可通过闭合的线或闭合的线组生成实体，其对话框如图 3-79 所示。

选择用于扩展操作的几何形状（面、线）后，输入要扩展的方向和长度。扩展的示例如图 3-80 所示。

输入扩展方向时可以选择如下三种方式。

【选择方向】定义所选截面的扩展方向矢量，可以选择基准坐标轴、基准面、面和线。

【2点矢量】可以输入起点和终点的坐标来定义用于扩展的方向矢量，也可以直接单击工作窗口指定起点和终点。

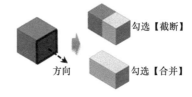

勾选【截断】

方向　勾选【合并】

图 3-79　延伸对话框(1)　　图 3-80　扩展的示例

【轮廓法线】当扩展的截面可以定义法线方向时,可沿扩展截面的法线方向执行扩展。扩展截面为多个时,应按各自的法线方向扩展。用于扩展的截面选择曲面或直线时,不能确定法线方向且无法扩展。

【长度】只能输入正值。当要扩展的方向为反方向时,应勾选【反向】选项。

当选择的扩展方向具有长度时(选择直线或指定 2 点矢量的情况),单击右侧【＜】按钮就会自动计算扩展长度。

【生成实体】用闭合线生成实体时使用。应注意的是,在没有闭合的线或线组的情况下使用这个选项,虽然不会发生错误,但可能会生成不正确形状。

【合并】利用实体间的并集功能,将原形状与扩展形状合成一个整体。

【截断】利用实体间的差集功能,将原形状与扩展形状进行拼接。

3.5.2　旋转

旋转几何形状(面、线)分别生成实体或面。使用线可以生成面,使用面可以生成实体,也可通过闭合的线或线组生成实体,其对话框如图 3-81 所示。

选择用于旋转操作的几何形状(面、线)后,定义旋转轴和角度。

定义旋转轴可以选择如下两种方式。

【选择旋转轴】定义截面旋转的轴线。可以选择基准坐标轴、基准面、面或线。勾选【位置】可以直接定义旋转轴的基准点位置。如果直接输入了基准点位置,旋转轴就会移动到指定位置。

图 3-81　延伸对话框(2)

69

【2点矢量】可以输入起点和终点的坐标来定义用于旋转的基准轴方向矢量,也可以直接单击工作窗口指定起点和终点。

3.5.3 放样

按顺序选择已定义的轮廓生成面组或实体,也可选择使用B样条曲线或直线连接生成形状,还可通过闭合的线或闭合的线组生成实体,其对话框如图3-82所示。

选择要执行放样的形状。根据指定顺序的不同,选择方法应当不同。顺序可以按以下三种方式选择。

【建立】一次选择多个轮廓线,软件根据选择顺序生成形状。

【选择】用鼠标逐个选择,软件根据选择顺序生成形状。

【矢量】一次性地选择多个截面后,软件根据截面轮廓线在指定向量方向的顺序排序。通过【2点矢量】输入【Pt 1】和【Pt 2】定义方向矢量的坐标,也可以用捕捉的方法输入坐标。

【直线】选项是用直线连接截面生成目标形状。

图3-82 延伸对话框(3)

3.5.4 扫描

沿导向扩展选择的轮廓线、面来生成面、面组或实体。

面可以生成实体,轮廓线和线组可以生成面组,线可以生成面,闭合的线或线组可生成实体,其对话框如图3-84所示。

选择要扫描的截面形状后,选择沿导向线生成形状。

【比例缩放】勾选的情况下,可以输入比例大小,对扫描的末端截面大小按原形状的大小进行比例缩放。

【生成实体】勾选的情况下,截面为闭合形状时会生成实体,否则可能生成不正确的形状。

图3-84 延伸对话框(4)

【正交】勾选的情况下,把所选的截面旋转,使之与导向线正交,然后执行扫描。

【关联】勾选的情况下,把选择的截面移动到导向线处执行扫描。

3.6 转换

转换包括移动复制、旋转、镜像、缩放、扫描复制、投影、粘贴等选项,其工具栏如图 3-85 所示。

图 3-85　转换工具栏

3.6.1 移动复制

以指定距离平移目标形状,移动操作与目标类型无关,其对话框如图 3-86 所示。勾选【复制(均匀)】或【复制(非均匀)】选项可保留原目标形状,只平移复制的对象。

选择执行移动操作的形状后需要指定方向。移动的示例如图 3-87 所示。移动方向可以选择如下两种方式。

【选择方向】指定用于平移目标的方向矢量。可以选择基准坐标轴、基准面、面或线。

【2 点矢量】输入起点和终点的坐标,指定用于移动的方向矢量,也可以直接单击工作窗口指定起点和终点。

图 3-86　转换对话框(1)

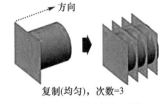

复制(均匀),次数=3

图 3-87　移动的示例

移动复制目标形状的方法有【移动】、【复制(均匀)】和【复制(非均匀)】。

【移动】按指定的距离移动目标形状。

【复制(均匀)】重复命令被激活,按输入的重复个数反复移动,复制目标形状。

【复制(非均匀)】用空格或逗号指定一系列移动复制的距离。当距离重复时,可以输入"数字@距离"(例如,可以输入"2,3,4,4,4"或"2 3 3@4")。

【距离】当选择的方向具有有限长度(如选择一条线段或选择 2 点矢量)时,单击【<】

按钮,则会自动计算选择方向的长度。

3.6.2 旋转

旋转目标形状,旋转操作与目标类型无关,其对话框如图 3-88 所示。勾选【复制(均匀)】和【复制(非均匀)】选项可保留原目标形状。

选择用于旋转的形状后需要指定旋转轴。旋转的示例如图 3-89 所示。旋转轴可以选择以下两种方式。

【选择旋转轴】指定要旋转截面的旋转轴。可以选择基准坐标轴、基准面、面或线。勾选【位置】可以直接指定旋转轴的基准点坐标。如果输入位置,旋转轴就会向输入值的位置移动。

【2 点矢量】输入起点和终点的坐标,指定旋转轴的方向矢量,也可以直接单击工作窗口指定起点和终点。

图 3-88　转换对话框(2)

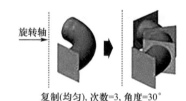

复制(均匀),次数=3,角度=30°

图 3-89　旋转的示例

旋转目标形状的方法有【移动】、【复制(均匀)】和【复制(非均匀)】。

【移动】直接输入角度使之旋转移动。

【复制(均匀)】重复命令被激活,按输入的重复个数反复旋转,复制目标形状。

【复制(非均匀)】用空格或逗号指定一系列旋转复制的距离。当角度重复时,可以输入"数字@角度"(例如,可以输入"10,20,25,25,25"或"10 20 3@25")。

3.6.3 镜像

镜像目标形状,镜像操作与目标类型无关,其对话框如图 3-90 所示。勾选【复制对象】选项可保留原目标形状,并通过镜像操作得到目标形状。

镜像类型有【顶点】、【轴】、【平面】。镜像的示例如图 3-91 所示。

【顶点】以选择的顶点为基准进行镜像。顶点可以直接在工作窗口上单击选择,或勾选【坐标】选项直接输入顶点的坐标。

图 3-90　转换对话框(3)

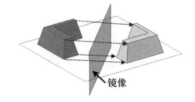

图 3-91　镜像的示例

【轴】以选择的轴为基准进行镜像。轴可以直接在工作窗口上单击选择,或勾选 2 点矢量,输入起点和终点的坐标来指定用于镜像基准轴的方向矢量。

【平面】以选择的面为基准进行镜像。面可以直接在工作窗口上单击选择,或勾选 3 点平面,输入三点坐标定义面。

3.6.4　缩放

以缩放中心为基准放大或缩小目标,其对话框如图 3-92 所示。缩放与目标类型无关。勾选【复制对象】选项可保留原目标形状。

选择进行比例缩放的形状,输入缩放的基准点坐标。比例缩放的示例如图 3-93所示。

图 3-92　转换对话框(4)

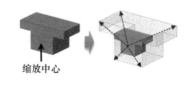

图 3-93　比例缩放的示例

比例缩放的类型有【均匀】和【非均匀】。

【均匀】所有轴都采用统一的缩放系数。

【非均匀】各轴(以整体坐标系为基准)可以采用不同的缩放系数。

3.6.5　扫描复制

沿导向线复制目标形状,扫描复制操作与目标类型无关,其对话框如图 3-94 所示。

图 3-94　转换对话框(5)

选择要扫描复制的形状,选择导向线(线组或线)来复制目标形状。扫描复制的示例如图 3-95 所示。

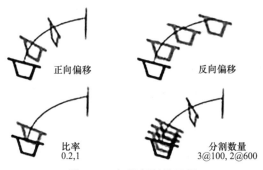

图 3-95　扫描复制的示例

勾选【反向】选项可以沿导向线反方向复制。

扫描复制的类型有【偏移】、【比率(0~1)】和【分割数量】。

【偏移】输入指定的偏移间距,如果输入的偏移间距大于导向线的长度,目标形状在导向线的末端就不再移动。

使用空格或逗号输入多个偏移间距的情况下,可以扫描复制多个形状。

【比率(0~1)】输入指定的比率。导向线的起点比率为 0,终点比率为 1。在输入多个比率的情况下,可以扫描移动多个形状。

【分割数量】输入指定的分割数量,按分割数量以相同间距分割。

如果勾选【保持角度】选项,就会根据导向线的曲率移动或复制目标形状。如果勾选【关联】选项,目标形状就会移动到导向线的起点(默认)后再复制。

【选择基准顶点】选择【保持角度】或【关联】选项时须设置基准顶点。基准顶点为选择要扫描复制形状的起点。

【建立放样形状】根据曲率变化的非连续(数值不稳定)导向线生成形状时,可作为代替放样功能使用。

3.6.6 投影

投影已选择的形状,可用【曲线到曲面】、【顶点到曲线】、【顶点到曲面】三种方式投影,其对话框如图 3-96 所示。

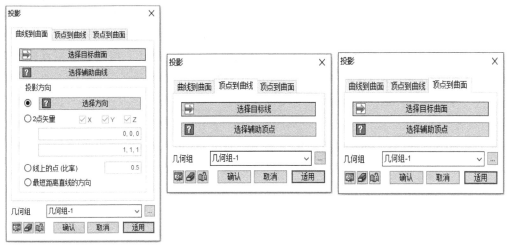

图 3-96 投影对话框

【曲线到曲面】选择要投影的目标曲面,选择投影辅助曲线。投影方向可以按如下四种方式设定。曲线到曲面投影的示例如图 3-97 所示。

【选择方向】指定投影方向矢量。可以选择基准坐标轴、基准面、面或线。

【2 点矢量】输入起点和终点的坐标,指定用于投影基准轴的方向矢量,也可以直接单击工作窗口指定起点和终点。

【线上的点(比率)】选择线上的一点。按选择的点到目标面的最短距离方向投影。

【最短距离直线的方向】按辅助形状到目标形状的最短距离方向投影。

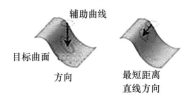

图 3-97 曲线到曲面投影的示例

【顶点到曲线】选择投影目标曲线和辅助顶点,把点投影到线上。点将垂直于线的方向投影。顶点到曲线投影的示例如图 3-98 所示。

【顶点到曲面】选择投影目标曲面(面组或面)和辅助顶点,把点投影到面上。点将垂直投影到面上。顶点到曲面投影的示例如图 3-99 所示。

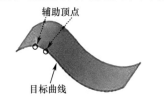

图 3-98 顶点到曲线投影的示例

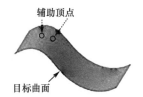

图 3-99 顶点到曲面投影的示例

【仅投影到最近目标】因为在选择的方向上将无限投影,所以当目标形状为曲面或面组时可能会在目标形状上投影两次以上,勾选该选项时将仅向最近的目标位置投影。

3.6.7 粘贴

把辅助形状粘贴到目标形状上,选择的目标形状以最短距离连接。当有两个以上目标形状时,辅助形状会粘贴到最近的目标形状上。粘贴对话框如图 3-100 所示。

选择要粘贴到目标形状的辅助形状,可以选择任意独立形状。用户可以选择粘贴方向为【X-方向】、【Y-方向】、【Z-方向】。粘贴的示例如图 3-101 所示。

图 3-100　粘贴对话框

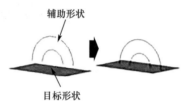

图 3-101　粘贴的示例

3.7　子形状

子形状包括超级形状、移除、析取、分解等功能,其工具栏如图 3-102 所示。

图 3-102　子形状工具栏

3.7.1　超级形状

选择目标形状使之生成单独的实体或群,其对话框如图 3-103 所示。

图 3-103　超级形状对话框

【面组→实体】选择闭合的面组或面,执行操作后自动填充内部生成实体。

【群】很难用一个形状(点、线、面、实体)定义的几何组合。选择多个几何形状可以生成群。

通过几何建模过程中的操作,当单一的几何形状分解成两个形状时,这两个形状则形成一个群。例如,如果删除了一个立方体的 4 个侧面,剩下的顶面和底面彼此完全分离,但是这两个面可以作为一个群存在。

当形状不能连接,但需要被组成单一组合时,也能生成群。例如,对彼此分离的两个实体进行并集的结果就是生成了一个群。

因此,如果群是在建模过程中生成的,有必要确认是否存在没有连接的几何形状,经过分解命令找出问题。

3.7.2 移除

从选择的面组或实体中删除需要移除的外表面,其对话框如图 3-104 所示。

选择要移除的面后单击【确认】或【适用】按钮移除相应面。移除实体的面的示例如图 3-105 所示。如果移除了实体的面,那么实体就转换成面组;如果移除了面,那么就会剩下组成面的线。

图 3-104　子形状对话框(1)

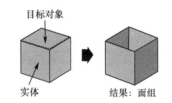

图 3-105　移除实体的面的示例

3.7.3 析取

析取目标形状(面、线或点),生成独立的形状,其对话框如图 3-106 所示。

选择要析取的几何形状(面、线、点)。可以从实体形状上析取面,从面上析取线,从线上析取点。析取的示例如图 3-107 所示。当析取的形状在误差内时勾选【并集】,可以合并成一个独立形状。例如,析取相连接的面,如果所选面的边线间隙在误差内,则会生成没有任何自由边的独立面。

图 3-106　子形状对话框(2)

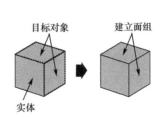

图 3-107　析取的示例

3.7.4 分解

把选择的形状分解成子形状,其对话框如图 3-108 所示。

选择形状后设置【分解等级】,包括【子形状】、【实体】、【面组】、【平面】、【线组】、【线】、【顶点】。

图 3-108　子形状对话框(3)

分解的目标形状只适用于高一级的个体。分解实体时,只能按实体下一级的【面组】、【平面】、【线组】、【线】或【顶点】分解。

【子形状】形状按等级分解生成下一等级的子形状。

群是简单的几何组合,如果选择【子形状】,就会分解成群包含的各个独立形状。

3.8　删除

删除工具可以删去不需要的几何形体,其工具栏如图 3-109 所示。

图 3-109　删除工具栏

3.8.1　面/线

在选择的面或线中手动搜索并删除小于输入的基准值面积的小面或小于基准值长度的短线,或者单独进行面的移除及合并,以及对小体进行删除,其对话框如图 3-110 所示。

选择特定的删除对象。选择后单击【移除/合并】删除,勾选【立即移除】选项时,会在选择对象的同时移除符合条件的对象。

【选择目标对象】在已选择的对象中查找满足条件的形状,未选择时查找整个模型。

图 3-110　简化对话框(1)

【移除顶点】以顶点移除的最短距离方向缩减模型,并将选择的顶点及其连接的最短线一并删除。

【移除面】删除选择的面。

【合并面】删除面之间的线后合并面。

【小体】搜索小实体。

3.8.2　简化

自动查找选择指定形状并将其删除,其对话框如图 3-111 所示。

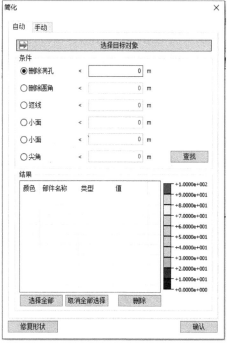

图 3-111　简化对话框(2)

【选择目标对象】在已选择的目标对象中查找满足条件的形状,未选择时查找整个模型。选择应遵循以下条件:

(1)孔(半径):输入孔的标准半径。

(2)圆角(半径):输入圆角的标准半径。

(3)短线:输入短线的标准长度。

(4)小面:输入构成小面的最长边的长度。

(5)细长面:输入细长面的幅长。

(6)尖角:输入尖角的最大宽度。

输入已选条件的数值后单击【查找】按钮,满足条件的形状会形成列表。单击后高亮显示该形状,双击后该形状会缩放至合适位置后显示。

可以按部件名称、类型、值分类排序后查看,并在选择后移除。

3.8.3 删除印刻

删除所选的几何形状内部存在的线或点,其对话框如图 3-112 所示。

图 3-112　删除印刻对话框

【顶点】选择印刻生成的顶点后单击【适用】按钮,就会自动删除形状上的点。

【线】选择目标面后,选择要删除的内部线。可选择以下方法中的一种,单击【查找】按钮就会自动选择内部线。

【全部】选择可以自动选择的所有内部线。

【半径】输入半径,选择小于该半径的全部内部线,也适用于圆弧形态的内部线。

【长度】输入线的长度,选择小于该长度的全部内部线。

【对角线长度】输入边界框的对角线长度,选择小于该对角线长度的全部内部线。

3.9　工具

工具包括一些辅助功能,方便更好地构建几何体,也可以用来检查构建的几何体是否完善。工具工具栏如图 3-113 所示。

图 3-113　工具工具栏

3.9.1 选项

设置软件的一般环境,由一般、几何/网格/连接、荷载/边界条件和分析/结果组成,其对话框如图 3-114 所示。

图 3-114　选项对话框

1.一般

【一般】

(1)设置用户名称、用户公司、临时文件夹、自动保存文件及保存时间间隔。

(2)许可证程序注册授权。支持硬件锁认证(单机硬件锁认证和网络硬件锁认证)及网络认证。

(3)为分析指定力、长度、时间的单位系统。也可以在分析前后,使用软件主窗口底部的单位转换器转换单位。

【图形】

(1)在【工作视图窗口】中设置窗口相关选项。

①设置鼠标操作以适用于三维 CAD 滚轮操作。

②通过【平滑曲面渲染】可控制圆柱曲面的边线分布。有效级别为 1～5 级,级别越高,曲面质量和曲面光滑度越高。

(2)【动态视图窗口形状】可设置工作窗口内模型形状的显示方式。

①【选择】指定模型部分相关的设置,如几何轮廓类型等。

②【助手】指定窗口内的显示内容,如栅格、坐标系显示/隐藏等。

③【几何】指定几何类型的颜色。

④【单元】指定单元类型的颜色。

⑤【高级】调整图形设置的高级选项。可设置是否使用渲染并可设置渲染阴影,有效级别为 1～5 级,级别越高,几何显示的阴影越暗。

2.几何/网格/连接

【几何】

(1)【普通】调整所有与几何形状相关的选项。

(2)【导入】设置导入选项。

【网格组】

(1)【普通】调整与网格特性相关的基本选项。

(2)【尺寸控制】当使用网格播种功能时,可调整符号颜色。

3.荷载/边界条件

【坐标系】指定坐标系符号的颜色,颜色1、2、3分别代表 X 轴、Y 轴、Z 轴的颜色。

【网格】指定节点和单元号的文本尺寸。

【静力荷载】指定静力荷载符号的尺寸和颜色。

【动力荷载】指定动力荷载符号的尺寸和颜色。

【边界条件】指定边界符号的尺寸和颜色。

4.分析/结果

【分析】

(1)【线程数量】指定用于分析的线程数量。双核处理器输入两个线程,四核处理器则输入四个线程来提高分析速度。

(2)【单元处理方式】指定单元处理方式。

在速度方面,按照减缩(有效)>标准(稳定)>混合(精度)的次序,可以获得更快的解决方案。在准确性方面,按照混合(精度)>减缩(有效)>标准(稳定)的次序,可以获得更准确的解决方案。

(3)【方程求解(结构)】指定方法求解有限元的联立方程。如果设置为自动,软件会自动选择多波前算法、稠密矩阵算法或 AMG(代数多重网格算法)。

(4)【2D单元设置(结构)】、【生成单一的曲面法向】可以判断两个相邻壳单元的不同法向的夹角是否大于输入的值。【考虑面内转动自由度】功能可以通过考虑面外轴(面内转动自由度)的旋转计算面内变形的刚度。

【结果】

(1)【一般】输入分析结果中极小且可以视为0处理的阈值。默认值为 1×10^{-12},小于这个值的结果将被认为等于0。

(2)【云图】确定表现分析结果的云图的各种设置。

(3)【矢量】指定矢量的显示方式。

(4)【变形】指定基本设置来检查分析结果的变形形状。

(5)【无结果】指定如何在显示特定分析结果时表现为无结果实体。

(6)【一维单元结果图】确定一维单元结果的基本设置。

(7)【图形】选择是否显示图形。

(8)【动画】指定动画图片类型和文件的保存位置。

(9)【图例】指定背景颜色和窗口显示的结果条纹数量。

5.用户定义快捷键

用户可以将常用的命令设置为快捷键。

3.9.2 地形数据生成器

地形数据生成器(TGM)可以用 AutoCAD DXF 文件建立实际地形几何模型。在 MIDAS GTS NX 中,首先用 AutoCAD DXF 文件设定分析区域后,生成地层表面并保存为可以在 MIDAS GTS NX 上调用的文件(扩展名为".tms")。

步骤 1 【工具】→【地形数据生成器】。

调用功能,弹出 TGM 操作界面,如图 3-115 所示。

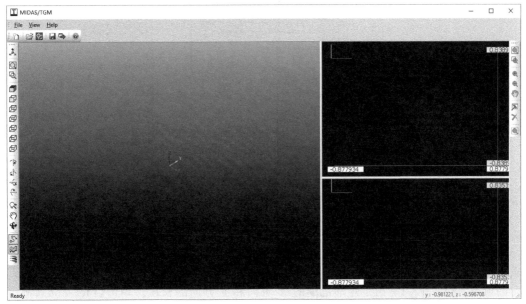

图 3-115 TGM 操作界面

步骤 2 【文件】→导入 DXF 文件

导入需要使用的 AutoCAD DXF 文件,其对话框如图 3-116 所示。

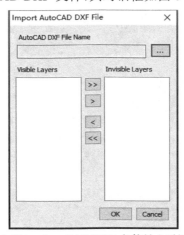

图 3-116 AutoCAD DXF 文件导入对话框

【Visible Layers(可见图层)】仅指 AutoCAD DXF 文件包含的所有层中,地形形状上需要的部分。不使用的层拖放到不可见图层。

【Invisible Layers(不可见图层)】AutoCAD DXF 文件包含的所有层中,地形形状上不需要的部分。这部分不用于建立地形面。

步骤 3　打开地形生成设置对话框

为了设定分析范围,把光标放到平面图区域后,单击右侧工具框的地形几何图功能(![icon])。

步骤 4　设定分析区域,其对话框如图 3-117 所示。

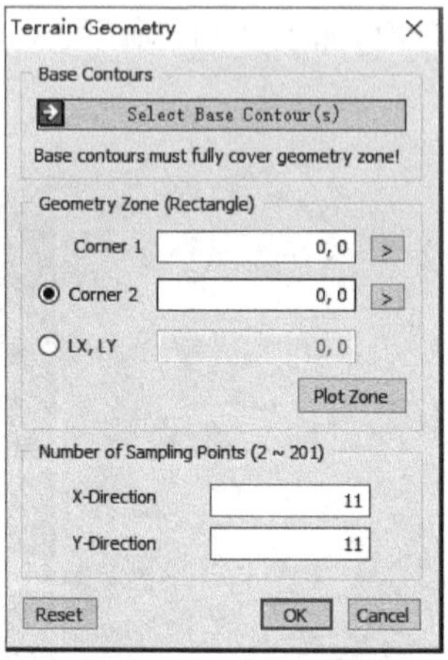

图 3-117　地形生成设置对话框

【Base Contours(基本云图)】在 XY 平面上拖动选择至少包含分析范围的区域范围。

【Geometry Zone (Rectangle)［几何区域(矩形)］】在地形等高线的范围内,分析范围指定为矩形范围。【Corner 1(角点 1)】、【Corner 2(角点 2)】是指定矩形范围的对角线方向的顶点。【L_X,L_Y】是指定矩形范围的 X 方向和 Y 方向的长度。单击【Plot Zone(输出区域)】,输出平面图上指定的范围。

【Number of Sampling Points(取样点数量)】在指定的范围内,指定 X 方向和 Y 方向要取样的点的个数。TGM 取样位置设置如图 3-118 所示。

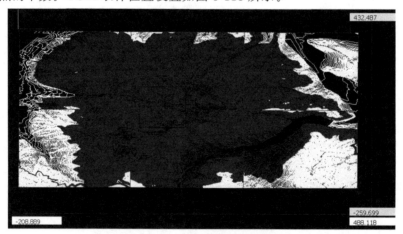

图 3-118　TGM 取样位置设置

步骤5　确认几何模型

在模型显示窗口上确认几何形状。TGM地形曲面生成的示例如图3-119所示。

步骤6　导出曲面

生成的地形曲面形状按可以在MIDAS GTS NX上使用的曲面文件(扩展名为"·tms")的形态保存。

步骤7　【工具】→【地形数据生成器】→导入TMS文件

导入用TGM功能生成的TMS文件。

图3-119　TGM地形曲面生成的示例

3.9.3　线框到实体

将MIDAS Civil或MIDAS Gen生成的线框数据转换成实体数据,其对话框如图3-120所示。

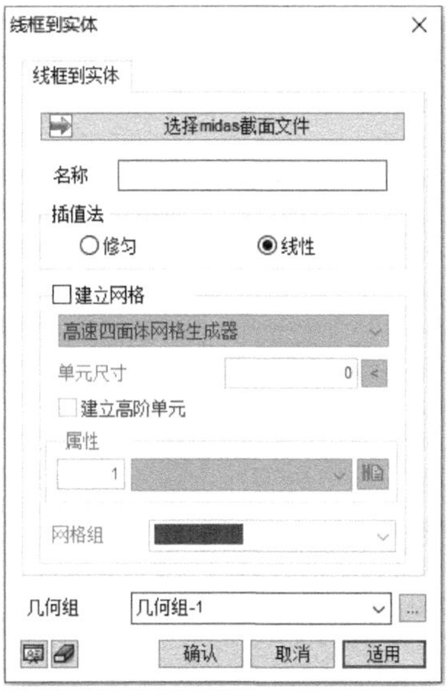

图3-120　线框到实体对话框

选择 MIDAS Civil 或 MIDAS Gen 生成的线框数据文件(扩展名为"∗.mcs")。基于所选的线框单元两端截面的多项式曲线定义匀内插(平滑)或线性内插(直线),自动调用实体单元。勾选【建立网格】时,转换的同时会在实体上生成单元网格。

3.9.4　检查

确认选择形状的详细信息,其对话框如图 3-121 所示。

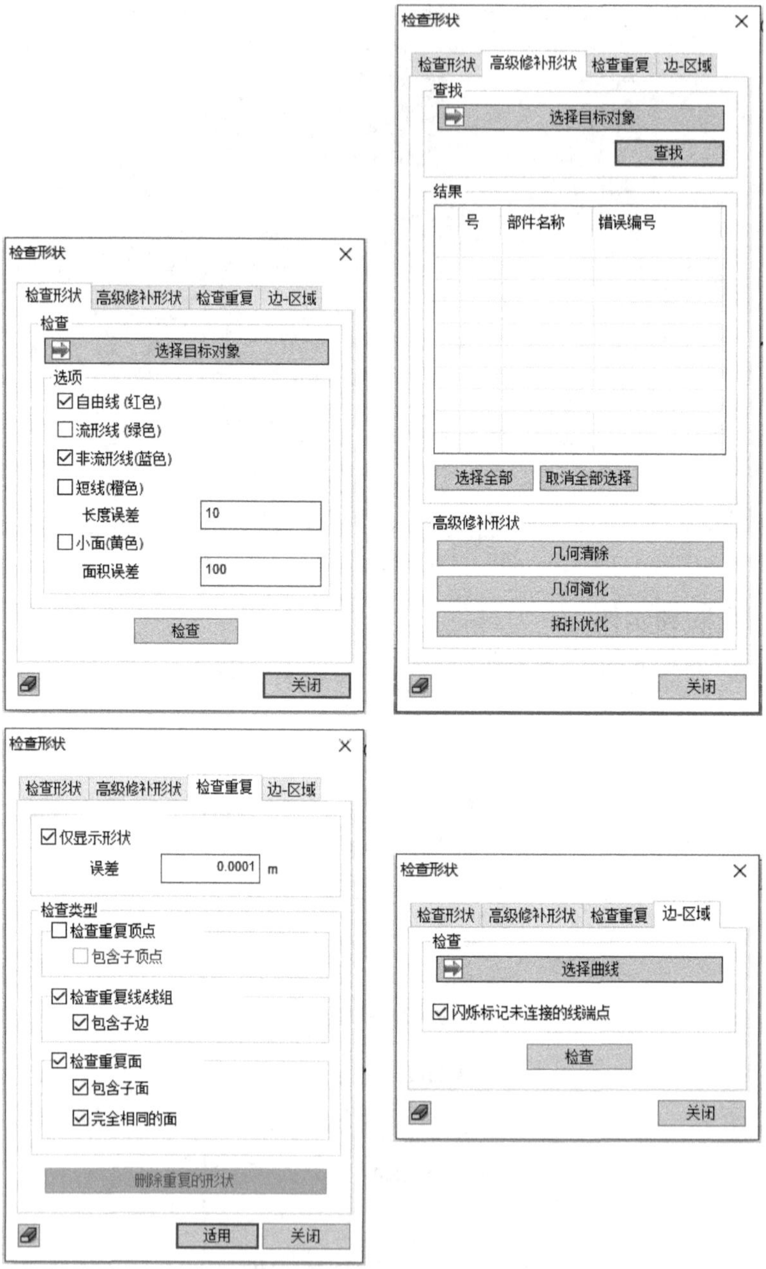

图 3-121　检查形状对话框

1.检查形状

选择要检查的几何形状后选择检查形状命令,视窗上将显示相应信息。形状的信息也会在输出窗口内显示。

【自由线(红色)】形状的边界线用红色线表示。

【流形线(绿色)】两个面相接的线用绿色表示。

【非流形线(蓝色)】三个以上面连接的边用蓝色表示。

【短线(橙色)】小于长度误差的线用橙色表示。

【小面(黄色)】小于面积误差的面用黄色表示。

2.高级修补形状

自动改善不规则和不精确的几何形状。选择目标对象,单击【查找】按钮会自动查找,并显示错误形状的结果列表,选择列表项目后执行修复形状选项。

可以选择【几何清除】、【几何简化】和【拓扑优化】。修复各种形状的示例如图 3-122所示。

(1)【几何简化】修复不规则几何形状。

B 样条曲面可以转换成平面、圆柱、圆球、圆锥和圆环。

B 样条曲线可以转换成直线、圆和椭圆。

不规则几何形状可以转换成规则的形状和基本的形状。

(2)【拓扑优化】在创建网格时改善几何形状。

简化几何形状并自动删除重复的线或面。

自动删除不需要的边线或顶点。

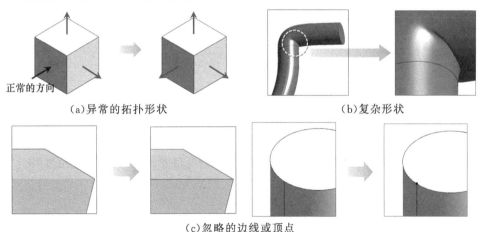

(a)异常的拓扑形状　　　　　　　　　　(b)复杂形状

(c)忽略的边线或顶点

图 3-122　修复各种形状的示例

3.检查重复

检查同一位置的重复形状。

【仅显示形状】仅检查屏幕显示范围内的形状,与对象的显示或隐藏无关。

【检查重复顶点】检查重复输入的顶点。只检查独立存在的点,并用黄色表示重复的顶点。勾选【包含子顶点】时,也对以子形状存在的点(例如立方体的顶点)进行重复检查。

【检查重复线/线组】检查重复输入的线或线组。只检查独立存在的线或线组,并用绿色表示重复的线。勾选【包含子边】时,也对以子形状存在的边(例如四边形的边)进行重复检查。

【检查重复面】检查重复存在的面。只检查独立存在的面,并用绿色线包围的橙色面表示重复的面。勾选【包含子面】时,也对以子形状存在的面(例如立方体的一面)进行重复检查。勾选【完全相同的面】时只能检查一致的面,即外部边界存在的点的个数、点的坐标以及线的方向均一致的面。

【删除重复的形状】独立的形状重复存在时只保留一个,剩下的重复形状全部删除,但不删除子形状。

4.边-区域

检查选择线是否连接。在导入 CAD 几何形状时,这个功能可以方便地检查区域是否连接。

3.9.5　测量

使用各种方法测量形状间的最短距离或角度,其对话框如图 3-123 所示。

图 3-123　测量对话框

在窗口上选择点、线、面等,可以测量它们之间的距离或角度。

测量距离的方法有【顶点与顶点的距离】、【顶点与线的距离】、【顶点与面的距离】、【线与线的距离】、【线与面的距离】、【面与面的距离】,测量角度的方法为【三点角度】法。

3.10　本章小结

本章对生成几何体所运用到的基本工具进行了详细的介绍,生成几何体是数值模拟模型建立的基础,通过本章的学习,读者可以掌握 MIDAS GTS NX 的一般操作方法,具备建立一般几何体的能力。

第4章　网格

一般情况下,模型的建立主要依靠操作界面中的网格工具栏,如图 4-1 所示。其操作功能包括:属性/坐标系/函数、控制、生成、网格组、延伸、转换、节点、单元、工具。下面依次介绍各项功能的应用。

图 4-1　网格工具栏

4.1　属性/坐标系/函数

网格的建立从定义材料属性开始,包括材料、属性、复杂截面特性、坐标系和函数等操作,属性/坐标系/函数工具栏如图 4-2 所示。

图 4-2　属性/坐标系/函数工具栏

4.1.1　材料

执行【网格】→【材料】,弹出添加/修改材料对话框,如图 4-3 所示。对于岩土材料,可以额外设置渗透属性及排水/不排水条件。

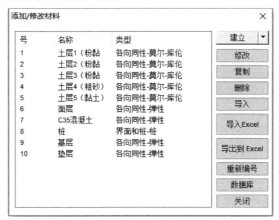

图 4-3　添加/修改材料对话框

(1)【建立】添加岩土及结构材料。材料类型包括各向同性、正交各向异性、二维等效线性、界面和桩，模型类型可按材料类型设置。

①【各向同性】各向同性材料是任意方向均具有相同性质的材料，用于定义大部分的线弹性、非线性弹性、弹塑性等材料的行为特性。

②【正交各向异性】自然岩土一般为层状且倾斜，这导致在正交方向上可能有不同的强度，如节理岩体，材料属性的定义是基于因特定的限制条件而不同的方向和行为。

③【二维等效线性】二维等效线性分析的专用模型。基于等效线性化方法，使用收敛强度和阻尼比来考虑材料的非线性和非弹性行为。

④【界面和桩】适用于模拟结构和岩土之间的相对行为（界面行为）。

(2)【修改】、【复制】、【删除】修改添加材料的参数。添加各种材料时，如只改变某些参数，则可以使用复制功能。

(3)【导入】、【导入 Excel】、【导出到 Excel】从已定义材料和属性的其他模型文件中导入材料特性，可用于分析相似条件下的项目。选择导入功能时，会弹出包含所有材料的列表，用户可选择需要导入的材料，其对话框如图 4-4 所示。

除此之外，用户可通过导出或导入包含材料特性的 Excel 文件，建立经常使用的材料数据库。

图 4-4　从其他项目导入材料对话框

(4)【重新编号】需要反复添加或删除时，编号会按最近添加的编号＋1 自动设置。

(5)【数据库】为了方便输入经常使用的材料，提供具有代表性的材料基本数据。文件在 MIDAS/GTS NX/DBase 文件夹中以"*.gdb"格式保存，数据库对话框如图 4-5 所示，选项和设置默认材料对话框如图 4-6 所示。

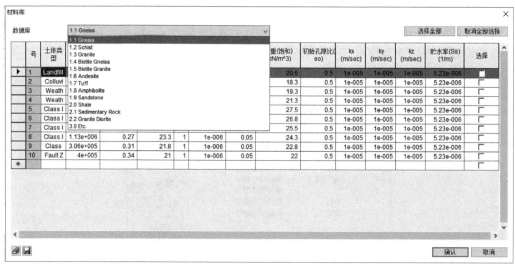

图 4-5　数据库对话框

图 4-6 选项和设置默认材料对话框

4.1.2 材料参数

1.一般参数

定义各材料模型的默认刚度及初始条件的一般参数见表 4-1,一般参数设置对话框如图 4-7 所示。

表 4-1 一般参数

参数	说明	单位
弹性模量	单向应力状态下,应力除以该方向的应变	kN/m^2
弹性模量增量	基于高度(斜率)变化的弹性模量的增量	kN/m^3
参考高度	弹性模量增减的参考高度	mm
泊松比	反映材料横向变形的弹性常数	—
容重	非饱和土的容重	kN/m^3
初始应力参数	静止土压力系数	—
热膨胀系数	计算温度荷载的参数	1/【T】
阻尼比	材料阻尼比(只适用于动力分析)	—

图 4-7 一般参数设置对话框

2.渗流、排水/不排水参数

定义岩土的渗透性及排水/不排水条件的渗透性参数见表 4-2,渗透性参数设置对话框如图 4-8 所示。

表 4-2 渗透性参数

参数	说明	单位
容重(饱和)	饱和状态的容重	kN/m³
初始孔隙比	土体结构特征的指标	—
非饱和特性	设置非饱和特性函数(负孔隙水压-含水率-渗透率)	—
排水参数	排水/不排水条件	—
渗透系数	整体坐标系方向-饱和状态的渗透系数	m/sec
孔隙比依存系数	基于孔隙比变化的渗透率系数	—
贮水率	流入或流出水的体积比	1/m

图 4-8 渗透性参数设置对话框

4.1.3 属性

单击【添加/修改属性】按钮,可以修改生成的岩土或结构的属性,其对话框如图 4-9 所示。对于岩土,要定义采用的材料;对于结构,要添加截面大小、形状(刚度)及水平间距等特性。水平间距是指在二维模型中水平方向上的结构之间的一维间距。在梁或板单元的尺寸(厚度)变化时,可以设置变化的变截面。

图 4-9　添加/修改属性对话框

【建立】可以选择 1D、2D、3D、其他四种类型，添加要使用属性的材料类型和截面特性。

各属性类型见表 4-3。可定义截面形状、大小以及依赖于间距和设定的材料刚度。

表 4-3　　　　　　　　　　　　　　　属性类型

属性类型	模型类型	岩土属性	结构属性	非线性特性
1D	土工栅格单元	×	○	仅受拉
	仅显示单元	×	×	—
	桁架单元	×	○	线弹性
				仅受拉/钩
				仅受压/间隙
				非线性弹性
	植入式桁架单元	×	○	线弹性
				仅受拉/钩
				仅受压/间隙
				非线性弹性
	梁单元	×	○	—
	植入式梁单元	×	○	—
	桩界面单元	×	○	—
2D	土工栅格单元	×	○	仅受拉
	仅显示单元	×	×	—
	测量板单元	×	○	—
	轴对称单元	○	×	—
	板单元	×	○	—
	平面应力单元	×	○	仅受拉
	平面应变单元	○	×	—
3D	实体单元	○	×	—

续表

属性类型	模型类型	岩土属性	结构属性	非线性特性
其他	刚性连接单元	×	○	—
	桩端界面单元	×	○	—
	壳界面的用户设定行为单元	×	○	—
	点弹性支撑单元	×	○	一般
				仅受拉
				仅受压
				钩
				间隙
	矩阵弹性支撑单元	×	○	非线性
	界面单元	×	○	—
	壳界面单元	×	○	—
	弹性连接单元	×	○	—
				一般
				刚体
				仅受拉
				仅受压
				非线性弹性

注:○指单元可以选择该种属性,×指单元无法选择该种属性。

梁单元在和其他单元一起使用时必须共享节点(节点耦合),但植入式梁单元和植入式桁架单元一样,不需要共享节点,可用于简化建模。

【修改】、【复制】、【删除】修改添加属性的参数,当添加多个材料且只改变几个确定的参数时,可使用复制功能。

【导入】从保存材料或属性的其他模型文件中导入材料属性,其对话框如图 4-10 所示。这个操作在相同的条件下分析现有项目时非常有效。选择导入文件可生成包含所有材料的材料列表,用户可选择需要的材料。

图 4-10 从其他项目导入属性对话框

【重新编号】修改材料的编号。需要反复添加或删除时,编号会按最近添加的编号+1自动设置。

4.1.4　截面特性

对于 1D 的桁架单元、植入式桁架单元、梁单元,用户应当定义其截面特性。其中桁架单元和植入式桁架单元只需要定义截面积,而梁单元需要定义截面积、扭转刚度、第一和第二截面惯性矩,以考虑扭转、弯曲及剪切等材料特性。

对于平面应力单元、2D 土工栅格单元、板单元、平面应变单元、轴对称单元、桩界面单元等,用户需要定义这些单元的厚度。其中,平面应变单元、轴对称单元和界面单元,软件按重量为 1 的默认单位重度进行设定,并且用户可以根据厚度定义所使用的单位。

对于平面应力单元、2D 土工栅格单元和板单元,用户可直接输入厚度值。这时,板单元有旋转自由度,因为可以对其进行非线性分析,所以要沿厚度方向进行积分。

1.1D 单元

1D 单元是拥有长度几何特性,由两个(一阶)或三个(二阶)节点构成的单元,建立/修改 1D 属性对话框如图 4-11 所示。因为用 1D 单元表示 3D 形状,所以需要定义截面(大小、形状),并在计算时按 2D 单元形式建模。

图 4-11　建立/修改 1D 属性对话框(1)

MIDAS GTS NX 中提供多种截面形状,如图 4-12 所示。

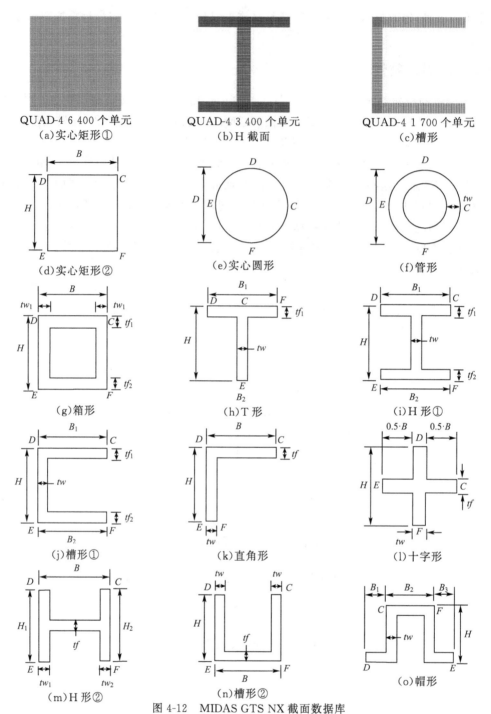

图 4-12 MIDAS GTS NX 截面数据库

2.2D 单元

2D 单元是拥有面积几何特性的三角形或四边形单元。因为用 2D 单元表示 3D 形状,所以需要定义厚度,厚度可以设定均匀厚度或定义变厚度。建立/修改 2D 属性对话框如图 4-13 所示。

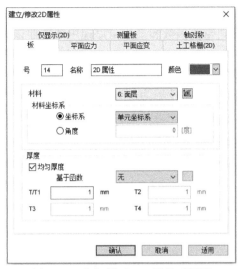

图 4-13 建立/修改 2D 属性对话框

3.3D 单元

3D 单元是拥有体积几何特性的四面体或六面体单元。

4.截面积

截面积用于计算构件在承受张拉、轴力或应力作用时的轴向刚度。

MIDAS GTS NX 中计算截面积的方法有两种。第一种方法是在软件提供的截面形状数据库中输入所需的截面尺寸,由软件自动计算截面积;第二种方法是用户直接输入截面积。

5.扭转常量

扭转常量 I_{xx} 代表抗扭的能力,表达式为

$$I_{xx} = \frac{T}{G\theta} \tag{4-1}$$

式中 I_{xx}——扭转常量(截面惯性矩),m^4;

T——扭矩,$kN \cdot m$;

θ——扭转角,(°);

G——剪切模量,kPa。

6.有效剪切面积

有效剪切面积用来计算抵抗构件单元坐标系 Y 轴或 Z 轴方向作用的剪力的剪切刚度,其表达式为

$$A_{SY} = S_{KY} A$$
$$A_{SZ} = S_{KZ} A \tag{4-2}$$

式中 S_{KY}——单元坐标系 Y 轴方向抵抗剪力的有效剪切系数;

S_{KZ}——单元坐标系 Z 轴方向抵抗剪力的有效剪切系数;

A_{SY}——单元坐标系 Y 轴方向抵抗剪力的有效剪切面积,m^2;

A_{SZ}——单元坐标系 Z 轴方向抵抗剪力的有效剪切面积,m^2;

A——实际面积,m^2。

如果没有输入有效剪切面积,将忽略相应方向的剪切变形。

在计算内截面特性或由数据库导入的情况下,剪切刚度被自动考虑,有效剪切系数可通过由弯曲产生的剪力得到翘曲函数和圣维南原理中的翘曲函数计算。

7.截面惯性矩

截面惯性矩用于计算抵抗弯矩的弯矩刚度,并在截面的中性轴上按下式计算。

(1)单元坐标系 Y 轴的截面惯性矩为

$$I_{YY} = \int Z^2 dA \tag{4-3}$$

式中 I_{YY}——Y 轴的扭转常量(截面惯性矩,m^4);

Z——距离 Z 轴的距离,m;

A——实际面积,m^2。

(2)单元坐标系 Z 轴的截面惯性矩为

$$I_{ZZ} = \int Y^2 dA \tag{4-4}$$

式中 I_{ZZ}——Z 轴的扭转常量(截面惯性矩,m^4);

Y——距离 Y 轴的距离,m;

A——实际面积,m^2。

类似还有截面惯性积、截面静矩等,在此不再赘述计算过程。

8.单元厚度

MIDAS GTS NX 中为了定义平面应力单元、2D 土工栅格单元、板单元、平面应变单元、轴对称单元、界面单元等,需要定义单元的厚度。其中对于平面应变单元、轴对称单元及界面单元,软件按重量为 1 的默认单位重度进行设定。

9.间距

该功能仅适用于项目设置为 2D 时,激活 1D 单元属性。在 2D 模型中,当用户需要沿着水平轴向(厚度方向)定义 1D 单元时,这个选项用于考虑每个 1D 单元的内力、间距及平面应变厚度,其对话框如图 4-14 所示。

图 4-14 建立/修改 1D 属性对话框(2)

如果用户未勾选【间距】选项，间距将默认为项目设置中定义的平面应变厚度，这意味着单位厚度是基于所选择的单位系统的。

4.1.5 坐标系

单击【坐标系】添加 2D、3D 单元的结果输出坐标系。默认定义整体直角或圆柱坐标系，其他坐标系可通过任意定义坐标系的三个平面中的一个添加。定义 2D、3D 单元的特性时，可通过添加的坐标系设定材料坐标系。对于 2D 结构构件，很难按照单元形状沿着某一个方向统一单元坐标系。用户可按照相同的方向和符号约定设置输出坐标系，检查整个结构构件的内力。

坐标系有两种类型：直角坐标系和圆柱坐标系。坐标系可通过在三个平面(12，23，31)(*XY*，*YZ*，*ZX*)之一上输入三点定义，坐标系对话框如图 4-15 所示，输入的三点平面为设定的平面(12，23，31)中的一个时，其他两个平面会自动根据设定的平面方向确定。

坐标系
3点
名称
类型
直角
平面
12
23
31
原点
0, 0, 0
顶点在轴 X
1, 0, 0
顶点在面 XY
0, 1, 0
确认
取消
适用

图 4-15 坐标系对话框

选择【平面】，按顺序设置原点、*X* 轴上的点和平面 *XY* 上的一点，决定参考平面的位置和方向。

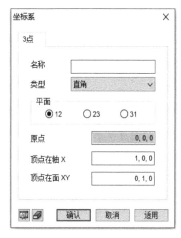

4.1.6 函数

生成网格以后设定各分析条件(边界条件、荷载等)时，可以把随位置及时间变化的值用函数表示。软件提供的函数类型如图 4-16 所示，并按函数设定了特征及使用范围。

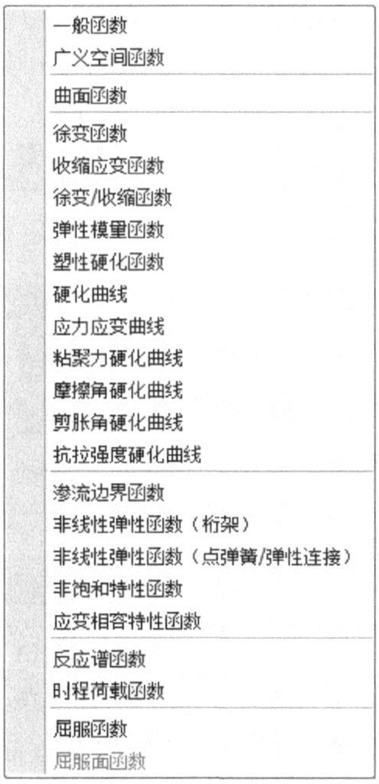

一般函数
广义空间函数
曲面函数
徐变函数
收缩应变函数
徐变/收缩函数
弹性模量函数
塑性硬化函数
硬化曲线
应力应变曲线
粘聚力硬化曲线
摩擦角硬化曲线
剪胀角硬化曲线
抗拉强度硬化曲线
渗流边界函数
非线性弹性函数（桁架）
非线性弹性函数（点弹簧/弹性连接）
非饱和特性函数
应变相容特性函数
反应谱函数
时程荷载函数
屈服函数
屈服面函数

图 4-16 函数类型

定义材料属性、坐标系和函数后,应进行控制操作,主要包括尺寸控制、默认尺寸控制、属性控制、相同播种线等。控制界面工具栏如图4-17所示。

图4-17 控制界面工具栏

4.2.1 尺寸控制

1.点

单击【尺寸控制】按钮,选择【点】并添加选择目标对象,其对话框如图4-18所示。选择顶点,以当前设定的长度单位为输入网格尺寸,以选择的顶点为中心划分网格。尺寸控制的示例如图4-19所示。

图4-18 尺寸控制对话框(1)

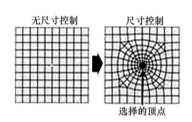

图4-19 尺寸控制的示例

2.线

单击【尺寸控制】按钮,选择【线】并添加选择目标对象,其对话框如图4-20所示。

图4-20 尺寸控制对话框(2)

以下5种方法可以预先设置生成单元节点的位置(单元的大小)。

【间距】以当前使用的长度单位为基准直接输入节点间距。

【分割数量】按输入的数量平均分割选择线。

【线性梯度(长度)】如果输入线的起点和终点的间距,则按线性插值自动设置节点位置。

【线性梯度(比率)】按比率输入线的起点和终点的间距。

【双曲正切】如果输入起始长度和分割数量,则考虑线的全长并匹配分割数量确定节点的位置。双曲正切尺寸控制方法的示例如图 4-21 所示。

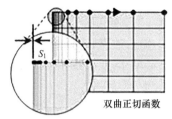

图 4-21　双曲正切尺寸控制方法的示例

3.自定义

单击【自定义】按钮,通过直接在如图 4-22 所示的对话框中输入数值,在选择的线上指定节点位置。如果输入的比率在 0~1.0 之间,就会按照所选择线的长度,自动计算节点的位置。

图 4-22　尺寸控制对话框(3)

4.2.2　默认尺寸控制

用于预先设置生成整个网格的单元大小及分割数量。默认网格尺寸不是强制指定基本单元的大小,而是在生成网格对话框中作为默认值输入,如图 4-23 所示。因此,在生成单元的过程中,用户可以输入不同的值来生成不同尺寸的单元。

图 4-23　默认尺寸控制对话框

勾选【使用默认尺寸】选项时,输入的默认尺寸设置适用于所有网格划分对话框。可以用当前使用的长度单位直接设定尺寸,或者按相同的分割数量定义所选形状。

4.2.3　属性控制

可以在几何形状【线】、【面】、【实体】上预先指定属性,其对话框如图 4-24 所示。

图 4-24　属性控制对话框

虽然在生成单元的同时也可以赋予单元属性,但使用属性控制功能可以预先在几何形状上赋予属性,并可根据赋予的属性自动生成单元。预先在几何形状上赋予了属性时,即使在生成单元时设置了其他属性,也优先使用几何形状中预先赋予的属性。线、面和实体属性控制的示例如图 4-25 所示。

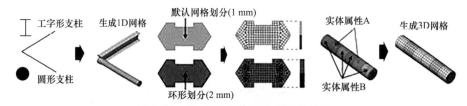

图 4-25　线、面和实体属性控制的示例

4.2.4　相同播种线

用已经播种的基准线匹配未播种的线。相同播种线功能可以使两个分离的线匹配,以生成均匀的网格或简化在极小间隙处的节点共享操作。匹配种子对话框如图 4-26 所示。

选择要匹配播种的目标线和已经播种的基准线,把基准线的播种信息传递到目标线上,相同播种线的示例如图 4-27 所示。

图 4-26　匹配种子对话框

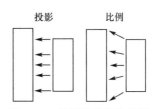

图 4-27　相同播种线的示例

【投影】以最近距离方向将基准线的播种信息投影至目标线。

【比例】以比例的方式将基准线的播种信息匹配至整个目标线,使得目标线的分割节点数与基准线相同。

4.3　生成

完成控制之后,应该进行生成的操作,具体进行 1D、2D、3D、2D→3D、重新划分网格等操作,其工具栏如图 4-28 所示。

图 4-28　生成工具栏

4.3.1　1D

选择生成 1D 网格单元,单击【选择目标】按钮,主要用于生成不需要与相邻土体单元独立连接的网格单元,其对话框如图 4-29 所示。

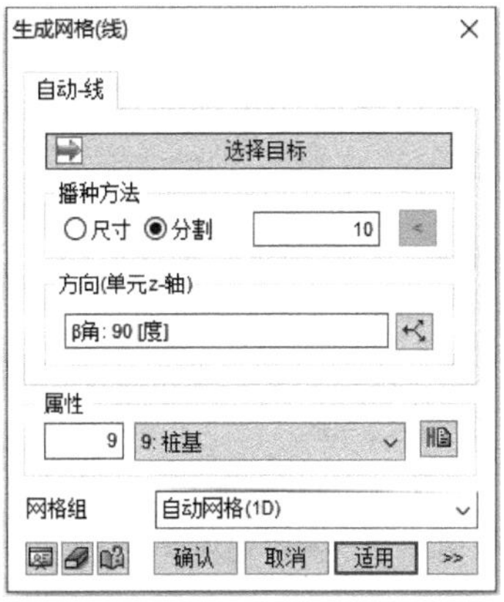

图 4-29　生成网格(线)对话框

另外,植入式桁架单元或桩界面单元不需要与相邻土体单元连接。所以,可以独立地指定这些结构单元的大小或分割数量。

生成网格时可以指定或添加单元属性。

【方向(单元 Z-轴)】用于统一 1D 单元的方向特性或设置强轴方向和弱轴方向。检查单元坐标系或参考设置的 β 角调整单元的 Z 轴方向。方向(单元 Z-轴)对话框如图 4-30 所示。

图 4-30　方向(单元 Z-轴)对话框

【参考节点】选择 1D 单元方向的基准节点。以选择的节点为基准设置单元的 Z 轴方向。

【参考矢量(整体坐标系)】按整体坐标系方向或直接输入的矢量方向设置单元的 Z 轴方向。

【β 角】可以选择 $0°$、$90°$ 和 $180°$。按选择的 β 角,以单元 X 轴为基准轴旋转。单元坐标系 β 角调整的示例($0°$、$90°$ 和 $180°$)如图 4-31 所示。

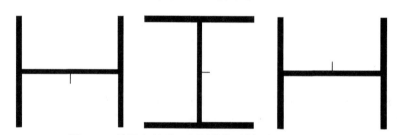

图 4-31　单元坐标系 β 角调整的示例($0°$、$90°$ 和 $180°$)

【高级选项(⏩)】在生成网格时自动合并误差范围内的极小间隙。在使用 2 条以上的线生成网格时,可勾选【各网格独立注册】,其对话框如图 4-32 所示。

图 4-32　高级选项对话框(1)

4.3.2　2D

1.自动-面

主要用于在 2D 模型中的土体或指定区域上生成网格,其对话框如图 4-33 所示。

图 4-33　生成网格(面)对话框(1)

可以直接定义单元的大小或指定面的线分割数量来设置单元大小。生成单元时需要指定属性,网格组的名称可以预先定义。

【高级选项(>>)】设定网格的形状、稠密度、生成算法。初始设置要按照几何形状考虑效率和准确性,以便生成最适合的网格,其对话框如图 4-34 所示。

图 4-34　高级选项对话框(2)

【合并节点】当生成网格时,合并误差范围内的 2 个以上的节点为 1 个节点。极小间距的分离单元节点是分析时发生错误的主要原因,此功能可将误差范围内的节点自动合并成一个。

【细化系数】指定在选择的形状内生成的网格的尺寸(网格密度)。越接近"精细"就会在内部生成越稠密的网格。虽然网格越稠密分析结果就越细致,但还应考虑分析时间和效率来设置网格密度。

【2D 网格】选择生成网格时使用的算法。可以选择循环网格生成器、栅格网格生成器、德劳内网格生成器。所选的算法不同,生成的形状及过程也不同。

(1)循环网格生成器:基于循环算法生成网格和形状。

（2）栅格网格生成器：基于修正栅格算法生成复杂网格。

（3）德劳内网格生成器：基于德劳内三角算法间接生成网格。

生成网格（面）方法的示例如图4-35所示。

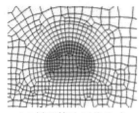 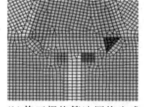 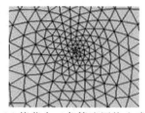

（a）循环算法网格生成　（b）修正栅格算法网格生成　（c）德劳内三角算法网格生成

图4-35　生成网格（面）方法的示例

【单元类型】生成所选形态的网格。可以选择三角形单元或四边形单元，也可以组合三角形单元和四边形单元后自动生成。虽然四边形单元比三角形单元更有利于分析的稳定性，但对于很难生成四边形单元的复杂几何形状，还是建议生成三角形单元。

【高阶单元】在单元节点之间的中间位置再生成一个节点，生成高阶单元。高阶单元是在分析时添加的计算点，虽然有助于生成更细致的分析结果，但同时也延长了分析时间。建议根据单元形状及稠密度生成单元，并根据分析法在有需要时建立高阶单元。例如，在进行边坡的强度折减法分析时，需要进行变形的细致分析，便可建立高阶单元。

除此之外，选择了多个面时，避免生成重复单元的面，可以选择【忽略网格面】选项。也可以设置【高阶单元】使整个网格尺寸尽量统一。同时在多个面上划分网格，可以根据各面独立注册网格组或合并成一个网格组。

2.自动-区域

选择形成闭合区域的线，在相关的区域生成网格。可在复杂的二维形状无法生成面时，在所有区域生成网格，其对话框如图4-36所示。

图4-36　生成网格（面）对话框（2）

可以直接定义单元的尺寸或指定区域的线的分割数量来设置单元的大小。

这时，在闭合的区域内部包含其他闭合的区域时，可以通过【划分内部区域】选项分割区域并自动生成网格。选择内部线（边）或点时，该功能会识别相应线、点的位置并生成节点。【包含内部线】是用于从边析取生成结构单元的重要选项。

3.映射-面

选择面并自动生成四边形网格。映射网格是把选择的形状按四边形区域映射并在映射的区域生成网格的方法,其对话框如图 4-37 所示。

图 4-37　生成网格(面)对话框(3)

可以直接定义单元的大小或指定形成面的线的分割数量后设置单元的大小。

至少要有 4 条以上的轮廓线才可以生成目标形状,在目标形状有多条轮廓线或目标形状复杂的情况下,也有可能无法自动执行映射。此时,应当使用【选择角点(可选)】手动设置要映射的边。选择的 4 个点为矩形区域的角点,各点之间的线作为矩形区域的某条边一起映射。

映射网格时,如相对应的轮廓线生成的单元个数不同则不能划分网格。因此,预先在边线上输入播种信息后进行映射会比较方便。映射面网格生成的示例如图 4-38 所示。

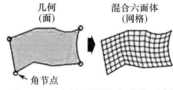

图 4-38　映射面网格生成的示例

4.映射-区域

选择形成闭合区域的线生成四边形网格,其对话框如图 4-39 所示。

图 4-39　生成网格(面)对话框(4)

可以直接定义单元的尺寸或指定区域的边线的分割数量来设置单元的大小。选择【自动映射边界】或【手动映射边界】,按线组合从闭合区域选择线。

【自动映射边界】选择要生成 2D 映射网格的空间区域线自动生成 2D 映射网格。由于算法特性及模型形状的原因,可能存在无法生成 2D 映射网格的情况。

【手动映射边界】当自动映射不能生成 2D 映射网格时,将线分为 4 个明确的边线,并选中。每组边线必须相互连接,并必须按顺时针或逆时针顺序连接。最终选择的所有边线应当构成一个闭合的区域。

4.3.3　3D

1.自动-实体

单击【3D】按钮,选择【自动-实体】,其对话框如图 4-40 所示。在 3D 实体形状上自动生成网格。单元形状可以选择四面体和以六面体为中心的混合(四面体＋六面体)形状。

图 4-40　生成网格(实体)对话框(1)

直接输入单元尺寸或指定组成实体的各边线的分割数量来设置单元尺寸。可通过【自动】选项按"较多"或"较少"设置网格密度来确定网格大小。

【默认四面体网格生成器】提供默认的四面体网格和以六面体为中心的混合网格。3D 网格划分时,六面体网格比四面体网格的稳定性更好。混合网格是以六面体为中心,将四棱锥(五面体)和四面体形状组合后生成单元。

【匹配相邻面】网格生成时最重要的部分是相邻单元间的节点连接。如果节点未连接,分析就有可能发生错误,不勾选【匹配相邻面】选项时,即使在实体之间有共用面,节点也有可能不连接。除了要单独移除节点外,生成网格时要保持勾选该选项。

【高级选项(>>)】根据生成网格的方法可以添加设置单元形状及密度,其对话框如图 4-41 所示。选择【避免生成节点全在边界的四面体】选项时,将不会生成四个节点都在边界面上的四面体。此功能将使薄实体在厚度方向上至少有两个以上的单元,如果赋予了边界条件则能避免单元的四个节点都被约束的情况。

图 4-41 高级选项对话框(3)

【内部线/点】生成实体网格时,考虑在实体内部的线的位置及大小生成网格。整个线包含于实体内时,仅选择线就可以生成考虑了内部线的实体网格。但是,当线位于实体的外部边界面或贯穿实体的外部边界面时,需要在实体边界面上印刻点,并在表面生成单元的分割点,这样才能生成包含内部线的实体网格。选择实体内部的点时,可在划分网格时在点的位置生成节点。

【合并节点】当生成网格时,将误差范围内的两个以上的节点合并为一个节点。极小间距的分离单元节点是分析时发生错误的主要原因,因此将误差范围内的节点自动合并成一个。

【细化系数】设置单元尺寸之外的网格密度,以生成品质更好的网格。

【几何接近性】可在网格生成过程中对单元大小存在差异的网格进行分割,以改善网格品质。

2.映射-实体

在 3D 实体上自动生成六面体网格,其对话框如图 4-42 所示。

图 4-42 生成网格(实体)对话框(2)

直接输入单元大小或输入实体的各边线的分割数量来设置单元大小。映射-实体网格生成的示例如图4-43所示。

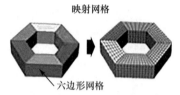

映射网格

六边形网格

图4-43　映射-实体网格生成的示例

【选择基准面（可选）】在采用完全映射算法生成3D映射网格失败的情况下，软件就会自动使用基于映射的网格扫描算法生成网格。但是在形状复杂的情况下，因为不能自动找出基准面，用这个方法也可能不会生成网格。所以，这时应当直接选择扫描的基准面。

【匹配相邻面】将相邻两个实体的节点进行匹配生成网格。选择多个实体按随机顺序生成映射网格时，因为左右分割数量不一样，所以可能会出现不能生成网格的情况。为防止这种情况发生，应按 X 轴、Y 轴或 Z 轴顺序设置，并按顺序排列目标实体后依次生成网格。

3.2D→3D

通过2D网格信息，在没有实体的封闭2D网格空间生成四面体网格或以六面体为中心的混合网格，其对话框如图4-44所示。

2D网格必须完全包围区域，可以删除或保留源网格。

【高级选项（ ⁇ ）】由2D单元生成3D单元时，可按如图4-45所示对话框设置。误差范围内的节点将自动合并，以防止分析错误。同时，可以指定内部实体单元的密度。

图4-44　生成网格（实体）对话框（3）

图4-45　高级选项对话框（4）

4.3.4　重新生成网格

在已经生成2D网格的面上再生成2D网格，用于修改网格大小及形状，其对话框如图4-46所示。

图 4-46 重新网格划分对话框

选择要重新生成的目标网格,当前没有生成 2D 网格的曲面不可选。单元类型可以选择【三角形】、【四边形】以及【三角形＋四边形】。

【最大单元尺寸】设置重新生成的单元的最大尺寸。但是,在目标面已经播种的情况下,播种信息在网格划分过程中仍被使用。因此,如要重新指定单元大小,应当删除现有的播种信息后再操作。

【修补角】输入选择的已有单元与重新生成单元的最大角度,输入的角度应当小于 45°。

【保持边界节点】决定是否保留边界节点。即使修改单元形状及大小,边界节点的位置也可以不改变,以与相邻网格的节点连接。

4.4　网格组

完成生成之后,选择【网格组】,可以进行重命名、复制、建立等操作,其工具栏如图 4-47 所示。

图 4-47　网格组工具栏

4.4.1　重命名

按指定的排列顺序添加一系列的后缀编号来修改网格组名称,其对话框如图 4-48 所示。

单击【重命名】按钮,选择要重命名的网格组,设置排列顺序和名称。例如,选择 3 个任意的网格组后,在【名称】中输入"网格组",在【后缀起始号】中输入"1",3 个网格组名称就会按"网格组-001""网格组-002""网格组-003"分类。

图 4-48　网格组对话框(1)

【坐标】以整体直角坐标或圆柱坐标为基准设置网格组的顺序。基于各坐标轴方向的第一、第二、第三的优先级顺序设置重命名顺序。第一是指最优先考虑的坐标轴；第一坐标轴相同时，以第二坐标轴为参考坐标轴。因此，如果目标按第一坐标轴设置顺序，即使第二坐标轴的坐标不同，顺序也不会改变。第一和第二坐标轴都相同的情况下，按照第三坐标轴顺序确定。

【网格组基准点(边框)】为了比较顺序，指定计算位置的基准点。例如，指定基准点的中心，以网格组边框的中心点为基准，比较网格组的基准点。

【顺序】以规定的顺序增大或减小后缀号。

4.4.2　复制

单击【复制】按钮，复制已经生成的网格组，其对话框如图 4-49 所示。可以用多种方式复制网格组。例如，源单元和复制单元分别被赋予了不同的材料或属性，或者相同的单元按施工阶段一致分布，此时不需要进行其他几何建模就可以生成单元。

图 4-49　网格组对话框(2)

选择要复制的网格组作为目标对象，如果设置要添加到的网格组，就会复制源网格组的所有节点和单元，相同位置上的节点和单元将逐一被添加。

4.4.3 建立

根据设置的名称规则建立多个空网格组,其对话框如图4-50所示。这个功能在将一个网格组分为多个网格组时使用。

图4-50 网格组对话框(3)

输入要建立网格组的名称,当建立多个网格组时,需要指定在名称后边添加的【起始后缀号】及【网格数量】。

4.5 延伸

完成网格组之后,选择【延伸】,具体可进行扩展网格、旋转网格、填充网格等操作,其工具栏如图4-51所示。

图4-51 延伸工具栏

4.5.1 扩展网格

1.节点→1D

选择要扩展的单元节点,设置扩展方向和扩展长度,单元可按单向或双向扩展,其对话框如图4-52所示。按设置的方向扩展节点后生成1D单元。

【方向(单元Z-轴)】功能与第4.3.1节中相同。

【扩展方向】以整体坐标系为基准选择节点的扩展方向,或者用【2点矢量】输入方向矢量的起点和终点坐标,并可按任意方向扩展。

【扩展信息】设置要生成1D单元的总长度及分割数量。分割间距可以选择【均匀】或【非均匀】。当在【长度(偏移/次数)】中输入负值时,将按照设置的坐标轴或矢量方向的反方向扩展。

【非均匀】同时指定偏移长度及次数。长度使用逗号列出,连续反复的扩展距离可使用"次数@距离"表示。

图 4-52　扩展网格组对话框(1)

【均匀】设置偏移长度或次数,输入总长度和分割数量。

【高级选项(»)】勾选【用户已定义网格组】时,根据在【偏移每组】中输入的数量,生成的单元被分类并注册到不同的网格组,其对话框如图 4-53 所示。输入的数字可将单元数等分时,根据输入的数字以均匀的偏移间距注册网格组;输入的数字不可将单元数等分时,按照输入的数字偏移生成均匀网格组后,再将剩余的生成单元注册到同一个网格组。

图 4-53　高级选项对话框

2.1D→2D

扩展 1D 单元、单元线以及几何线生成 2D 单元,其对话框如图 4-54 所示。这时,所用的线应被播种或与网格连接。

选择要扩展的 1D 单元、单元线以及几何线,设置扩展方向、扩展长度以及单元分割数量。单元可按单向或双向扩展生成。扩展中使用的源单元可以删除、移动或复制。移动时,源单元将被移动到扩展生成单元的末端。

【扩展方向】以整体坐标系为基准选择单元扩展方向,或者用【2 点矢量】输入方向矢量的起点和终点坐标,并可按任意方向扩展。

【扩展信息】设置要生成 2D 单元的总长度及分割数量。分割间距可以选择【均匀】或【非均匀】。当在【长度(偏移/次数)】中输入负值时,将按照设置的坐标轴或矢量方向的反方向扩展。

图 4-54　扩展网络组对话框(2)

【非均匀】同时指定偏移长度及次数。长度使用逗号列出,连续反复的扩展距离可使用"次数@距离"表示。

【均匀】设置偏移长度或次数,输入总长度和分割数量。

除此之外,通过【高级选项(>>)】可以选择生成的 2D 单元的形状为三角形或四边形。

3.2D→3D

扩展 2D 单元或 3D 单元面生成 3D 单元,其对话框如图 4-55 所示。

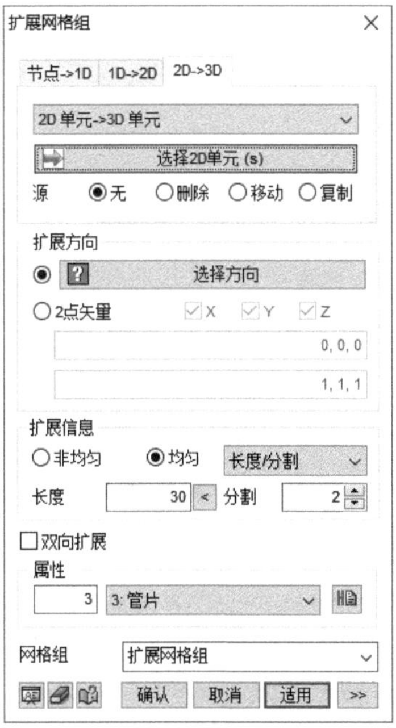

图 4-55　扩展网络组对话框(3)

选择要扩展的 2D 单元以及 3D 单元面,设置扩展方向、扩展长度及单元分割数量。单元可按单向或双向扩展生成。扩展中使用的源单元可以删除、移动、复制。移动时,源单元将被移动到扩展生成单元的末端。

【扩展方向】以整体坐标系为基准选择单元扩展方向,或者用【2 点矢量】输入方向矢量的起点和终点坐标,并可按任意方向扩展。

【扩展信息】设置要生成 3D 单元的总长度及分割数量。分割间距可以选择【均匀】或【非均匀】。当在【长度(偏移/次数)】中输入负值时,将按照设置的坐标轴或矢量方向的反方向扩展。

【非均匀】同时指定偏移长度及次数。长度使用逗号列出,连续反复的扩展距离可使用"次数@距离"表示。

【均匀】设置偏移长度或次数,输入总长度和分割数量。

4.5.2　旋转网格

1.节点→1D

以输入的角度设置的旋转轴为基准旋转节点,生成 1D 单元,其对话框如图 4-56 所示。可以在无几何形状的情况下生成各种圆弧或圆形 1D 单元。

图 4-56　旋转网格对话框(1)

选择要旋转的单元节点,设置旋转轴、旋转角度及单元分割数量。可按单向或双向旋转生成单元。

【旋转轴】选择以整体坐标系为基准的旋转轴,或者用【2 点矢量】输入方向矢量的起点和终点坐标,并可按任意方向设置基准轴。

以整体坐标系为基准设置时,用【定位】选项可以指定旋转轴的坐标位置,把旋转轴平行移动到指定的坐标位置,以移动后的轴为基准旋转节点。

【旋转信息】设置旋转角度及 1D 单元的分割数量。分割间距可以选择【均匀】或【非均匀】。【角度】输入正数时按逆时针方向旋转,输入负数时按顺时针方向旋转。

【非均匀】指定旋转角度。角度使用逗号列出,连续反复的角度可使用"次数@角度"表示。

【均匀】设置旋转角度和次数,可以按总旋转角度等分设置。

2.1D→2D

旋转 1D 单元、单元线以及几何线生成 2D 单元,其对话框如图 4-57 所示。这时,所用的线应被播种或与网格连接。

图 4-57　旋转网格对话框(2)

选择要旋转的 1D 单元、单元线或几何线,设置旋转轴、旋转角度及单元分割数量。可按单向或双向旋转生成单元。用于旋转的源单元可以删除、移动、复制。移动时,源单元将被移动到旋转生成的单元的末端。

【旋转轴】选择以整体坐标系为基准的旋转轴,或者用【2 点矢量】输入方向矢量的起点和终点坐标,并可按任意方向设置基准轴。

以整体坐标系为基准设置时,用【定位】选项可以指定旋转轴的坐标位置,把旋转轴平行移动到指定的坐标位置,以移动后的轴为基准旋转单元。

【旋转信息】设置旋转角度及 2D 单元的分割数量。分割间距可以选择【均匀】或【非均匀】。【角度】输入正数时按逆时针方向旋转,输入负数时按顺时针方向旋转。

【非均匀】指定旋转角度。角度使用逗号列出,连续反复的角度可使用"次数@角度"表示。

【均匀】设置旋转角度和次数,可以按总旋转角度等分设置。

除此之外,通过【高级选项(>>)】可以选择生成的2D单元的形状为三角形或四边形。

3.2D→3D

旋转2D单元或3D单元面,生成3D单元,其对话框如图4-58所示。

图4-58 旋转网格对话框(3)

选择要旋转的2D单元或3D单元面,设置旋转轴、旋转角度及单元分割数量。可按单向或双向旋转生成单元。用于旋转的源单元可以删除、移动或复制。移动时,源单元将被移动到旋转生成的单元的末端。

【旋转轴】选择以整体坐标系为基准的旋转轴,或者用【2点矢量】输入方向矢量的起点和终点坐标,并可按任意方向设置基准轴。

以整体坐标系为基准设置时,用【定位】选项可以指定旋转轴的坐标位置,把旋转轴平行移动到指定的坐标位置,以移动后的轴为基准旋转单元。

【旋转信息】设置旋转角度及3D单元的分割数量。分割间距可以选择【均匀】或【非均匀】。【角度】输入正数时按逆时针方向旋转,输入负数时按顺时针方向旋转。

【非均匀】指定旋转角度。角度使用逗号列出,连续反复的角度可使用"次数@角度"表示。

【均匀】设置旋转角度和次数,可以按总旋转角度等分设置。

4.5.3 填充网格

1.节点→2D

在节点和节点之间生成2D平面单元,其对话框如图4-59所示。

分别选择要生成2D单元的顶部和底部节点设置整个区域,直接输入它们之间要生成的单元大小,或者用节点间距的分割数量定义。顶部和底部节点的个数必须相同,选择的多个节点按顺序指定序列号。指定相同编号的节点之间相互对应,生成 2D 单元。节点→2D 填充网格的示例如图 4-60 所示。可以使用【反转端部】选项反转相互对应的顺序。

图 4-59　填充网格对话框(1)

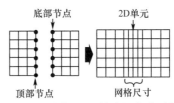

图 4-60　节点→2D 填充网格的示例

除此之外,通过【高级选项(　)】可以选择生成的 2D 单元的形状为三角形或四边形。

2.1D→2D

生成连接 1D 单元与 1D 单元或者线与线的 2D 单元,主要用于单元之间或者平面单元之间生成 2D 连接单元,其对话框如图 4-61 所示。

图 4-61　填充网格对话框(2)

分别选择要生成 2D 单元的顶部和底部的单元或线,直接输入它们之间要生成的单元大小,或者用选择的 1D 单元或线之间的间距分割数量。当使用 1D 单元时,选择的顶部和底部单元个数应相同;使用线(边)时,选择的顶部和底部的线(边)应输入相同数量的播种信息。按照底部单元或线的起点和顶部单元或线的起点的顺序,依次生成 2D 单元。1D→2D 填充网格的示例如图 4-62 所示。

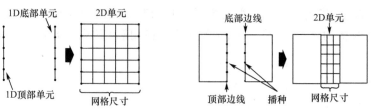

图 4-62　1D→2D 填充网格的示例

生成底部的起点和顶部的起点对应的单元发生扭曲时,使用【反转端部】选项可以反转对应的顺序。

除此之外,通过【高级选项(▶▶)】可以选择生成的 2D 单元的形状为三角形或四边形。

3.2D→3D

生成连接 2D 单元和 2D 单元的 3D 单元,其对话框如图 4-63 所示。

图 4-63　填充网格对话框(3)

分别选择顶部和底部的 2D 单元。直接输入要在它们之间生成的 3D 单元的大小,或者用选择的 2D 单元间距的分割数量定义。顶部和底部单元上的 2D 单元的数量应当相同,当单元的位置或形状相似时,才能在它们之间填充 3D 单元。当软件不能自动找出相应的配对时,可以手动指定对应的基准节点,各基准节点应当位于相应单元的边界线上。2D→3D 填充网格的示例如图 4-64 所示。

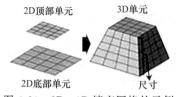

图 4-64　2D→3D 填充网格的示例

4.6　转换

完成延伸之后,应该进行转换的操作,具体包括移动复制网格、旋转网格、镜像网格、缩放网格、扫描复制网格等,其工具栏如图 4-65 所示。

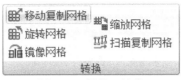

图 4-65　转换工具栏

4.6.1　移动复制网格

单击【移动复制】,选择对象分别为节点、单元、网格组,其对话框如图 4-66 所示。【移动复制】功能主要用于按指定的间距移动或复制单元。

图 4-66　转换网格对话框(1)

选择要移动或复制的节点、单元及网格组后定义方向。

【方向】按整体坐标系定义移动或复制的方向,或者输入任意两点的矢量方向设置。在【2 点矢量】功能中,选择特定坐标轴,则按所选择的坐标分量,指定由起点和终点定义的方向矢量。

【距离】直接输入要移动的距离。使用【2 点矢量】功能时,选择 按钮就可以以起点和终点为基准自动计算实际要移动的距离。

【复制(均匀)】设置要复制的距离和次数。在【距离】中输入负数时,按设置方向的反方向复制。

【复制(非均匀)】长度使用逗号列出,连续反复的移动或复制距离可使用"次数@距离"表示。

4.6.2　旋转网格

单击【旋转】按钮,以旋转轴为基准旋转节点、单元、网格组并进行移动或复制,其对话框如图 4-67 所示。选择要旋转移动或复制的节点、单元、网格组并定义旋转轴。

图 4-67　转换网格对话框(2)

【旋转轴】以整体坐标系为基准选择成为移动或复制基准的旋转轴,或者选择【2 点矢量】功能,定义方向矢量的起点和终点坐标。可按任意方向设置基准轴。

按整体坐标系基准设置时,旋转轴的位置可以用【定位】选项指定坐标。旋转轴平行移动到指定的坐标位置,以移动的轴为基准旋转移动或复制节点。

在【2 点矢量】功能中,选择特定坐标轴,则按所选择的坐标分量,指定由起点和终点定义的方向矢量。

设置所选单元的旋转角度及旋转复制角度,可以按均匀角度或任意指定的非均匀角度旋转并移动或复制。

【移动】直接输入要旋转的角度。

【复制(均匀)】设置要旋转的角度和次数。在【角度】中输入负数时,按设置方向的反方向旋转。

【复制(非均匀)】长度使用逗号列出,连续反复的旋转移动或复制角度可使用"次数@角度"表示。

4.6.3　镜像网格

镜像移动及复制节点、单元、网格组。截面形状对称时,建模可以只建一半,通过镜像功能,简单地对整个截面建模,其对话框如图 4-68 所示。单击【镜像】按钮,选择要镜像移动及复制的节点、单元、网格组,并设置【镜像类型】,包括作为对称基准的点、轴、平面等。可以通过【复制对象】选项,同时执行对称移动及复制。

图 4-68 转换网格对话框(3)

镜像网格的示例如图 4-69 所示。

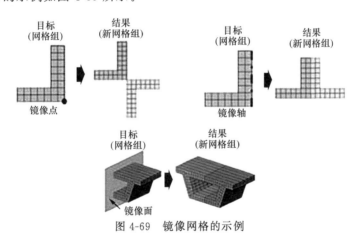

图 4-69 镜像网格的示例

【顶点】可以直接选择镜像的顶点或输入坐标。

【轴】可以在整体坐标系中选择对称轴,或者定义连接起点和终点的任意矢量轴。

【平面】可以选择镜像平面,或者定义经过 3 点的任意平面。

4.6.4 缩放网格

以中心点为基准放大或缩小节点、单元、网格组,其对话框如图 4-70 所示。单击【缩放】按钮,选择要放大或缩小的节点、单元、网格组,并设置中心点。以中心点为基准定义缩放系数,或者按整体坐标系的轴向选择性地进行缩放。

勾选【复制对象】选项可以同时执行放大/缩小及复制。

缩放网格的示例如图 4-71 所示。

图 4-70 转换网格对话框(4)

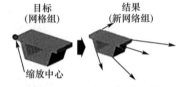

图 4-71 缩放网格的示例

【均匀】按整体坐标系的各轴向均匀地放大或缩小选择目标。

【非均匀】整体坐标系的各轴向可采用不同的缩放系数。

4.6.5 扫描复制网格

根据扫描导向移动节点、单元、网格组,其对话框如图 4-72 所示。单击【扫描复制】按钮,选择节点、单元或网格组,可以直接选择扫描导向曲线,或者选择可代替扫描导向曲线的顺序节点。扫描复制网格的示例如图 4-73 所示。

图 4-72 转换网格对话框(5)

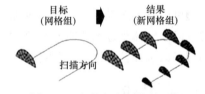

图 4-73 扫描复制网格的示例

【曲线】可以选一条导向线。对于复杂形状应当预先生成一个线组。

【顺序节点】在选择多个节点的情况下,按照所选的顺序决定扫描的方向。因此,要注意选择顺序。另外,在直接选择节点的情况下,所选的节点间的间距就是生成单元的大小,不需要再次设置单元大小。

【正交】要使复制的对象总是与扫描导向线垂直,并选择节点为参考点。

【端部缩放系数】调整生成单元末端位置的缩放比例,可以设置扫描的单元大小比例。

【播种方法】有以下三种。

【尺寸】直接设置单元的大小。在扫描移动或复制的情况下,单元的大小与扫描的间距相对应。

【比率】按 0~1 之间的比率值,可以定义扫描间距及个数。

【分割】用扫描导向线总长度的分割数量定义扫描的间距。

4.7 节点

完成转换之后,选择节点菜单栏,具体进行建立节点、删除节点、合并节点等操作,其工具栏如图 4-74 所示。

图 4-74 节点工具栏

4.7.1 建立节点

单击【建立节点】按钮,在三维空间的期望位置建立节点,建立节点的方法包括坐标、两节点之间、节点中心、在线上、圆心,其对话框如图 4-75 所示。

根据建立方法可以任意调整节点的位置及数量。添加节点编号时可按不与当前的节点号重复的最小号、最大号+1 或用户自定义编号。

图 4-75 节点控制对话框(1)

【坐标】可以直接输入节点坐标,或者用顶点捕捉功能在窗口选择节点位置。

【两节点之间】在所选的任意两节点之间添加节点。选择要建立的节点数量。当建立 1 个以上的节点时,可输入建立节点的终点间距与起点间距的比值。

【节点中心】选择两个以上的节点时,在所选节点形成的形状中心位置添加节点。

【在线上】在选择的线上建立节点。以线的起点和终点为基准直接输入节点的位置，或者按 0～1 之间的比率确定节点的位置；可以用【反向】选项任意修改起点和终点的位置。

【圆心】在所选的圆弧或圆的中心位置自动建立节点，也可以在圆心捕捉功能所确定的圆心位置建立节点。

4.7.2　删除节点

单击【删除】按钮可以自动删除整个模型中没有和单元连接的自由节点，并可以任意删除所选的节点，其对话框如图 4-76 所示。删除已生成单元的节点时，包含相对应节点的单元也同时被删除。

图 4-76　节点控制对话框(2)

4.7.3　合并节点

把两个及以上的节点合并为一个节点，或者以一个节点位置为基准合并两个节点，其对话框如图 4-77 所示。合并节点功能主要用于连接建模过程中略微分离的单元节点。

图 4-77　节点控制对话框(3)

【已选择节点】选择要合并的节点，并定义合并误差。误差作为合并的容许极限，只有在节点间距小于误差的情况下，才能合并为一个节点。运行【查找】功能就会显示误差范围内的节点。合并的节点的位置可以按【最小编号】或【最大编号】的节点设置，或者按节点的中心位置(在合并节点的中心)确定。【闪烁标记】功能可在窗口上显示自由节点，用于判断建模错误。

【2 节点】选择要移动的节点和要保留的节点，两节点合并于要保留的节点位置。在

极小的区域存在自由线时，生成距离极小的节点后，可以简单地用合并2节点功能进行修改。

4.7.4 投影节点

单击【投影】按钮，选择要投影的节点，可以选择投影的目标形状为面或线。投影方向可参考整体坐标系，或者用起点和终点定义的任意矢量设置投影方向。选择【最短路径直线方向】选项时，按节点到投影目标或目标面的最短距离投影，其对话框如图4-78所示。

图4-78 节点控制对话框（4）

选择单元的全部节点时，可移动整个网格；选择部分节点时，未被选择的节点按原样留在之前位置上，所以单元形状及大小将基于投影距离自动修改。

4.7.5 排列节点

以目标节点为基准排列所选择的节点，可基于目标节点和排列方向修改单元形状，其对话框如图4-79所示。

图4-79 节点控制对话框（5）

单击【排列】按钮，选择要排列的节点后选择目标节点，就会按照设置的排列方向移动所选择的节点。排列方向可以选择整体坐标系的 X 轴、Y 轴、Z 轴方向。

MIDAS GTS NX数值模拟技术与工程应用

4.7.6　修改节点

选择个别节点以修改节点编号及节点坐标系,其对话框如图 4-80 所示。

图 4-80　节点控制对话框(6)

单击【修改】按钮,选择要修改的节点或直接输入节点编号,软件就会自动输出相应节点的坐标。可以保留节点编号,或者重新输入与已有节点号不重复的节点编号,也可以修改所选节点的坐标系。而对于修改多个节点的坐标系,可在【坐标系】功能中实现。

4.8　单元

单元功能包括建立单元、删除单元、修改单元、修改单元拓扑、节点连接、析取单元、分割单元、单元测量、建立界面、桩界面/桩端界面等功能,其工具栏如图 4-81 所示。

图 4-81　单元工具栏

4.8.1　建立单元

1. 1D

可用于生成不需要与相邻岩土和节点连接的结构单元(桩界面单元、植入式桁架单元等),其对话框如图 4-82 所示。

图 4-82　建立/删除单元对话框(1)

128

输入 1D 单元两端的节点编号。依次选择窗口中已生成的节点可以生成单元。单元号按单元最大编号＋1 自动设置；直接输入的情况下，编号不能与已有的单元号重复。生成的单元可以设置或添加要赋予的结构属性，同时可独立生成网格组。

2. 2D

可用于在自动生成网格的区域生成任意的平面单元，其对话框如图 4-83 所示。

图 4-83 建立/删除单元对话框(2)

根据选择的节点数量生成三角形或四边形单元。可以直接输入生成 2D 单元节点的节点编号，或者在工作窗口中依次选择已生成的节点来生成 2D 单元。单元号按单元最大编号＋1 自动设置；直接输入的情况下，编号不能与已有的单元号重复。生成的单元可以设置或添加要赋予的结构属性，同时可独立生成网格组。使用自动生成功能时，结束节点选择后会立即添加网格组。

3. 3D

生成填充所选节点空间的 3D 单元，可用于生成个别具有复杂形状的 3D 单元，其对话框如图 4-84 所示。

图 4-84 建立/删除单元对话框(3)

根据所选的节点数量生成四面体、锥体、五面体、六面体形状的单元。可以直接输入生成 3D 单元顶点的节点编号，或者在工作窗口中依次选择已生成的节点生成 3D 单元。单元号按单元最大编号＋1 自动设置；直接输入的情况下，编号不能与已有的单元号重复。生成的单元可以设置或添加要赋予的结构属性，同时可独立生成网格组。

4.其他

其对话框如图 4-85 所示,可建立点弹簧、弹性连接等单元,根据生成的单元类型可以定义属性。

图 4-85　建立/删除单元对话框(4)

【点弹簧】在所选的节点中生成具有一定刚度的弹簧。可通过弹簧常数或者阻尼常数定义以整体坐标系为基准的变形及旋转的约束。主要用于岩土的柔性支撑条件或者动力分析的约束条件。

【矩阵弹簧】与点弹簧功能相同。但是,在定义属性时,涉及变形及旋转的弹簧刚度可以以矩阵形式直接输入。

【刚性连接】生成连接所选两节点的连接单元。确定作为基准的第一个节点后,选择成为连接目标的多个节点。刚性连接可用于模拟在变形或旋转情况下两节点之间的所有刚性行为,约束方向可以整体坐标系为基准定义。刚性连接对话框如图 4-86 所示。

图 4-86　刚性连接对话框

【弹性连接】通过具有一定刚度的弹簧连接所选的两节点。确定作为基准的第一个节点后,选择一个节点作为连接目标生成连接单元。与点弹簧相同,属性按变形和旋转的刚度定义。弹性连接对话框如图 4-87 所示。

图 4-87　弹性连接对话框

【插值】此功能通过权衡所选节点的平均行为,模拟参考节点的行为。与刚性连接单元相似,可约束连接节点间的运动。但和刚性连接不同的是,插值单元允许发生因其他多个不同节点的运动而产生的相对行为。因此,所选的其他多个节点的平均行为将决定参考节点的运动。插值对话框如图 4-88 所示。

图 4-88 插值对话框

确定要约束的节点和自由度后，选择要进行平均的节点，并可以定义各节点的权重系数。

【曲面弹簧】在单元的支撑点输入单位面积的弹簧刚度，建立点弹簧或者弹性连接，其对话框如图 4-89 所示。

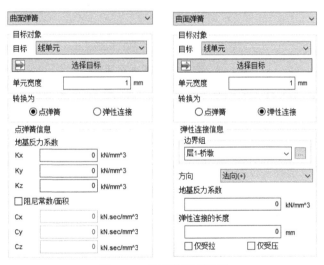

图 4-89 曲面弹簧对话框

用于考虑岩土柔性支撑条件的基础分析或地下结构分析。输入单位面积的弹簧刚度后，根据所选单元的面积，自动转换到作用在节点的弹簧或弹性连接。

曲面弹簧的目标对象如下。

(1)线单元：在 1D 单元的节点上建立点弹簧或弹性连接。输入宽度，计算单位长度梁单元的支撑刚度。

(2)面单元：选择 2D 单元，建立点弹簧或弹性连接。

（3）实体的面：可以指定 3D 实体的任意面，在与指定面连接的所有节点上建立点弹簧或弹性连接。

（4）单元线：选择 2D 单元的边界线，在与选择的单元线连接的节点上建立点弹簧或弹性连接。

除了可按输入单位面积的弹簧刚度定义弹簧常数外，也可以选择【仅受拉】、【仅受压】选项。

【地面曲面弹簧】自动生成动力分析中所需的弹性或黏性边界单元，其对话框如图 4-90 所示。选择网格后，就会在此网格的左侧、右侧和底部自动生成边界单元，并基于所选单元的材料或特性自动计算弹簧常量。

图 4-90　建立/删除单元对话框（5）

执行动力分析时，为了模拟基岩条件，模型下部（底面）经常按固定条件（位移约束）指定，这里可简单地通过勾选【固定底部条件】选项进行设置。

【测量板】在实体单元表面建立测量板单元，用于检查实体单元表面的力和弯矩。为了建立测量板，确定作为基础的实体单元后，选择所选实体上用于建立测量板单元的单元面。测量板的刚度按选择的实体单元上的刚性增量系数来计算，自动考虑选择的实体形状的厚度，计算各测量板单元的厚度。测量板对话框如图 4-91 所示，建立测量板单元的示例如图 4-92 所示。

图 4-91　测量板对话框　　　　图 4-92　建立测量板单元的示例

【质量】在任意节点输入集中质量，可把荷载转换为质量并用于分析，其对话框如图4-93所示。

图4-93　质量对话框

勾选【总质量】时，根据所选的节点，系统自动分配【质量属性】选项中的集中质量数据。自动分配的集中质量数据的总和与在【质量属性】中输入的集中质量数据相等。将输入的荷载转换为质量并选择【总质量】选项可以简便地用于特征值分析、反应谱分析、时程分析等。集中质量数据参考整体坐标系输入，质量惯性矩按照设定的单位系统定义。

4.8.2　删除单元

在工作目录树窗口或者在工作窗口中选择要删除的单元后，可以使用【Delete】键删除该单元。但删除功能提供了如下选项，其对话框如图4-94所示。

图4-94　建立/删除单元对话框（6）

【删除相关节点】所选的单元被删除，与其他单元不再关联的节点也一并被删除。

【删除空网格组】所选的单元被删除，不再包含单元的空网格组也一并被删除。

【仅删除重复单元】重复的单元是指拥有相同节点但相互不同的单元，这会导致分析错误。所以，最好在建模过程中删除重复单元。要修改相同单元的属性时，可以修改单元属性的边界条件,在选择的单元中查找重复的单元后,保留一组并将其他单元删除。

4.8.3 修改单元

修改所选单元的属性以及单元节点连接。可以在工作窗口中选择要修改的单元,或使用 ID 选择功能输入单元号。单元属性也可以采用【单元】→【网格参数】修改。

需要编辑的输入信息与所选的单元类型有关,并在选择单元后自动显示,单元修改对话框如图 4-95 所示。

图 4-95　单元修改对话框

4.8.4 修改单元拓扑

生成单元以后可以修改单元形状。修改单元拓扑对话框如图 4-96 所示。

图 4-96　修改单元拓扑对话框

根据单元类型和修改目的的不同,用户可以选择如下三种方法之一进行修改。

【翻转 2 个三角形】连续选择两个共用一个边的 2D 三角形单元,节点位置保持不变。修改单元形状时,可以忽略几何形状,或者通过【自动适用】选项在选择两个单元的同时自动更新形状。

【合并单元】连续选择两个连接的三角形单元或四边形单元,合并成一个单元。但是在这种情况下,系统会忽略与相邻单元的节点连接而出现自由线。

【修复反向实体的连接】因为网格导入或法线方向反向定义而生成了错误的实体单元,所以需要修改这样的实体单元的节点连接。在查看模式(网格)中,如果选择视图模式(网格)的【正反面颜色】选项,那么在窗口中查看单元的形状时,只有处于法线方向反向的单元按其他颜色显示。

4.8.5　网格参数

1. 1D

修改 1D 单元的属性、阶次、坐标系,或者添加偏移(梁)或端部约束释放(梁)等,其对话框如图 4-97 所示。

图 4-97　网格参数添加/修改对话框(1)

【修改属性】选择要修改的 1D 单元并指定要修改的属性。

【修改单元阶次】在 1D 单元之间添加或删除节点,可以将原 1D 单元修改为高阶单元或低阶单元,其对话框如图 4-98 所示。还可以将中间节点定义到单元起点或终点之间以生成高阶单元或在几何形状上生成任意的中间节点,以中间节点为基准将一个 1D 高阶单元分割为两个低阶单元。

【修改坐标系】在 1D 结构单元情况下,分析结果是按单元坐标系为基准输出的,其对话框如图 4-99 所示。因此,检查结构单元的坐标系并确保坐标系在一个方向是十分重要的。转换单元的 X 轴方向或指定单元的 Z 轴方向,使强轴和弱轴方向统一。除此之外,也有使之与相邻 1D 单元方向一致的功能。

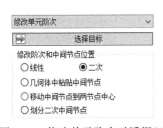

图 4-98　修改单元阶次对话框(1)

图 4-99　修改坐标系对话框(1)

【添加偏移(梁)】根据结构单元的截面特性可以定义偏移距离。定义特性时,可以在截面形状范围内设置偏移,也可以通过附加功能在截面形状范围外指定偏移。偏移是在生成结构单元的几何形状(线)与荷载作用及计算结果的基准轴位置之间的偏心距,主要用于表示结构构件之间的连接或两构件相接位置的组合截面。添加偏移(梁)对话框如

图 4-100 所示。

设置计算偏移距离的基准坐标,通过输入均匀或非均匀偏移,可按各轴方向设置偏移距离。

【添加端部约束释放(梁)】指定 1D 单元端点的约束条件,主要用于设置结构构件之间的连接条件,如铰接、滚动等,其对话框如图 4-101 所示。

图 4-100　添加偏移(梁)对话框　　　图 4-101　添加端部约束释放(梁)对话框

2. 2D

修改 2D 单元的属性、阶次、坐标系,或者添加厚度、偏移、材料方向或端部约束释放(板)等,其对话框如图 4-102 所示。

【修改属性】选择要修改的 2D 单元并指定要修改的属性。

【修改单元阶次】在 2D 单元之间添加或删除节点,可以将原 2D 单元修改为高阶单元或低阶单元,其对话框如图 4-103 所示。还可以将中间节点定义到单元起点或终点之间以生成高阶单元或在几何形状上生成任意的中间节点。

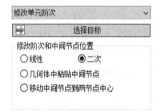

图 4-102　网格参数添加/修改对话框(2)　　图 4-103　修改单元阶次对话框(2)

【修改坐标系】在 2D 结构单元情况下,可以定义结果输出的坐标系(材料坐标系),其对话框如图 4-104 所示。输出坐标系设置为单元坐标系时,检查结构单元的坐标系并确保坐标系是在一个方向是十分重要的。转换单元的 Z 轴方向,或者将所选单元的法线方向调整为与基准单元的法线方向一致。使用中心坐标时,通过由基准点到各单元的方向矢量,调整各单元的法线方向。

【添加厚度】虽然在截面特性中定义了 2D 单元的厚度,但对所选的单元也可以添加厚度。选择要修改厚度的 2D 单元,按单元节点的位置定义厚度。添加厚度对话框如图

4-105 所示。

图 4-104   修改坐标系对话框(2)

图 4-105   添加厚度对话框

【添加偏移】根据结构单元的截面特性可以定义偏移距离,其对话框如图 4-106 所示。偏移距离可按整体坐标系的函数定义,沿着 2D 单元的法线方向移动。使用函数时,输入的偏移距离以缩放比例系数乘以函数定义的值计算。

【添加材料方向】除了在 2D 单元的属性中定义的材料坐标系之外,对所选单元也可以单独地添加材料坐标系(输出坐标系),其对话框如图 4-107 所示。

图 4-106   添加偏移对话框

图 4-107   添加材料方向对话框

定义材料坐标系的方法如下。

(1)【坐标系】按照整体坐标系的 X 轴、Y 轴、Z 轴方向指定材料的 X 轴方向。可以使用整体直角坐标系和整体圆柱坐标系。

(2)【角度】通过把单元的法线方向作为旋转轴来定义材料的 X 轴方向,并按指定的角度旋转坐标系。

(3)【参考矢量】按照输入或选择的空间矢量方向指定材料的 X 轴方向。

(4)【坐标系和角度】在所选的坐标平面中,将参考坐标轴的旋转方向指定为材料的 X 轴方向。

【添加端部约束释放(板)】指定 2D 单元节点的约束条件,可以释放各单元的轴向和旋转条件,其对话框如图 4-108 所示。

图 4-108   添加端部约束释放(板)对话框

137

3. 3D

修改 3D 单元的属性及阶次,其对话框如图 4-109 所示。

【修改属性】选择要修改的 3D 单元并指定要修改的属性。

【修改单元阶次】在 3D 单元之间添加或删除节点,可以将原 3D 单元修改为高阶单元或低阶单元,其对话框如图 4-110 所示。还可以将中间节点定义到单元起点或终点之间以生成高阶单元,或在几何形状上生成任意的中间节点。

图 4-109　网格参数添加/修改对话框(3)

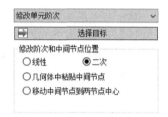

图 4-110　修改单元阶次对话框(3)

4.其他

用于修改单元中赋予的其他属性,如弹簧、连接、界面系列单元等,选择要修改的单元并定义适合的属性,其对话框如图 4-111 所示。

图 4-111　网格参数添加/修改对话框(4)

4.8.6　节点连接

分割共享节点间的连接或在节点之间建立弹性连接或刚性连接单元。分割节点之后生成的自由线或面可用来生成界面单元,其对话框如图 4-112 所示。

【分割节点】确定包含要分离节点的单元后,选择要分割或建立连接单元的节点。连接类型可以选择只进行节点分离、建立弹性连接或建立刚性连接。生成弹性连接的情况下,可设置连接单元的坐标系。

【最近的连接】选择两组节点,在各组中最接近的节点之间建立弹性连接。

【相同的连接】在误差范围内的所选节点之间建立刚性连接。自动连接时,因建模错误产生的两节点之间的微小分离,仅在节点间的距离小于误差的情况下才能适用。

图 4-112　节点连接对话框

4.8.7　析取单元

从已经生成单元的几何形状及网格中析取生成子单元。析取时可以定义或添加要生成的单元特性，在 1D 单元的情况下，可以定义单元坐标系。析取单元对话框如图 4-113 所示。

析取的网格可按目标形状、所属独立形状或所属的网格组区分生成网格组。当在多个实体中同时析取单元时，可采用【析取单元】选项自动区分网格组。

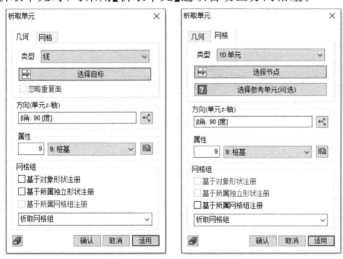

图 4-113　析取单元对话框

【几何】从用于生成网格的线或面中，在相应节点位置析取 1D 或 2D 单元。从面中析取 2D 单元时，可以勾选【忽略重复面】选项，即可在所选的整个面中，只在不重复的面上析取单元。如果选择目标面以复杂的形式位于多个实体中，则一次性地选择所有实体后，通过【忽略重复面】选项，只在实体的最外围面析取单元。

【网格】从已生成网格的自由线或面上析取 1D 或 2D 单元。在所选的节点中，只自动析取位于自由线或面位置的节点。当使用【选择参考单元（可选）】功能时，只在指定网格的所属节点上析取单元。

4.8.8 分割单元

1. 1D

按设置的分割数量分割 1D 单元,其对话框如图 4-114 所示。

图 4-114　分割单元对话框(1)

2. 2D

按照分割模式或输入的分割数量把 2D 单元分割成多个单元,其对话框如图 4-115 所示。在几何形状复杂的情况下,通过自动网格功能生成的同一大小的网格形状或质量有可能不好。此时,可通过分割功能提高单元纵横比。沿着轴向设置分割模式或分割数量。分割单元时,为了保证与相邻单元的节点连接,可以勾选【分割相邻单元】选项。

图 4-115　分割单元对话框(2)

【按模式分割】确定要分割的 2D 单元和模式并选择参考节点。

【模式-2】选择十一种模式之一把单元的边线分割为两部分。模式中的红色点是参考节点的位置,白色点是忽略参考节点的位置。

【模式-3】选择八种模式之一把单元的边线分割为三部分。模式中的红色点是参考节点的位置。

【分割数量】按输入的分割数量均匀分割 2D 单元的边线。此功能只适用于按两个轴向定义的四边形单元。分别设置分割轴 1 和分割轴 2 方向的分割数量,此时应输入与指定轴向形成最小角度的单元边线的轴向分割数量。

定义 2D【轴向】的方法如下:

【局部坐标系】将单元坐标系的 X 轴方向作为轴 1 使用。

【整体坐标系】使用坐标系指定轴 1。可以在整体直角坐标系或者整体圆柱坐标系中选择期望的轴。

【位置方向矢量】输入的矢量作为轴 1。在【原点】中输入矢量的起点后,输入轴 1 上的任意的点生成矢量。

3. 3D

按照分割模式或输入分割数量把 3D 单元分割成多个单元,其对话框如图 4-116 所示。此功能只能分割六面体单元。

图 4-116 分割单元对话框(3)

【按模式分割】选择四种模式中的一种分割单元。模式中的红色点是参考节点的位置。确定要分割的 3D 单元和模式后,选择参考节点。

【分割数量】按输入的分割数量均匀分割 3D 单元的边线。分别设置分割轴 1、分割轴 2 和分割轴 3 方向的分割数量,此时应输入与指定轴向形成最小角度的单元边线的轴向分割数量。

定义 3D【轴向】的方法如下:

【局部坐标系】将单元坐标系的 X 轴方向作为轴 1 使用。

【整体坐标系】使用坐标系指定轴 1 和轴 2。可以在整体直角坐标系或者整体圆柱坐标系中选择期望的轴。

【位置方向矢量】输入的矢量作为轴 1 和轴 2。在【原点】中输入矢量的起点后,输入轴 1 和轴 2 上任意的点生成矢量。

4.8.9　单元测量

用于检查单元的长度(1D)、面积(2D)、体积(3D)等,其对话框如图 4-117 所示。选择要测定的单元后执行计算,即可得到所选的全部单元的总和。对于体积(2D),可通过 2D 单元的特性(厚度)和单元的面积来计算单元的假设体积。

图 4-117　单元测量对话框

4.8.10　建立界面

建立可能会发生滑动或分离的同质或异质材料的界面,其对话框如图 4-118 所示。主要用于模拟相对刚度差异较大的地基和结构之间的界面行为。界面生成方法要根据工作环境(2D 或 3D)和目标分类。为了生成界面单元必须定义相关属性。界面属性可直接输入或通过属性助手按相邻单元的属性自动计算。

图 4-118　建立界面对话框

根据工作环境、构件或形状,可以按如下方法建立界面单元。界面单元的类型如图 4-119 所示。

图 4-119　界面单元的类型

【从单元边界】

在选择的单元和相邻单元之间的边界位置生成界面单元。选择全部单元的情况下,因为没有相邻的单元,所以不能生成界面单元。如果生成的界面单元存在于网格内部,则边界面单元是楔形形态。

【手动输入节点号】

直接输入节点号生成界面单元。节点分为边 1 和边 2 两组输入,决定了界面单元的形状。在边 1 和边 2 输入的节点数量应一致。

【转换单元】

把一般的 1D、2D、3D 单元转换成界面单元。因为一般单元节点的顺序不固定,所以需要添加基本的参考节点。利用一般单元建立界面单元的示例如图 4-120 所示。

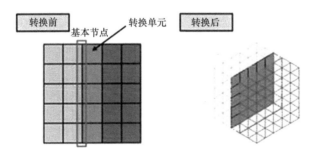

图 4-120　利用一般单元建立界面单元的示例

【从自由边】及【从自由面】

由相对的自由边或自由面生成界面单元。应当选择两侧没有连接节点的自由线(3D 时为自由面),没有自由线或自由面的情况下,可利用【单元】→【连接】→【分割节点】功能预先分割节点。

【从桁架/梁】及【从板】

选择桁架/梁单元生成界面单元,3D 时使用板单元。由桁架、梁、板等结构单元生成界面单元,这种情况下会在界面的两侧都生成界面单元。因此,如果按照【从桁架/梁】生成界面单元的方式,通过【分别注册界面网格组】选项,独立生成各方向的界面单元。利用结构单元建立界面单元的示例如图 4-121 所示 。

图 4-121　利用结构单元建立界面单元的示例

当与界面单元连接的土体单元在施工阶段被移除时,与之连接的界面单元也会被移除,以防止分析上的错误。

【从网格组(T/X-交叉类型)】

选择网格组,在按 T 或 X 形式交叉的网格组中生成界面单元。此功能可建立交叉的界面单元,与砌体结构一样。利用 T/X-交叉类型建立界面单元的示例如图 4-122 所示。

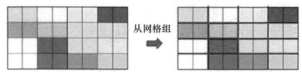

图 4-122 利用 T/X-交叉类型建立界面单元的示例

【从节点】

利用所选节点的关系,在相邻的单元之间生成界面单元。3D 情况下,当无法正常建立界面单元时,最好选择一部分点。

4.8.11 桩/桩端单元

1.桩单元

桩是与界面相关的单元,其节点不需要和相邻土体连接。桩单元用于确认梁单元和地基之间的摩擦行为及相对位移。生成梁单元和相邻地基单元后,选择梁单元生成桩界面单元,其对话框如图 4-123 所示。

图 4-123 桩/桩端单元对话框(1)

2.桩端单元

在定义地基单元和桩端的一个节点之间的相对行为时,需要添加桩端单元。生成桩单元后,选择桩端。桩端界面的刚度按桩端承载能力和弹簧刚度定义,其对话框如图 4-124 所示。

图 4-124 桩/桩端单元对话框(2)

4.9 工具

工具包括重新编号、检查、表格等功能,其工具栏如图 4-125 所示。

图 4-125 工具工具栏

4.9.1 重新编号

重新排列单元和节点的编号,可用于以等差顺序查看结果,其对话框如图 4-126 所示。

图 4-126 网格划分工具对话框(1)

单击【工具】选择排列的目标节点或单元,并输入起始号。可对整个模型或只对所选节点或单元执行排列。选择【仅压缩编号】选项时,可修改节点或单元的原号,将节点或单元号从 1 开始重新编号。选择【用户定义】选项时,可按参考坐标系选择排列的优先顺序。最小编号以第一轴为基准开始,在不影响第一轴的范围内,根据第二轴排列编号;最后,在不影响第一轴和第二轴的范围内,根据第三轴排列编号。

例如,当第一轴指定为 X 轴,第二轴指定为 Y 轴,第三轴指定为 Z 轴时,优先考虑 X 轴坐标重新排列。从 X 轴坐标数值小的位置开始向 X 轴坐标数值变大的方向增加编号;X 轴坐标相同时,根据优先级按 Y 轴坐标继续进行编号。对于单元,可按照其重心的 X、Y、Z 轴坐标重新排列。

编号排列方法可以选择【升序】或【降序】。

4.9.2 检查

1.检查网格拓扑

按照便于区分的分类,分析网格的信息。选择【检查网格】菜单,即可查看与网格的显示或隐藏状态无关的当前所有网格,并在窗口上显示所有自由线、自由面等,其对话框如图 4-127 所示。

图 4-127　网格划分工具对话框(2)

【非流形线(蓝色)】勾选非流形线,用蓝色表示。非流形线是指三个或三个以上单元面相遇的单元线。

【特征线(黄色)】勾选特征线,用黄色表示。特征线是指在模型形状上有急剧变化的线,在两个单元面之间的夹角角度大于特征角角度。

【自由面(橙色)】勾选自由面,用橙色表示。自由面是指 3D 单元之间节点未连接的部分。

【锁紧单元(紫色)】检查锁紧的单元,用紫色表示。可用于搜索所有节点存在于自由面上的 3D 单元。边界条件全部适用在网格自由面上时,约束的单元不会影响分析。

【重复的单元(绿色)】检查在相同的位置上拥有相同的节点数据的重复单元,用绿色表示。用【单元】→【删除功能】可以只删除重复的单元。

2. 检查网格质量

相连接的单元之间的相对大小及形状或质量对分析结果的影响要大于单元自身绝对大小对分析结果的影响。因此,生成网格后,检查和修改网格质量是十分重要的。输入参考值后,就会按颜色显示未达到此值的单元,其对话框如图 4-128 所示。

图 4-128　网格划分工具对话框(3)

【纵横比】2D 单元中的宽度和长度的比,或者是最长边和最短边的长度的比。例如,正方形的宽度和长度相等,所以纵横比为 1。形状越偏离正方形,纵横比越小。纵横比越接近 1 则越理想。这对分析结果有重要影响;若值非常小,则很难得到正常的分析结果。

【歪扭角】以角度测量形状偏离直角形状(90°)的程度。正方形的角是 90°,所以歪扭角为 0,形状越偏离正方形,歪扭角越大。在实体单元情况下,检查各面的歪扭角,值越接近 0 越好。

【翘曲】评估偏离平面的程度。四边形 2D 单元的所有节点位于同一平面位置上时,此值为 0。节点偏离平面的程度越严重,翘曲值越大。在实体单元情况下,检查实体各四边形的翘曲值,值越接近 0 越好。这对分析结果有重要影响,若值非常大,则很难得到正常的分析结果。

【锥度】按几何计算偏离四边形的程度,不适用于三角形单元。四边形的值为 1,偏离四边形的程度越严重(越接近三角形形状),锥度值越大。在实体单元情况下,检查各面的锥度,值越接近 1 越好。

【雅可比比率】计算网格的各高斯积分点中的雅可比行列式后,最大的雅可比行列式值和最小的雅可比行列式值的比就是雅可比比率。在 2D 单元情况下,雅可比行列式按投影到平面的单元计算;在实体单元情况下,直接计算雅可比行列式。如果四面体单元的形状不是凸的,就会出现负值,将不能正常执行分析。因此,雅可比比率越大越好。

【扭曲角】表示实体单元中相对的两个面的扭转程度。

【单元长度】检查单元线的长度,并可以设置最小值、最大值。

【网格组】完成质量检查的单元,单击【发送】可以定义为其他的网格组。网格组的名称也可以修改为用户期望的名称。

4.9.3 表格

可以用表格输出模型的所有网格组的节点及单元信息,其对话框如图 4-129 所示。激活生成的所有网格组,可以选择其中要提取节点及单元信息的网格组。

图 4-129 记录激活对话框

1.节点表格

选择要输出节点信息的单元。可在表格内进行添加、编辑、删除操作来编辑模型信息。节点表格如图 4-130 所示。

号	坐标系	X (m)	Y (m)	Z (m)
1	1:整体直角	18.236644	0.000000	17.572949
2	1:整体直角	17.572949	1.000000	18.236644
3	1:整体直角	17.000000	1.000000	20.000000
4	1:整体直角	19.072949	0.000000	17.146830
5	1:整体直角	20.000000	1.000000	17.000000
6	1:整体直角	17.000000	0.000000	20.000000
7	1:整体直角	20.000000	0.000000	17.000000
8	1:整体直角	17.146830	0.000000	19.072949
9	1:整体直角	19.072949	1.000000	17.146830
10	1:整体直角	17.146830	1.000000	19.072949
11	1:整体直角	17.572949	0.000000	18.236644
12	1:整体直角	18.236644	1.000000	17.572949
13	1:整体直角	17.572949	1.000000	21.763356
14	1:整体直角	18.236644	1.000000	22.427051
15	1:整体直角	19.072949	0.000000	22.853170
16	1:整体直角	17.146830	1.000000	20.927051

图 4-130　节点表格

2.单元表格

选择要输出单元信息的单元,用于检查单元的节点连接和节点数量,也可在表内添加、编辑、删除单元。单元表格如图 4-131 所示。

No.	类型	特性	1节点	2节点	3节点	4节点	5节点
1	六面体	2:岩层	72	6	21	71	41
2	六面体	2:岩层	72	73	11	8	41
3	六面体	2:岩层	21	17	85	71	16
4	六面体	2:岩层	85	18	15	75	57
5	六面体	2:岩层	85	75	68	71	57
6	六面体	2:岩层	74	87	68	75	56
7	六面体	2:岩层	88	72	71	68	65
8	六面体	2:岩层	88	68	87	70	65
9	六面体	2:岩层	11	73	91	1	2
10	六面体	2:岩层	76	25	26	78	63
11	六面体	2:岩层	86	81	7	4	52
12	六面体	2:岩层	86	4	1	91	52
13	六面体	2:岩层	67	69	88	70	62
14	六面体	2:岩层	80	78	26	36	43
15	三棱柱	2:岩层	8	6	72	10	3
16	三棱柱	2:岩层	14	13	57	18	17

图 4-131　单元表格

4.10　本章小结

本章对生成网格所运用到的基本工具进行了详细的介绍,生成网格和生成几何实体一样都是数值模拟模型建立的基础,也是学习 MIDAS GTS NX 最重要的一部分。通过对本章的学习,读者可以详细了解并掌握 MIDAS GTS NX 材料属性定义及网格划分的一般操作方法,具备建立基本模型的能力。

第5章 分析方法

分析方法有很多种,包括静力/边坡分析、渗流/固结分析、动力分析等。每种分析方法的步骤都是相同的:首先定义接触,其次选择施工阶段,最后定义边界条件和荷载。以下我们就每个步骤的具体操作进行讲解。

5.1 接触

接触的类型有一般接触(分析中考虑两个物体之间的挤压和摩擦)、粗糙接触(分析中不考虑滑动)、焊接接触(分析开始时两个对象是焊接的)和滑动接触(分析中仅考虑在切向的滑动)。焊接接触和滑动接触取决于在分析开始时两个对象的位置,并且可以看作是线性接触。MIDAS GTS NX 提供了焊接接触的功能,其工具栏如图 5-1 所示。

图 5-1 焊接接触工具栏

接触单元用于在单元表面相遇,但节点不耦合的位置。可以用来作为在结构分析、固结分析或渗流分析的相邻对象之间的初始接触条件。经常用于复杂几何形状中节点耦合失败的情况。这个功能可以防止分析错误,以类似于节点耦合的情况检查分析的结果。

单击【定义】按钮,通过选择【自动接触】或【手动接触对】的方式定义接触,其对话框如图 5-2 所示。

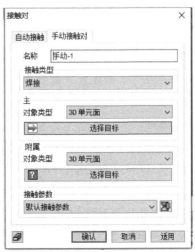

图 5-2 接触对对话框

1.自动接触

自动搜索所选网格相遇位置节点不耦合的面,并建立接触对。接触对分为焊接接触和一般接触。

一般接触的接触面之间在垂直方向及切线方向存在接触力,不能在线性分析中使用,可用于考虑切线方向的接触力的摩擦行为。

可定义一般接触的接触参数,其对话框如图 5-3 所示。

图 5-3 接触参数对话框

【法向刚度比例系数】接触面的法向方向刚度比例系数值。建议使用默认值。

【切向刚度比例系数】接触面的水平方向刚性系数值。建议使用默认值。

【接触误差】为了计算初始接触容许距离设置的系数值。初始接触容许距离是单元面的最大长度乘以系数。在滑动接触情况下,主接触面与次接触面在初始接触容许距离内将发生接触。在一般接触情况下,接触剧烈时,变形中次接触面达到与主接触面的初始接触容许距离后就计算为发生接触。

【摩擦系数】输入静摩擦系数值。

【调整附属节点消除内部贯穿】当主接触面与次接触面从一开始就相互贯穿时,移动次接触面使双方发生正确接触。此时不计算应力。

【渗透率】模拟接触的渗流特性。

2.手动接触对

用户可以直接指定主接触面和次接触面建立接触对。可选择面、2D 单元、3D 单元、2D 单元自由面、3D 单元自由面。

手动建立接触面时,可选择【节点】→【曲面接触】或【曲面】→【曲面接触】来建立接触面。【节点】→【曲面接触】耗时最少,但求解准确度相对较低,因为主对象的节点有贯穿子对象的倾向。【曲面】→【曲面接触】耗时较多,但满足非穿透条件,相对准确,可以进行结构行为的准确模拟。

【接触参数】输入系数值来计算初始接触容许距离。如果主接触面和次接触面在这个距离之内,则被视为发生接触。

5.2　施工阶段

施工阶段分析是施工过程的岩土数值分析,其工具栏如图 5-4 所示。岩土分析通常是材料非线性分析,材料的非线性属性可以从岩土内的初始条件中得到。这里,初始条件是指施工前的现场地质条件。

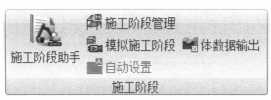

图 5-4　施工阶段工具栏

由初始条件中得到初始应力后,可以得到开挖荷载以及由材料属性模型(如莫尔-库伦模型)定义的剪切强度。因此,施工阶段分析包含了从初始岩土条件开始的连续的施工过程。因为现场的施工阶段非常复杂并且可变,所以在分析上可简化过程,并专注于重要的施工阶段。

例如,隧道的施工阶段如下。

第 1 阶段:初始岩土应力

第 2 阶段:第一断面开挖

第 3 阶段:第一断面加固＋第二断面开挖

第 4 阶段:第二断面加固＋第三断面开挖

第 5 阶段:第三断面加固＋第四断面开挖

……

在 MIDAS GTS NX 中,为了便于定义施工阶段,提供【施工阶段建模助手】、【施工阶段管理】、【模拟施工阶段】、【自动设置】等功能。

5.2.1　施工阶段建模助手

施工阶段建模助手对话框如图 5-5 所示。为了使用建模助手定义施工阶段,应赋予各组规则的编号(后缀)。这个编号可以通过网格组【重命名】功能修改。在整个施工阶段过程中只使用一次的组,可以不赋予规则的号码。

此功能可在施工阶段构成的分析(例如,静力/边坡分析、渗流/固结分析等)中使用。

显示可用网格组、边界条件组以及荷载组。选择期望的数据后,可以按照组分配规则拖放,也可以按单元、边界条件、荷载组激活状态拖放。

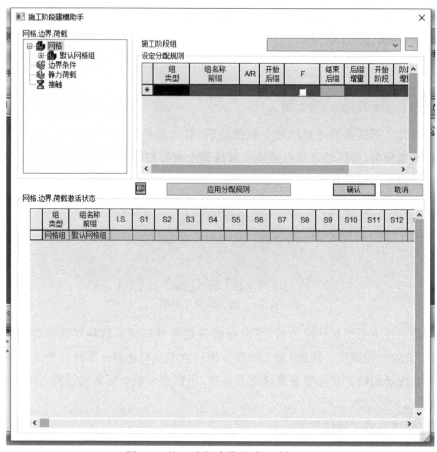

图 5-5　施工阶段建模助手对话框(1)

需要注意的是各组的显示方式与工作目录树完全不同。这里,忽略工作目录树上的网格组与子网格组的关系,所有的网格组都按独立的网格组显示。并且,最顶层显示的是没有后缀的网格组的名称,如果展开一层就会显示包含后缀名称的网格组。网格、边界、荷载工作目录树如图 5-6 所示。

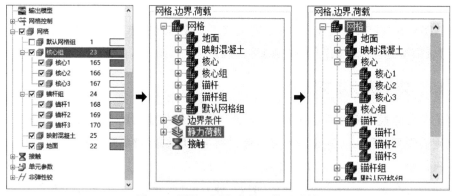

图 5-6　网格、边界、荷载工作目录树

指定要定义施工阶段的施工阶段组后,指定分配规则,其对话框如图 5-7 所示。

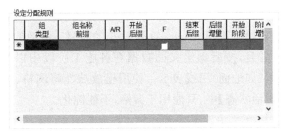

图 5-7 设置分配规则对话框

【组类型】指要定义的施工阶段的类型,也可以选择网格组、边界组或荷载组。

【组名称前缀】定义施工阶段的无序列号的组的名称。

例如,从"最终核心♯001"到"最终核心♯012"指定网格组时,选择组名称前缀为"最终核心♯"。

【A/R】选择添加或清除所选组。A 用绿色显示,R 用黄色显示。

【开始后缀】指定所选组在施工阶段中开始使用的组编号。

例如,选择从"最终核心♯001"到"最终核心♯012"的网格组,其中,"最终核心♯001"在施工阶段的第二阶段中被钝化,在其他施工阶段中被依次钝化,则开始使用的组的号码为 001,所以在开始后缀编号中输入"1"即可。

【F】所选的组没有使用到最后编号,只使用到中间阶段时勾选。勾选后,可输入结束后缀编号。不勾选的情况下,编号将依次增加,直到最后编号为止。

【结束后缀】指定所选组在施工阶段中最后使用的组编号。

例如,选择从"最终核心♯001"到"最终核心♯012"的网格组,其中,"最终核心♯001"在施工阶段的第二阶段中被钝化,其他施工阶段依次只进行到"最终核心♯006",勾选【F】后在结束后缀编号中输入"6"即可。

【后缀增量】输入施工阶段过程中要使用的后缀编号增量。

例如,从"最终核心♯001"到"最终核心♯012"的网格组,如果网格组按"最终核心♯001""最终核心♯003""最终核心♯005"的顺序钝化,后缀编号的增量为 2,则在【后缀增量】中输入"2"即可。

【开始阶段】指定所选组在施工阶段中开始使用的阶段编号。

例如,选择从"最终核心♯001"到"最终核心♯012"的网格组,其中,"最终核心♯001"在施工阶段的第二阶段中被钝化,其他施工阶段依次进行到"最终核心♯012",即网格组从第二阶段开始使用,在【开始阶段】中输入"2"即可。

【阶段增量】指定所选组的阶段增量,每隔几个阶段使用一个组。

例如,选择从"最终核心♯001"到"最终核心♯012"的网格组,其中,"最终核心♯001"在施工阶段的第二阶段中被钝化,"最终核心♯002"在第四个施工阶段中被钝化,即每隔两个阶段使用一个组,在【阶段增量】中输入"2"即可。

如果单击【应用分配规则】按钮,就会按指定的规则显示网格组、边界条件组、荷载组的激活状态。单击【确认】按钮生成施工阶段。

通过预览(▦)施工阶段,可以逐阶段确认已激活的网格组、边界组、荷载组。这个功能与模拟施工阶段(▦)的功能相同。

以表的形式显示当前设置的施工阶段。往右表示施工阶段的推进,最前列显示的I.S.和S1分别是 Initial Stage(初始阶段)和 Stage 1(阶段 1)的简写。激活的数据用淡绿色表示,钝化的数据用橙色表示。并且,按后缀定义的数据在各施工阶段中以数字表示,如图 5-8 所示;而不使用后缀的数据(如地面)用线表示。使用拖放功能将网格、边界条件、荷载数据显示在【网格、边界、荷载激活状态】中,只能用于激活,不能钝化。

组类型	组名称前缀	I.S.	S1	S2	S3	S4	S5	S6	S7	S8	S9	S10	S11	S12	S13
网格组	上层加固路床-														
网格组	上层路基-														
网格组	下层路基-														
网格组	下层路床-														
网格组	土层1-														
网格组	土层2-														
网格组	弹性边界														
网格组	轨道板-														
边界组	边界组-														
网格组	风化岩层-														
网格组	默认网格组														

图 5-8　网格、边界条件、荷载的显示形式

单击【应用分配规则】按钮,显示网格组、边界条件组、荷载组的状态。要清除显示的施工阶段,选择相应数据后,单击键盘的【Delete】键即可。

用这种方法虽然可以删除施工阶段数据,但并不能删除施工阶段。因此,这样会生成无内容的施工阶段。选择要删除施工阶段的整列后,同时按下键盘的【Ctrl】键和【Delete】键,删除后单击【确认】。

当 I.S.(初始阶段)中的所有组被激活时,即为所有初始网格组全部激活的状态(原场地状态)。可以在开始阶段中输入 0(0 阶段是指初始阶段),并在阶段增量中输入 0(阶段增量为 0,即所有单元都在一个阶段中被激活)。

在定义施工阶段菜单中,可以设置施工阶段中使用的高级选项(LDF 等)。因此,对于复杂的模型,可方便地使用施工阶段助手,生成整体性的施工阶段架构;对于各阶段中的个别选项,可使用【施工阶段管理】菜单。

以下为简单的定义施工阶段的例子。

定义一个单一岩土材料隧道模型的施工阶段。一次性开挖隧道的整个形状,在开挖的下一个阶段激活锚杆和喷射混凝土。隧道开挖分为五个阶段,假设从小编号的后缀向着大编号的后缀进行开挖。网格组示例如图 5-9 所示。

图 5-9　网格组示例

运行施工阶段助手。

施工前状态的网格组及边界条件应当包含在原场地状态中。用【Ctrl】键选择后拖放到网格、边界条件、荷载组 I.S.状态栏,其对话框如图 5-10 所示。

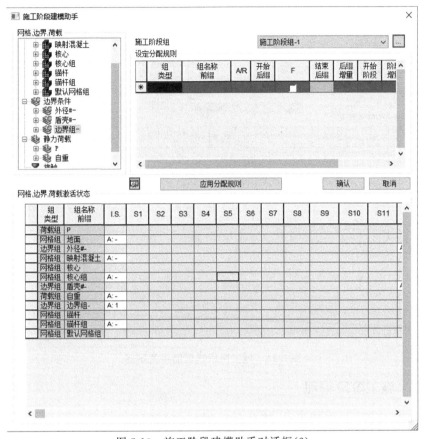

图 5-10　施工阶段建模助手对话框(2)

选择【R】,选择并钝化"隧道♯",开始后缀编号为 1,因为使用到最后编号,所以不勾选【F】。【开始阶段】为"1",在【阶段增量】中输入"2"以模拟锚杆和喷射混凝土在施工过程中的布置。所有核心的隧道网格组都使用,所以,在【后缀增量】中输入"1"。输入后,单击【应用分配规则】按钮,指定网格组、边界条件组、荷载组激活状态对应的施工阶段。

在施工阶段中也可指定喷射混凝土和锚杆。

在【开始阶段】中输入"2"后,选择【A】,使喷射混凝土和锚杆都能够在第二个施工阶段中被激活。并且,为了使从 1 到最后的编号都能够使用,在【开始后缀】中输入"1",不勾选【F】,并在【后缀增量】中输入"1"。在【开始阶段】中输入"2",并在【阶段增量】中输入"2"以模拟每隔两个施工阶段激活一次。单击【应用分配规则】按钮,就会自动生成网格组、边界条件组、荷载组的激活状态,单击【确认】按钮生成施工阶段。施工阶段建模助手示例如图 5-11 所示。

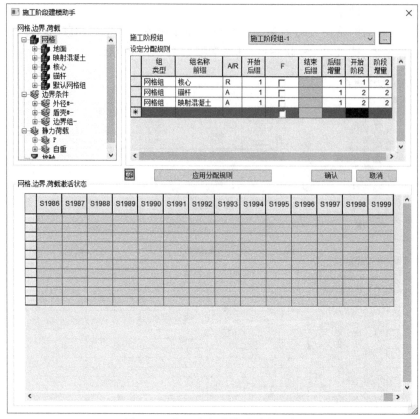

图 5-11 施工阶段建模助手的示例

5.2.2 施工阶段管理

定义执行分析的施工阶段组,其对话框如图 5-12 所示。

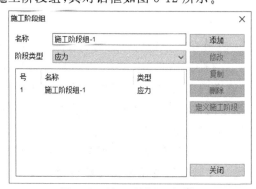

图 5-12 施工阶段组对话框

可以在由施工阶段构成的分析(静力/边坡分析、渗流/固结分析)中使用。

定义施工阶段组后,定义施工阶段。可以在一个文件中建立多个施工阶段组。施工阶段的类型有【应力】、【渗流】、【应力-渗流-边坡】、【固结】、【完全应力-渗流耦合】。

单击【定义施工阶段】按钮,可以建立施工阶段,其对话框如图 5-13 所示。施工阶段建模助手中不能实现的高级选项可在此阶段实现。

图 5-13　定义施工阶段对话框

【阶段名称】定义施工阶段名称。【新建】可以生成新的施工阶段,【插入】可以在施工阶段中间插入新的施工阶段。

例如,在阶段 2 中单击【插入】按钮,当前阶段移到阶段 3,新的施工阶段成为阶段 2。可以在【阶段号】中进行选择,移动到上一个阶段或下一个阶段。

【阶段类型】指定施工阶段类型。需要注意的是不同阶段类型的【分析控制】、【输出控制】选项不同,边界条件和荷载条件也有差异。

更详细的控制选项相关的内容,请参考【分析】→【分析工况】→【新建】→【分析控制/输出控制】。

【移动到上一个】、【移动到下一个】用于生成多个施工阶段后,修改部分施工阶段的顺序。

【组数据】用目录树形式显示可用的网格组、荷载组、边界条件组。需要注意的是子组也会独立的显示,所以在选择网格组时需要留意。

如图 5-14 和图 5-15 所示,生成的核心组中注册了若干子网格组(核心 1、核心 2、核心 3)。这种情况下,激活核心组,并不激活核心组的子组。因此,没有直接注册到组数据中的网格是无用的,在选择网格组的过程中应当注意。

【激活数据】激活各施工阶段中的组。被激活的组在之后的施工阶段中一直处于激活状态直到被钝化为止。需要在施工阶段中激活的组,可用鼠标左键选择后,拖放到激活数据中。或者选择组后,在组数据中单击鼠标右键,调用关联菜单选择激活。

【钝化数据】被钝化的组在之后的施工阶段中一直处于钝化状态直到被激活为止。需要在施工阶段中钝化的组,可用鼠标左键选择后,拖放到钝化数据中。或者选择组后,在组数据中单击鼠标右键,调用关联菜单选择钝化。

图 5-14　施工阶段组数据

图 5-15　施工阶段目录树

【定义整体水位】按整体坐标系输入随着施工阶段变化的地下水位。单击 ... 设置地下水位函数。同时指定了水位和函数的情况下,输入的水位乘以函数后,可直接用于分析中。

【定义网格组水位】在网格组中分别定义随着施工阶段变化的地下水位。

如果地下水层被岩石或不透水黏土层(承压含水层)包围,分别设置存在或不存在地下水位的地层后进行分析。

如果输入了总地下水位的同时也定义了网格组地下水位,优先考虑网格组地下水位,总地下水位用于没有定义地下水位的网格组中。

在同时指定水位和函数的情况下,输入的水位乘以函数后,可直接用于分析中。

【LDF】设置释放荷载系数,所有系数的和应为1。

如图 5-16 所示,当前阶段的释放荷载系数为 0.400 0,下一阶段和后续阶段的释放荷载系数为 0.300 0。这时,在后续的两个阶段中没有必要勾选【LDF】,并且施工阶段中设置的【LDF】应相互不重叠。

【位移清零】将当前阶段分析结果中的位移设置为 0。用于设置原场地状态的初始条件。应力不会因此初始化为 0。

【边坡稳定(SRM)】在当前施工阶段中决定是否执行边坡稳定分析。勾选的情况下,自动注册为一个分析工况并执行分析。换言之,此功能将前一阶段非线性分析岩土应力的结果进行耦合,并执行边坡稳定分析。但是,在分析 SAM 的情况下,仅可用于二维分析,并应设置滑动面边界条件。

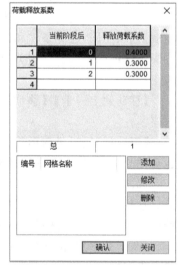

图 5-16　释放荷载系数对话框

5.2.3　模拟施工阶段

以视频的形式查看施工阶段,其对话框如图 5-17 所示。

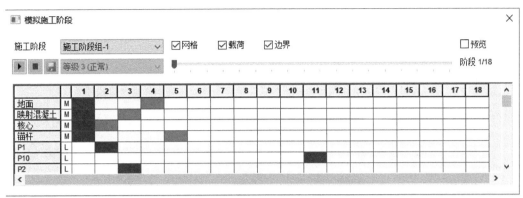

图 5-17 模拟施工阶段对话框

可用于由施工阶段构成的分析(静力/边坡分析、渗流/固结分析)中。

指定定义的施工阶段组后,单击▶按钮播放生成的施工阶段视频。捕捉整个操作窗口生成视频。

勾选【网格】、【荷载】、【边界】,可查看施工阶段中激活、钝化的数据。

5.2.4 自动设置

根据当前模型窗口中显示的网格、边界、荷载,自动设置可用于由施工阶段构成的分析(静力/边坡分析、渗流/固结分析)中。可在模型上检查每一阶段的数据,并可以进行阶段组合。

施工阶段自动设置功能可按以下步骤激活。

(1)在建模后添加施工阶段组,并注册添加到工作目录树中。

(2)如图 5-18 所示,在注册的施工阶段组上单击鼠标右键,并选择【自动设置阶段】选项。这个选项会激活丽板菜单中的【施工阶段】→【自动设置】,可从所选择的施工组中指定施工阶段。

(3)单击【自动设置】图标,自动注册显示的网格、边界条件、荷载条件为激活数据,而未显示的(未勾选)的网格、边界条件、荷载条件则注册为钝化数据。换言之,设置组合各阶段模型信息的显示或隐藏后,选择【自动设置】,则自动参考当前显示的模型信息设置为施工阶段。

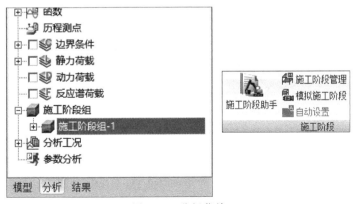

图 5-18 分析菜单

由于施工阶段是累加的概念,软件通过比较前一阶段的激活、钝化的模型信息,只添加或删除改变的信息。因此,建议施工阶段生成以后,将模型信息显示到初始状态,以完整查看施工过程。施工阶段自动设置示例如图 5-19 所示。

图 5-19 施工阶段自动设置示例

5.3 边界条件

MIDAS GTS NX 中,边界条件区分为应力分析中的位移边界条件、渗流分析中的渗流边界条件及动力分析中的弹簧边界条件和地基边界单元等,所以每种分析操作界面有所不同。静力/边坡分析边界工具栏、渗流固结分析边界工具栏、动力分析边界工具栏如图 5-20~图 5-22 所示。

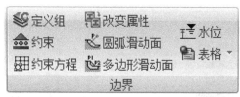

图 5-20 静力/边坡分析边界工具栏

图 5-21 渗流固结分析边界工具栏

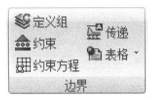

图 5-22　动力分析边界工具栏

5.3.1　定义组

单击【定义组】按钮,定义边界条件组,其对话框如图 5-23 所示。

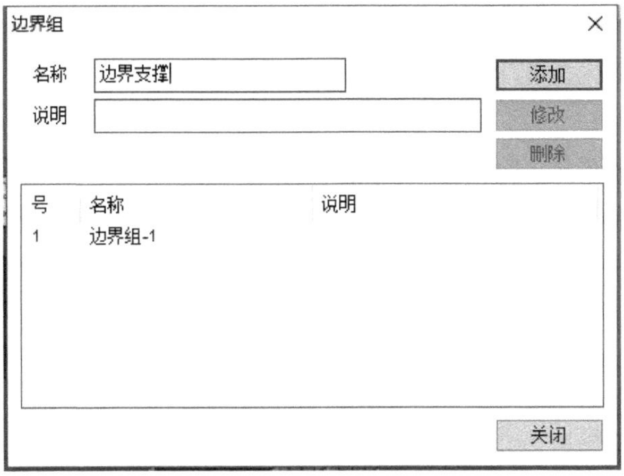

图 5-23　边界组对话框

输入名称和说明以后,单击【添加】按钮,定义边界组。可以预先创建边界组,也可以输入各边界条件的名称。

创建的边界条件组将自动注册在【工作目录树】→【分析】→【边界条件】下,通过勾选框可以选择显示或隐藏组。

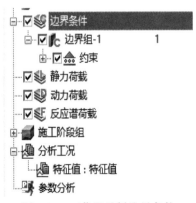

图 5-24　工作目录树边界条件

5.3.2　约束

单击【约束】按钮,设置模型的约束条件,其对话框如图 5-25 所示。

图 5-25　约束对话框

设置模型约束条件的方法有【基本】、【高级】、【自动】。

【基本】选择目标后,可选择适合分析模型的约束条件:【固定】、【铰接】、【无转动】。

【高级】可以指定完全约束或部分约束节点的六个自由度。

T_X、T_Y、T_Z 指 X、Y、Z 方向的平动约束,R_X、R_Y、R_Z 指 X、Y、Z 方向的转动约束。

可以在期望的位置(点、线、面、节点、自由面节点)指定边界条件。

在单元节点上可指定约束条件,并反映在分析中。在点、线、面等几何形状上设置约束条件,是选择包含在所选形状内的单元节点的一种简便方式。

【自动】选择要自动建立约束条件的网格组。自动设置一般的应力分析的地基条件,模型的左或右约束 X 方向位移,前或后约束 Y 方向位移,模型的底部约束 Z 方向位移。

【边界组】将设置的约束条件注册到期望的边界条件组内。用户可以为这个边界组命名。

5.3.3　约束方程

单击【约束方程】,执行约束方程功能,其对话框如图 5-26 所示。

在【约束节点/自由度】中,定义影响其他节点变形和自由度的主节点。T_1、T_2、T_3 是指平动自由度,R_1、R_2、R_3 是指转动自由度。为了定义从属节点的自由度及自由度之间的相互关系,应在【独立节点/自由度】中输入独立节点的位移系数。

5.3.4　修改单元属性

使用新的属性信息或随着施工阶段的变化替换现

图 5-26　约束方程对话框

162

有的属性信息,可用于施工阶段包含的分析(静力/边坡分析、渗流/固结分析)中,其对话框如图 5-27 所示。

【一般】选择目标单元,指定要修改的单元属性。

【施工阶段】如果指定了施工阶段,单元的属性将被一并修改。

图 5-27　修改单元属性对话框

例如,在三维模型中,随着阶段的推进将喷射混凝土的属性由软喷改为硬化。网格组中预先定义了喷混 001～喷混 010,采用【修改单元属性】→【一般】时,需要对每个网格组分别指定修改的单元属性;而采用【修改单元属性】→【施工阶段】时,只需要单击一次就可以生成 10 个边界条件组。

边界组名称可通过【替换所选网格组字符串】、【固定前缀】、【添加前缀】设置,可以一并修改生成的网格组的名称。如果不输入任何信息,则按网格组名称定义边界组名称。

【替换所选网格组字符串】替换所选网格组的名称为不同的字符串,作为生成的边界组名。

【固定前缀】替换所选网格组的名称前缀,作为生成的边界组名。

【添加前缀】增加所选网格组的名称前缀,作为生成的边界组名。

5.3.5　圆弧滑动面

滑动面是在边坡稳定分析(SAM)中使用的边界条件。边坡稳定分析(SAM)是二维分析,只有在分析设置为 2D 的情况下才可以设置滑动面。

以栅格点作为圆弧中心点并以切线定位半径,定义【圆弧滑动面】,其对话框如图 5-28 所示。

用三点(参考点 X、Y)指定可以定位圆弧中心的矩形的栅格区域,中心数量 X、Y 为栅格区域的划分数量。

例如,【中心点数量】分别输入"3"和"3",则生成 9(3×3)个圆弧中心点。

圆弧切线定位的半径可以用【圆弧切线法】、【圆弧半径和长度法】设置。

【圆弧切线法】直接通过绘制范围,在工作窗口上指定切线所在位置的四边形区域。【半径增量数】是指按相应数量分割矩形区域,通过【切换切线方向】可以修改圆弧半径区域的切线方向(紫色)。

【圆弧半径和长度法】直接输入【初始圆弧长度】、【圆弧半径增量】、【圆弧半径增量数】定义滑动面。

图 5-28　滑动面对话框(1)

5.3.6　多边形滑动面

定义【多边形滑动面】,其对话框如图 5-29 所示。

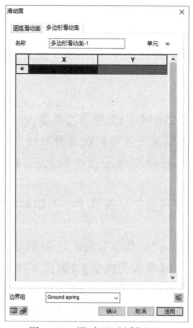

图 5-29　滑动面对话框(2)

多边形滑动面的定义方法有：

(1)在表格中直接输入相应非圆弧滑动面的坐标值。

(2)在工作平面上,单击鼠标定义非圆弧的滑动面区域,单击鼠标右键则终止定义。

【边界组】把设置的约束条件注册到期望的边界条件上。用户可以为这个边界组命名。

5.3.7 水位

在窗口内选择几何形状,生成变化的地下水位,其对话框如图 5-30 所示。

图 5-30 水位对话框

【线】选择线可以轻松地生成变化的地下水位。

指定变化的地下水位变量的方向。如果地下水位随着模型的 X 向变化,【变量轴】就选择 X,并输入间距值。间距为 1 m 时则按 1 m 间隔生成地下水位线。

生成的水位被注册到【工作目录树】→【分析】→【函数】→【一般函数】,可以通过单击鼠标右键,在关联菜单中进行编辑,以表格形式编辑水位线。水位线定义示例如图 5-31 所示。

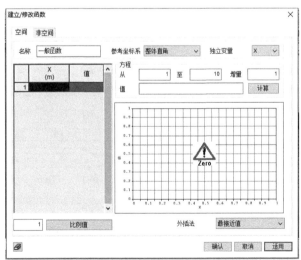

图 5-31 水位线定义示例

【面】选择面后输入间距值可以轻松地生成变化的地下水位面。

生成的水位面被注册到【工作目录树】→【分析】→【函数】→【曲面函数】,可以通过单击鼠标右键,在关联菜单中进行编辑,以表格形式编辑水位面。水位面定义的示例如图5-32所示。

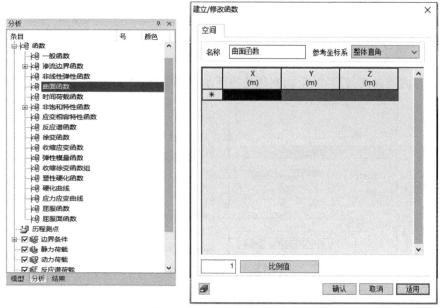

图 5-32　水位面定义的示例

5.3.8　节点水头

输入模型的水头。不论是稳态时的常量水头,还是瞬态时的变化水头,都可以通过渗流边界条件函数输入。

【节点水头】可作为渗流/固结分析(完全耦合)的边界条件,其对话框如图5-33所示。

图 5-33　渗流边界对话框(1)

直接输入已知指定点的水头值。目标类型有【节点】、【线】、【面】、【自由面节点】。

【节点】直接选择要定义水头条件的节点。选择【线】、【面】时,可以定义选择的线或面上包含的所有节点的水头条件。【自由面节点】选择单元自由面内的节点,单击选择参考节点、目标单元和特征角,自动选择包含参考节点并且特征角小于指定角度的单元上的所有自由面节点,其对话框如图 5-34 所示。

图 5-34 选择自由面/边对话框

水头包含【总】、【压力】两种类型。

【总】输入按原点计算的总水头值。

【压力】地下水位置条件按照水面节点的水头压力为"0"设置。

对于水位随时间变化的瞬态分析,可以用【函数】定义。使用【函数】时,按输入的值乘以函数值后反映到分析中。定义的函数注册到【函数】→【渗流边界函数】,可以通过单击鼠标右键,进入关联菜单后,以表格形式编辑。节点水头示例如图 5-35 所示。

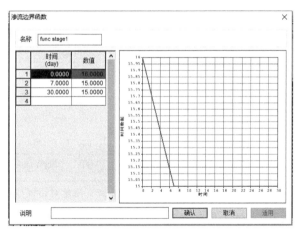

图 5-35 节点水头的示例

【如果总水头 < 潜水头,则 $Q=0$】,此选项为用于水位变化分析的水头-流量转换边界条件。

当水位随着时间变化时,水位突降会导致虹吸现象,从而使渗透流发生逆流,特别是在堤坝、水库。水位下降速度一般快于坝体内的渗流速度。为了模拟这种实际情况,水头边界条件应当根据水位变化自动修改。换言之,因水位下降,原来处在水位以下的节点暴露在水位以上时,在相应节点中总水头不是下降水位的总水头值,而是水位下降前保持一定时间后的总水头值,之后随着时间推移逐渐减小。

这个选项在水位按周期性变化的位置上使用时很方便,可以同时定义基于时间变化的函数。但是,如图 5-36 所示,如果输入的总水头的水位高度高于所选的节点位置,这个边界条件会被自动解除,因此这种情况下必须取消勾选这个选项。

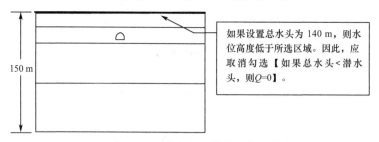

图 5-36　总水头＜潜水头说明

5.3.9　节点流量

在任意的节点输入流量。节点流量是适用于渗流/固结分析(完全耦合)的边界条件。按照体积单位输入特定位置在单位时间内的流入或流出量。目标类型有【节点】、【线】、【面】、【自由面节点】,其对话框如图 5-37 所示。

图 5-37　流量对话框(1)

【节点】直接选择要定义节点流量的节点。选择【线】、【面】时,可以定义选择的线或面上包含的所有节点的节点流量。【自由面节点】选择单元自由面内的节点,单击选择参考节点、目标单元和特征角,自动选择包含参考节点并且特征角小于指定角度的单元上的所有自由面节点。

对于流量随时间变化的瞬态分析,可以用【函数】定义。使用【函数】时,按输入的值乘以函数值后反映到分析中。定义的函数注册到【函数】→【渗流边界函数】,可以通过单击鼠标右键,进入关联菜单后,以表格形式编辑。节点流量的示例如图 5-38 所示。

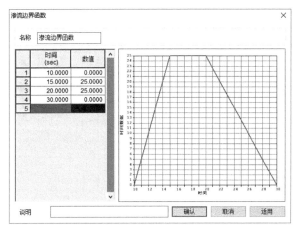

图 5-38 节点流量的示例

5.3.10 曲面流量

曲面流量适用于渗流/固结分析(完全耦合)中的边界条件。按照单位面积输入特定位置在单位时间内的流入或流出量。可以按照【线流量】或者【面流量】的形式定义。一般情况下,在 2D 模型中输入【线流量】,在 3D 模型中输入【面流量】,其对话框如图 5-39所示。

图 5-39 流量对话框(2)

定义曲面流量时,可以在线或曲面的几何形状中输入,也可以直接选择相应的单元线后输入。

定义降雨等流入时,输入正值;定义开挖或抽水等时,输入负值。

对于流量随时间变化的瞬态分析,可以用【函数】定义。使用【函数】时,按输入的值乘以函数值后反映到分析中。定义的函数注册到【函数】→【渗流边界函数】,可以通过单击鼠标右键,进入关联菜单后,以表格形式编辑。曲面流量的示例如图 5-40 所示。

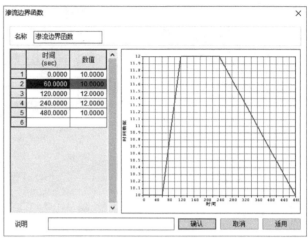

图 5-40　曲面流量示例

【如果 $q > K_{sat}$，那么总水头＝位置水头】，此功能是用于降雨分析的水头-流量转换边界条件。其中，q 为曲面流量，K_{sat} 为渗透系数。

例如，在地表输入降雨强度时，可以在地表的边界条件中使用曲面流量定义。

这个功能适用于强制定义地表流量等于降雨强度的流量。在土层的地表吸收降雨能力大于降雨强度时，土层可以全部吸收降雨。但当土层的地表吸收降雨能力小于降雨强度时，只有部分降雨量被地表吸收，其余的降雨量将沿着地表流动。

当降雨强度大于地表可以吸收的能力时，因为地表面的边界在降雨期间为饱和状态，类似于地下水位存在于表面上，所以应当把降雨的区域变更为水位线。

勾选【如果 $q > K_{sat}$，那么总水头＝位置水头】时，自动将地表的边界条件修改为水位条件来执行分析，这个选项只在降雨强度大于地表吸收能力（输入的渗透系数）时才适用。

5.3.11　渗流面

在很难查找准确的浸润线的情况下，可通过【渗流面】功能反复计算来确定。【渗流面】是适用于渗流/固结分析（完全耦合）的边界条件。

选择要定义渗流面的节点，其对话框如图 5-41 所示。

图 5-41　渗流边界对话框（2）

在均质的水库下游面中发生渗流,无法确定贯穿水库下游的浸润面的位置时,可设置渗流面边界,执行反复计算。指定渗流面边界示例如图 5-42 所示。

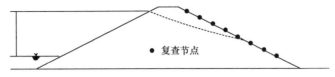

● 复查节点

图 5-42　指定渗流面边界示例

目标类型有【节点】、【线】、【面】、【自由面节点】。

【节点】直接选择要执行反复计算的节点。选择【线】、【面】时,可对选择的线或面上包含的所有节点执行反复计算。【自由面节点】选择单元自由面内的节点,单击选择参考节点、目标单元和特征角,自动选择包含参考节点并且特征角小于指定角度的单元上的所有自由面节点。

在设置了渗流面边界的节点中,可按如下条件计算的孔隙水压力 P,并通过以下两种规则自动搜索浸润面。

(1)$P > 0$ 时,按 $P = 0$ 考虑。

(2)$P < 0$ 时,删除复查节点。

5.3.12　排水条件

排水条件用于模拟超孔隙水压力为 0 的排水部分,是在固结分析中使用的边界条件。选择要指定排水条件的点,其对话框如图 5-43 所示。

目标类型有【节点】、【线】、【面】、【自由面节点】。

【节点】直接选择要设置排水条件的节点。选择【线】、【面】时,可以设置所选择的线或面上包含的所有节点的排水条件。【自由面节点】选择单元自由面内的节点,单击选择参考节点、目标单元和特征角,自动选择包含参考节点并且特征角小于指定角度的单元上的所有自由面节点。

图 5-43　排水条件对话框

指定排水条件的区域中的超孔隙水压力保持为 0,这意味着因土体上施加的荷载,水可以流出。排水条件主要用于渗流系数较大或荷载变化较小的情况。

5.3.13 非固结条件

非固结条件用于非固结层分析,是在固结分析中使用的边界条件。

选择要定义的非固结边界条件的目标,其对话框如图 5-44 所示。

图 5-44 非固结条件对话框

目标类型有【单元】、【2D 单元】、【3D 单元】、【面】、【形状】。

选择【面】、【形状】时,对面或形状中包含的所有单元采用非固结边界条件。

5.3.14 传递边界

为了表现半无限地层,在水平岩层中沿着竖直方向设置虚拟传递面,以考虑表面波在远场地基内传播的功能。传递对话框如图 5-45 所示。

传递边界条件仅用于【动力分析】中的【二维等效线性分析】。

在岩土建模中边界条件大体上可以分为【单元边界条件】、【黏性边界条件】、【传递边界条件】。

【单元边界条件】在自由场边界位置可分为输入地震响应荷载的自由端和输入位移的固定端。【单元边界条件】虽然充分地考虑了自由场的地震波影响,但没有考虑建筑物基础板产生反射波的影响。边界的位置距离基础板越近,这种影响越大。

【黏性边界条件】是为了弥补【单元边界条件】的缺点,由 Lysmer、Kuhlemeyer、Ang 和 Newmark 等人提出的在边界上具有能够吸收一定角度的物质波的边界条件。但是,因为【黏性边界条件】也不能完美地处理复杂的表面波的影响,与单元边界一样,边界也应当与基础板之间设置一定的间距。

【传递边界条件】完善了【黏性边界条件】的缺点,考虑了几乎所有形式的物质波和表面波影响,水平方向的土层可以用弹簧和阻尼的频率函数表示。因为传递边界条件一般假设岩土各层的水平方向的属性是均匀的,所以即使结构物自身存在边界条件,也可以得到比较满意的结果。但是,为了正确地考虑基于水平方向应变的属性变化,有效的办法是在边界和基础板之间设置一定的距离。

【一般】选择要设置传递边界的单元边和线。分配到单元上的土层信息可用来生成传递边界。选择两个不同的单元的交线时,不能生成传递边界。

【自动】如果选择网格,根据用户指定的选项,自动在所选的网格的左侧、右侧或底面生成边界条件。根据网格组中定义的岩土属性生成不同的弹簧系数值。

可以把分析模型的左侧和右侧设置为传递边界,在底面和自由面可以生成黏性边界。

用于执行岩土-结构分析的 2D 模型,很难准确模拟实际上几乎无限存在的岩土。因此,需要在工学上选择合适的方法对设置的边界进行处理,使其尽可能模拟实际场地条件。

图 5-45 传递对话框

5.4 荷载

静力荷载工具栏如图 5-46 所示。

图 5-46 静力荷载工具栏

执行线性或非线性静力分析(静力/边坡/固结分析)时,静力荷载包括自重、集中力、弯矩、强制位移、压力、水压力、梁荷载、温度荷载、预应力、初始平衡力、荷载组合等形式。静力荷载的分类见表 5-1。

表 5-1 静力荷载的分类

类型	概要
自重	输入单元的自重作为荷载
集中力	在模型期望的节点上输入集中荷载(作为 X、Y、Z 轴方向分量)
弯矩	在模型期望的节点上输入弯矩(作为 X、Y、Z 轴方向分量)

类型	概要
强制位移	在模型期望的节点上输入强制位移,输入的强制位移按节点坐标系方向作用
压力	在面或线上输入压力
水压力	根据输入的水位线位置自动输入水压力荷载
连续梁单元荷载	多个梁单元连续连接时,指定相应梁单元的两端,输入为分布荷载或集中荷载
梁单元荷载	在梁单元上定义分布荷载或集中荷载
温度荷载	在任意节点输入节点温度进行热应力分析,在分析条件中输入模型节点上的初始温度值
预应力	在结构或岩土单元上输入预加荷载
初始平衡力	输入原场地的初始平衡状态的力
荷载组合	通过荷载组和各组的系数设置荷载组合

动力荷载工具栏如图 5-47 所示。

图 5-47　动力荷载工具栏

执行线性或非线性动力分析时,动力荷载包括反应谱、地面加速度、时变静力荷载、节点动力荷载、曲面动力荷载、荷载-质量转换、列车动力荷载表等形式。一般以指定时变荷载函数的形式,将静力荷载转换为动力荷载或质量以适用于动力分析。动力荷载的分类见表 5-2。

表 5-2 　　　　　　　　　　**动力荷载的分类**

类型	概要
反应谱	在反应谱分析中输入所需的荷载条件及谱数据
地面加速度	输入时间荷载函数形式的地面加速度(可利用数据库)
时变静力荷载	静力荷载乘以时间函数后作为动力荷载
节点动力荷载	在任意节点输入时间荷载函数(荷载乘以时间函数)
曲面动力荷载	在面上以压力形式输入时间荷载函数(荷载乘以时间函数)
荷载-质量转换	将静力荷载转换为质量
列车动力荷载表	通过表格输入或修改列车动力荷载

5.4.1　自重

输入模型中的单元自重作为荷载,或者修改、删除已经输入的自重。

自重可以沿整体坐标系 X、Y、Z 轴的方向设置,作为静力分析中的体力。当执行动力分析需要考虑自重的影响时,可以通过项目设置。重力对话框如图 5-48 所示。

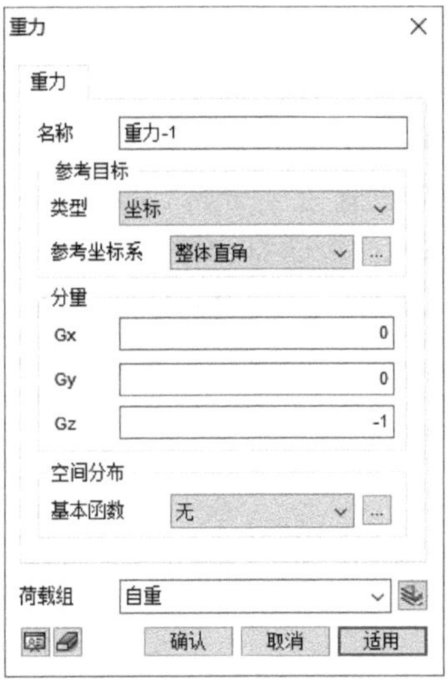

图 5-48　重力对话框

　　根据工作环境（2D 或 3D），在项目设置中输入自重施加方向的系数。因为软件根据输入的体积、密度和重力加速度，自动计算分析模型中的自重，所以自重的方向按单位矢量定义。重力方向的默认值为−1。

5.4.2　集中力、弯矩

　　在单元节点施加集中荷载或弯矩荷载。集中荷载和弯矩荷载作为最基本的荷载，可以对各节点输入三个方向的分量。荷载的方向可以按任意坐标系定义。集中力对话框如图 5-49 所示。

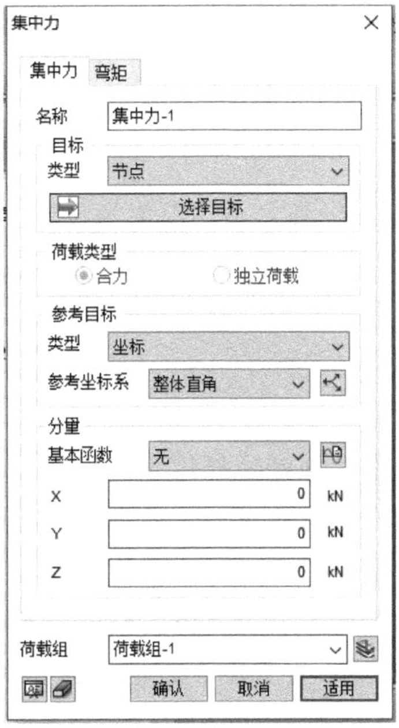

图 5-49　集中力对话框

选择要施加荷载的节点,设置大小和方向。荷载方向可以按默认或参考目标的方式设置。按默认设置的情况下,可参考坐标系输入 X、Y、Z 轴方向的分量。按参考目标设置时,可选择参考目标设置荷载方向。参考目标为线时,分量方向按照线生成的方向设置;参考目标为面时,面法线方向设置为 Z 分量,左右方向设置为 X、Y 分量。

所选的目标形状为线、面等几何形状时,【荷载类型】可以选择【合力】或【独立荷载】。集中荷载的分配方式如图 5-50 所示。【合力】的情况下,输入的荷载为作用于所选线或面上的总荷载,分配到线或面上的所有节点;【独立荷载】的情况下,在线或面内的所有节点上统一施加输入的荷载。

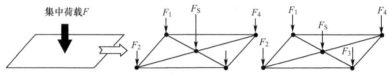

图 5-50　集中荷载的分配方式

当选择的目标为 2 个或 2 个以上时,【合力】根据长度或面积的比率分配输入的荷载,【独立荷载】则施加在每个所选目标上。

【目标类型】包括顶点、线、面、节点与自由面节点。选择的目标还可以是几何形状(线、面等)以及自由面节点。选择线、面时,所选形状应当已经用于单元生成,并且应在所有节点上按照指定的方向或大小施加集中力。选择自由面节点时,选择单元自由面内的任意节点,可自动选择包含该节点并且特征角小于指定角度的单元上的所有自由面节点。

【参考目标】可以根据各种不同的标准设置要施加的荷载的方向。默认以整体直角坐标系为标准输入,也可以选择几何形状(线或面)作为参考方向。选择线或面时,所选的形状坐标系会显示出来,则荷载按照参考显示的坐标系设置;选择矢量时,通过定义 X、Y、Z 轴方向的矢量分量,指定荷载方向;按法线定义时,可以选择的对象只能是面,并自动按照所选面的法线定义荷载方向。

【分量】输入基于定义方向的荷载大小。正值为设定方向,负值为设定方向的反向。通过一般函数,可以定义基于整体坐标系定义随坐标值变化的荷载函数。这时,输入的数值乘以函数值后适用。

5.4.3　强制位移

在单元节点上输入强制位移。强制位移用于在指定节点强制施加的位移,因其会引起结构的变形,所以按荷载归类,但其也具有边界条件的特征,例如,输入强制位移的节点处会出现约束力。按默认整体坐标系定义的强制位移沿着节点坐标系方向起作用。强制位移的功能可用于在分析中施加测量的位移或者模拟单元的塑性(极限)状态。

选择要适用强制位移的节点,设置大小和方向。目标对象的选择类型及设置大小或方向的方式如下。

【目标类型】虽然在节点上定义强制位移,但是选择的目标还可以是几何形状(线、面等)以及自由面节点。选择线、面时,所选形状应当已经用于单元生成,并且在所有节点上按照指定的方向或大小施加强制位移。选择自由面节点时,选择单元自由面内的任意节点,可自动选择包含该节点并且特征角小于指定角度的单元上的所有自由面节点。

【分量】输入基于设置方向的强制位移大小。正值为设定方向,负值为设定方向的反向。通过一般函数,可以基于整体坐标系定义随坐标值变化的函数。这时,输入的数值乘以函数值后适用。

5.4.4 压力

在几何面或面单元、平面应力单元或实体单元的面或线上输入压力荷载。可以定义均布、线性或非线性分布荷载。单位面积的压力荷载是以均匀或非均匀分布状态作用在几何面上的,因此单位是【力/面积】,压力以均匀的方式施加在所有选择的目标面上。

压力荷载也会施加到所选的目标几何面的子节点上,因为,压力荷载会考虑目标面(单元面)的面积,并在分析时自动换算成节点荷载。因此,这两种荷载的分析结果没有差别。根据分析条件中荷载的施加方式,可以在集中荷载或分布荷载中,选择较方便的荷载使用。压力对话框如图 5-51 所示。

图 5-51 压力对话框

压力荷载是以分布荷载的形式在单元面或线上输入的。它可以在 2D 单元或 3D 单元中使用,并可按任意坐标轴方向、任意矢量方向或法向输入。与集中荷载的方向设置相似,均布、线性或非线性分布荷载都可以按图 5-52 所示方式输入,也可以采用基于坐标方向或间距的函数定义荷载变化。这时,输入的荷载数值乘以函数值后适用。

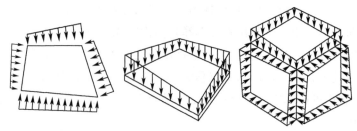

图 5-52　按各单元类型施加的压力荷载

5.4.5　水压力

　　水压力是根据水位线位置自动计算单元边界线或面上的水压力的功能,其对话框如图 5-53 所示。

　　选择要施加水压力的单元边界线或面。在预先设置水位线时,可选择【自动】选项自动根据水位线与单元边界线或面的高度差计算静水压力。选择【手动】选项,则按水位高度直接在单元线或面上指定水压力的大小。

图 5-53　水压力对话框

5.4.6　梁荷载

　　按照整体坐标系或梁单元坐标系,施加集中及分布荷载(弯矩)。连续梁单元荷载是多个梁单元处于连续性连接时,指定相应梁单元的两端并按分布荷载或集中荷载的形式输入的连续梁荷载。连续梁单元荷载也可以施加在处于同一平面中的曲线上。而梁单元荷载以分布荷载或集中荷载的形式施加在单独的梁单元上。梁单元荷载对话框如图 5-54 所示。

　　【目标类型】对于梁单元,直接选择单元或在已生成单元的线上施加荷载。对于连续梁单元荷载,可以选择【加载在线上】或【选择单元】的方式。

　　【在加载线上】是在两点确定的直线单元上指定连续梁单元荷载,依次选择两节点,在直线对应的已有单元上输入荷载。

图 5-54　梁单元荷载对话框

【选择单元】是选择梁单元的起点和终点后选择单元,直接在选择的单元上施加荷载。可以对不在直线上的单元输入连续单元梁荷载。

【方向】可以按整体坐标系(X,Y,Z)或单元坐标系(X,Y,Z)设置。另外设置【投影】,可以在指定的荷载区域内施加到整个梁单元上,或按与荷载施加方向垂直的投影长度。这个选项只对按整体坐标系设置的【分布】荷载有效。

【比率】按照施加荷载区域长度的相对比率输入连续梁荷载的载荷位置。

【长度】以实际长度为标准输入连续梁荷载的载荷位置。

这里,x_1 和 x_2 分别指梁荷载的开始点和结束点的位置,w_1、w_2 指在 x_1、x_2 中的荷载大小。如果 w_1、w_2 为负数,就会按设置方向的反方向施加荷载,也可以按大小差异设置线性分布荷载。施加连续梁单元荷载的示例如图 5-55 所示。

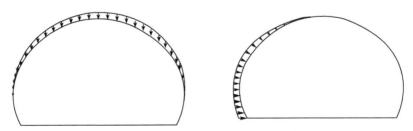

图 5-55　施加连续梁单元荷载的示例

MIDAS GTS NX数值模拟技术与工程应用

5.4.7　温度荷载

【节点温度】、【单元温度】是为了执行热应力分析,在节点以及单元上输入最终温度,其对话框如图5-56所示。全部节点的初始温度可在【设置分析】中指定。如果输入节点温度,就会基于单元的初始温度计算由温度差引起的荷载,但如果没有进行位移约束,则不会产生温度应力。单元温度荷载与节点温度荷载类似,只对指定的单元设置均匀的温度,这与在所有与该单元连接的节点输入温度荷载的效果是相同的。

如果选择的目标形状为几何形状,则该几何形状必须是已经用于生成单元的形状。输入选择的目标形状内包含的所有节点的初始温度,则荷载按基于初始温度的温度差计算。直接输入温度或使用函数可以模拟基于整体坐标系的温度变化。使用函数的情况下,按输入的数值乘以函数值后定义。

【温度梯度】可以用于定义梁单元或板单元的上端及下端的温差,只能对可考虑抗弯刚度的梁单元或板单元执行温度梯度荷载分析,其对话框如图5-57所示。对于梁单元,参考单元坐标系Y轴和Z轴,输入最外层部分的温差和距离;对于板单元,输入板的上部面和下部面的温度差和板厚度,考虑温度梯度荷载。

图5-56　温度对话框(1)　　　　图5-57　温度对话框(2)

可直接选择单元或选择已经用于生成单元的线和面。选择形状的情况下,按所选形状包含的全部节点输入荷载。对于梁单元,参考单元坐标系Y轴和Z轴,输入最外层部分的温差和距离,勾选【使用截面高度H_z】和【使用截面高度H_y】选项时,使用分配在单元上的结构截面信息。对于板单元,按厚度方向输入温度差,可以直接使用板单元的厚度或直接输入梯度值。温度梯度参数说明如图5-58所示。

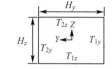

图5-58　温度梯度参数说明

5.4.8 预应力

用于需要输入预应力荷载的情况。对于桁架和梁单元,可以施加轴力和弯矩作为初始荷载,并定义平面应变单元、轴对称单元、实体单元等的初始应力。预应力对话框如图5-59 所示。

图 5-59 预应力对话框

对于桁架和梁单元,勾选【先张法类型】选项时,忽略施工阶段变化的影响,保持输入的预应力。不勾选时,预应力会根据输入的应力状态发生变化。

可以采用的单元类型包括桁架、植入式桁架、梁、平面应变、平面应力、轴对称和实体。不同类型对应的荷载分量也有所不同。根据所选的单元类型,目标形状可以直接选择单元或选择几何形状(线、面、实体)。选择几何形状的情况下,所选形状应为生成单元时使用的形状,并按形状包含的所有单元节点输入荷载。

【分量】按坐标轴方向定义荷载。基于整体坐标系,通过定义函数模拟荷载的线性增减。不同单元类型的荷载分量按如下区分。

(1)N_{xx}:作用于一维单元轴的初始轴力。

(2)M_x,M_y,M_z:基于各单元坐标系的弯曲作用力(弯矩荷载)。

(3)S_{xx},S_{yy},S_{zz}:各坐标轴方向正应力。

(4)S_{xy},S_{yz},S_{zz}:各面内的剪应力。

平面、轴对称、实体单元的初始预应力荷载的作用方向,可按整体坐标系或单元坐标系设置。

5.4.9 初始平衡力

按照单元的类型,利用预应力功能,施加内力或应力作为初始条件,其对话框如图5-60 所示。如果给定初始应力状态,就会出现相对的初始应力。初始平衡力是把由预应力功能定义的初始应力产生的力作为外力。当不存在额外的力时,初始应力会与初始状态的力平衡,保持初始平衡状态。并且,通过【考虑自重】选项,假设初始应力是由重力引起的。基于这个假设,在施工阶段中钝化的单元,将适用考虑了单元自重的荷载释放系数。

图 5-60 初始平衡力对话框

单元类型与【分量】与第 5.4.8 节相关内容相同。

5.4.10 荷载组

对分析中要使用的荷载数据可提前按组进行分类,例如网格组、边界组等。输入实际荷载时,可以按输入的名称单独添加。荷载组已经分类时,各荷载组可按一定的系数生成荷载组合。荷载组对话框如图 5-61 所示。

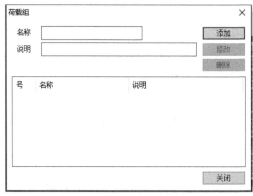

图 5-61 荷载组对话框

5.4.11 荷载组合

基于已生成的荷载组,创建新的荷载组合。指定各荷载组的系数,可以创建基于荷载系数的荷载组合。通常基于设计规范生成荷载组合,其对话框如图 5-62 所示。

图 5-62　建立荷载组合对话框

5.4.12　反应谱

　　输入反应谱分析中所需的反应谱函数(谱数据)、反应谱荷载的方向,整体反应谱对话框如图 5-63 所示。动力荷载作用于结构时,反应谱分析是按固有周期、固有频率或物理量的最大响应固有频率的函数表示。分析可以按位移反应谱、拟速度反应谱或拟加速度反应谱表示。反应谱分析所需荷载、边界条件与静力分析类似,但不同的是反应谱分析的荷载为时间的函数,并且在分析中包含惯性力和阻尼力。可从瞬态响应反应分析中得到的重要结果包括节点位移、速度和加速度,以及单元的内力和应力。可在分析控制中设置各振型的最大响应物理量(位移、应力、内力等)的振型组合方式和阻尼等。

图 5-63　整体反应谱对话框

【方向】按整体坐标设置反应谱荷载的方向。对从特征值分析得到的固有频率,输入【周期调整系数】增减所有固有周期。

【谱函数】设置分析的谱数据。单击 键可以定义谱函数,其对话框如图 5-64 所示。

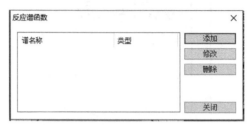

图 5-64　反应谱函数对话框

如图 5-65 所示,可在对话框左侧的输入栏中直接输入周期和谱数据。为了便于理解,输入的谱函数按周期-谱数据的图表形式表示。在反应谱分析中,固有周期对应的谱函数值按线性插值使用。所以,建议将谱曲线急剧变化的部分分成若干个区间的稠密的谱值。谱函数的周期范围应当包含结构的所有固有周期。

【谱数据类型】分为【无量纲加速度】(谱加速度/重力加速度)、【加速度】、【速度】、【位移】,改变谱数据类型时,只会改变数据的单位形式,不改变数据值。【比例系数】是输入数据的缩放系数,【最大值】用于将全部数据按期望的最大值进行调整。

在【阻尼比】中输入用于反应谱的阻尼比。当要执行分析的结构阻尼比不同时,将对输入的谱数据进行调整,以符合结构阻尼比。

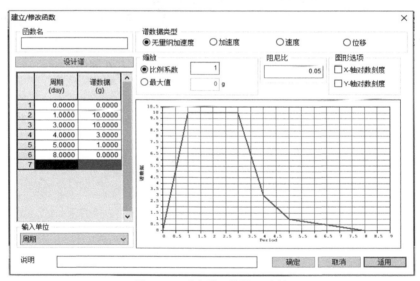

图 5-65　反应谱函数设置示例

5.4.13　地面加速度

地面加速度是用于时程分析的时间荷载函数,主要用于地震导致的地面液态化或结

184

构抗震设计,其对话框如图 5-66 所示。时程分析是指当结构受动荷载作用时,按结构的动力特性和所施加的动力荷载,计算任意时间内结构的响应(位移、内力等)。

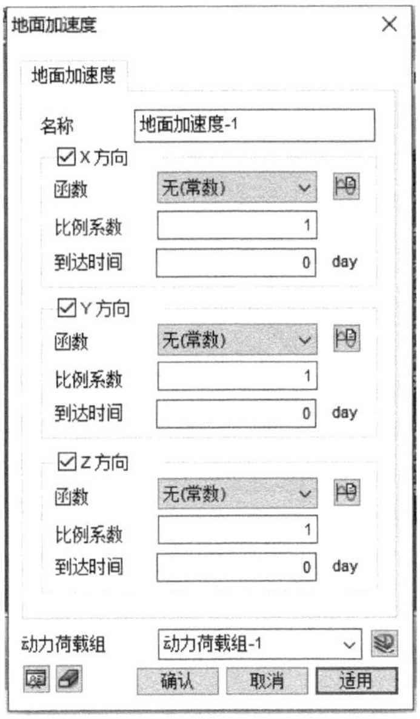

图 5-66　地面加速度对话框

【方向】定义地面加速度的输入(传递)方向。地面加速度荷载可参考整体坐标系,按多个方向(X,Y,Z)组合设置。地面加速度的增减系数可用【比例系数】定义,地面加速度的延迟时间可通过设置【到达时间】来控制。

单击图标,可定义地面加速度函数。

时间荷载函数对话框如图 5-67 所示。单击【添加时间荷载函数】,弹出如图 5-68 所示对话框,在对话框左侧的输入栏中直接输入时间和相应荷载值构成时间荷载。【时间荷载函数数据类型】分为【加速度】、【集中力】、【弯矩】及【无量纲加速度】(时程加速度/重力加速度)。更改【时间荷载函数数据类型】时,只会改变数据的单位,不改变数据值。【比例系数】是输入数据的缩放系数,【最大值】用于将全部数据按期望的最大值调整。

【添加谐振荷载函数】可以利用谐振曲线函数定义时间荷载。A、C 为常数,f 为输入荷载的频率,D 为阻尼比,P 为相位角。时间荷载按函数形式输入时,输入所需的谐振曲线函数变量,单击【重绘图形】,相应对话框中就会显示出时间荷载图形。

图 5-67　时间荷载函数对话框

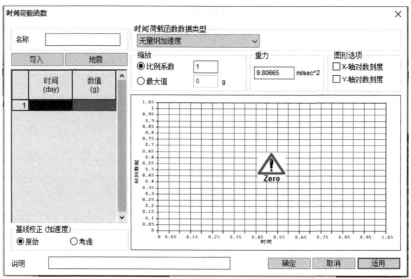

图 5-68　时间荷载函数示例

5.4.14　时变静力荷载

利用预先输入的静力荷载,生成用于时程分析的时间荷载函数。此动力荷载按静力荷载乘以时间荷载函数定义。这里,时间荷载函数应为无量纲,即在【时间荷载函数数据类型】中只能选择【无量纲加速度】。这个功能是按照将静力荷载-时间荷载函数组合的方式代替【节点(曲面)动力荷载】的功能。时变静力荷载对话框如图 5-69 所示。

图 5-69　时变静力荷载对话框

选择适用于荷载组的静力荷载。输入静力荷载时,荷载的位置、方向及大小是已经确定的,并选择使用时间荷载函数。荷载的增减系数可用【比例系数】定义,荷载的延迟时间可通过设置【到达时间】来控制。

5.4.15 节点/面动力荷载

直接生成用于时程分析的时间荷载函数。可定义静力荷载(集中力或压力)的时间荷载函数。节点动力荷载的【时间荷载函数数据类型】应为【集中力】或【弯矩】;【曲面动力荷载】应为【无量纲加速度】。另外,通过一般函数可定义随位置变化的线性或非线性分布形式的动力荷载。此功能通常可用于定义振动、打桩、爆破、列车移动荷载等。延迟时间可通过设置【到达时间】来控制。节点动力荷载对话框如图 5-70 所示。

图 5-70 节点动力荷载对话框

1.节点动力荷载

选择要施加荷载的节点,并设置方向。荷载大小为时间荷载函数乘以各荷载分量。

【目标类型】虽然在节点上定义荷载,但是选择的目标还可以是几何形状(线、面)以及自由面节点。选择线、面时,所选形状应当已经用于单元生成,并且在所有节点上按照特定的方向或大小施加集中力。选择自由面节点时,选择单元自由面内的任意节点,可自动选择包含该节点并且特征角小于指定角度的单元上的所有自由面节点。

【参考目标】可以根据各种不同的标准设置要施加的荷载的方向。默认以整体直角坐标系为标准输入,也可以选择几何形状(线、面)作为参考方向。选择线、面时,坐标系会显示出所选的形状,荷载按照参考显示的坐标系设置;选择矢量时,通过定义 X、Y、Z 轴方向的矢量分量指定荷载方向。

【分量】输入基于定义方向的荷载大小。在荷载分量中,正值为设定方向,负值为设定方向的反向。通过一般函数,可以基于整体坐标系定义随坐标值变化的荷载。这时,输入的数值乘以函数值后适用。

基于设置的方向输入荷载的比例系数。一般情况下,在时间荷载函数中会预先定义随时间变化的荷载值;当比例系数设置为 1 时,时间荷载函数中输入的值为实际荷载大小。

【时间荷载函数】基于实际时间变化定义荷载变化。

单击 图标,选择【时间荷载函数】,【时间荷载函数数据类型】应选择【集中力】或【弯矩】。

2.面动力荷载

面动力荷载是在单元面或线上输入基于时间变化的分布荷载。可以用于二维单元或三维单元,并且输入方向可以基于任意坐标系的轴向、任意矢量方向或法线方向。

【分量】与节点动力荷载的操作方法一样。

单击 图标,选择【时间荷载函数】,【时间荷载函数数据类型】应选择【无量纲】,直接输入压力荷载分量大小的比例系数时,如果值为 1,则荷载按实际大小输入。

5.4.16 荷载-质量转换

执行反应谱、时程分析等动力分析时,可以把预先定义的静力荷载转换成质量后反映到分析中,其对话框如图 5-71 所示。

图 5-71 荷载-质量对话框

【质量方向(整体坐标系)】指定要转换的质量的方向分量。执行考虑地震影响的分析(反应谱分析、利用地震数据的时程分析)时,因为主要考虑横向响应的影响,通常选择 X、Y 轴方向,而忽略竖向质量分量。但是,执行打桩或楼板振动的分析时,因由重力方向决定主振型,所以 Z 轴方向也应被选择。因此,质量的方向应按期望的分析类型设置。

【静力荷载的转换类型】选择质量转换的静力荷载组,分为【集中力】、【梁单元荷载】、【压力】。当荷载转换为质量时,可以考虑比例系数,以及定义质量转换时使用的重力加速度值。

5.4.17　列车动力荷载表

方便生成用于分析模型的列车动力荷载。列车动力荷载也可通过【动力分析】→【工具】→【动力荷载数据生成器】→【列车动力荷载】的方式生成。列车动力荷载表格对话框如图 5-72 所示。生成的荷载可判断列车速度和节点间距,并自动按节点动力荷载加载到分析模型上。

首先,【对象】选择列车动力荷载通过的线或节点,并选择【开始节点】和【结束节点】。然后,在【名称】中定义列车名称。单击【列车类型】选择列车类型。列车动力荷载表格提供 6 种基本数据库:Mugunghwa 型号列车,2 车厢柴油车,韩国;Saemaeul 号列车,8 车厢,韩国;KTX,20 车厢,韩国;EL-18 标准型,6 车厢,韩国;EL-18 标准型,8 车厢,韩国;EL-18 标准型,10 车厢,韩国。根据【车轮数】,用户可直接输入【轴间距】和【轴荷载】。

【车轮数】代表列车的车轮数量,与表格中对应的数量相同。在【列车速度】中输入列车的速度。在【比例系数】中输入列车动力荷载的比例系数。【最大值】修改列车移动荷载,使最大荷载变为用户期望的值。在【时间】中输入开始施加列车动力荷载的时间。【方向】定义列车动力荷载施加的方向。一般按重力方向施加,所以用户可以在三维模型中按重力方向指定。

图 5-72　列车动力荷载表格对话框

【轴间距】输入列车车轮间的距离。在第一启动轮的长度处输入"0.000"。

【轴荷载】输入列车车轮的轴荷载,按集中力除以 2 的数值输入。

【添加】在列表中添加一行。

【修改】修改列表中的数值。

【删除】删除列表中选择的行。

【插入】在选择的行前插入一行。

【动力荷载组】选择或输入要注册到荷载组的名称。

5.5 助手及工具

助手及工具功能是方便分析、建模及设计的工具箱。助手功能包括生成隧道形状及施工阶段的隧道建模助手、方便生成锚杆的锚建模助手。助手工具栏如图5-73所示。

工具功能由动力分析中执行反应谱分析的地震波数据生成器、计算爆破及列车振动荷载的动力荷载数据生成器、分析一维岩土响应的一维自由场分析等组成。工具工具栏如图5-74所示。

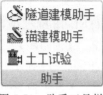

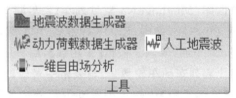

图 5-73 助手工具栏   图 5-74 工具工具栏

5.5.1 隧道建模助手

隧道建模助手用于生成简单的三维隧道模型。可以建立考虑原状地层和地表的三维隧道模型。隧道建模助手由四部分组成,包括一般、喷射混凝土及锚杆、开挖、网格,只有在所有对话框中正确地输入数据才能生成隧道模型。用户经常使用的数据可以按默认值设置,也可以创建单独的隧道建模助手的文件。在分析类似的隧道时,只需要修改现有模型的一部分参数,就可以很快地创建模型。

隧道建模助手在未建模的情况下可以使用。已存在模型的情况下,不能运行隧道建模助手。

1.一般

设置隧道的数量、截面的形状以及开挖方法,其对话框如图5-75所示。

首先,用户需要决定【类型】是全部(全断面)还是整体形状的一半(右)。需要注意的是,如果对隧道建模助手生成的模型进行修改,会导致无法使用指定的施工阶段和结果数据等。

【形状】决定隧道截面的形状,可选择圆形、三心圆、五心圆。隧道截面形状如图5-76所示。选择【输入示意】时,隧道的形状和输入值的关系会显示在对话框中,并可以此为参考输入参数。定义隧道形状的输入值与【几何】→【顶点与曲线】→【隧道截面】相同。

【属性】输入隧道周围岩土的材料属性。如果采用隧道建模助手生成隧道模型,隧道周围为基本的矩形岩土区域,岩土上部的地层和地表形状可根据选项添加到模型中。材料及属性的定义与在【属性】→【坐标系】→【函数】中定义的材料与属性相同。

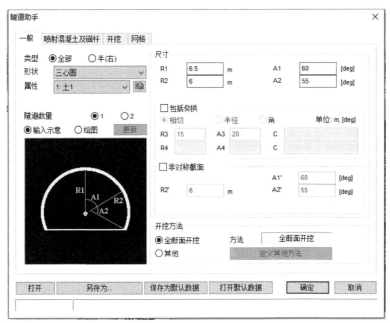

图 5-75　隧道助手对话框(1)

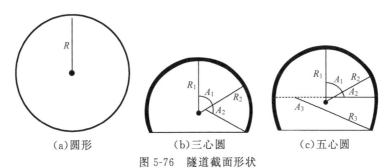

(a)圆形　　　　　　(b)三心圆　　　　　　(c)五心圆

图 5-76　隧道截面形状

【开挖方法】决定隧道截面的开挖方法。除【全断面开挖】之外,还提供【台阶式开挖1】、【台阶式开挖 2】、【环形开挖 1】、【环形开挖 2】、【CD 法】等开挖方式,如图 5-77 所示。

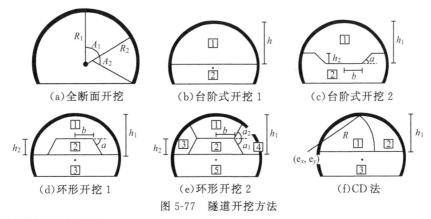

(a)全断面开挖　　　(b)台阶式开挖 1　　　(c)台阶式开挖 2

(d)环形开挖 1　　　(e)环形开挖 2　　　(f)CD 法

图 5-77　隧道开挖方法

2.喷射混凝土及锚杆

在如图 5-78 所示的对话框中,可选择是否喷射混凝土和是否生成锚杆,以及设置数据信息和材料、布置形状等。

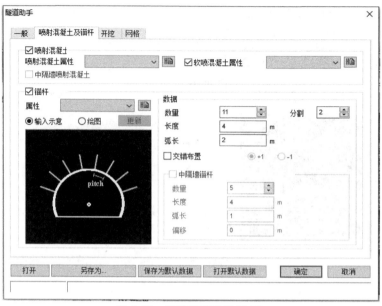

图 5-78　隧道助手对话框(2)

可以选择是否生成喷射混凝土、软喷混凝土或锚杆,并输入属性。喷射混凝土和软喷混凝土用板单元定义,锚杆用植入式桁架单元定义。

材料及属性与【属性】→【坐标系】→【函数】中定义的材料与属性相同。喷射混凝土及锚杆的属性必须按结构属性定义。

【中隔墙喷射混凝土】在隧道的开挖方法为 CD 法时被激活,可以选择是否在中隔墙中设置喷射混凝土。

在【锚杆】处输入【数量】、【分割】、【长度】、【弧长】(锚杆的间距)。

【交错布置】决定在各施工阶段的锚杆是否交错布置。指定为【+1】的情况下,在第一个施工阶段中,按指定的数量生成锚杆,在第二个施工阶段中增加一个锚杆,在第三个施工阶段中锚杆数量重新变为指定的数量。指定为【-1】的情况下,在第一个施工阶段中按指定的数量生成锚杆,在第二个施工阶段中减少一个锚杆,在第三个施工阶段中锚杆数量重新变为指定的数量。

【中隔墙锚杆】在隧道的开挖方法为 CD 法时被激活,可以选择是否在中隔墙中设置锚杆。

通过【输入示意】或【绘图】,可以实时查看绘制的截面形状。

锚杆布置位置如图 5-79 所示。

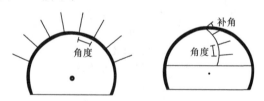

图 5-79　锚杆布置位置

3.开挖

按各施工阶段决定隧道的开挖,其对话框如图 5-80 所示。

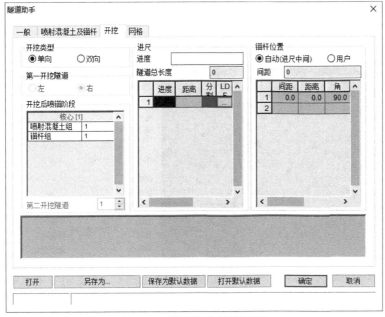

图 5-80 隧道助手对话框(3)

设置【开挖类型】,可选择单向开挖或双向开挖。在双向开挖的情况下,软件会自动生成施工阶段直到隧道打通。

当建立两个隧道时,应指定要先开挖的隧道。

【第一开挖隧道】指定左、右隧道的开挖顺序。

【开挖后喷锚阶段】输入开挖后喷射混凝土和锚杆的阶段间隔。如输入"1",则开挖后在下一个施工阶段中生成喷射混凝土或锚杆。生成软喷混凝土时,软喷混凝土在输入的阶段中被激活,并在下一个阶段硬化。

【第二开挖隧道】当建立两个隧道时,输入第二个隧道开挖的起始阶段。如输入"2",则在先开挖的隧道开挖后,在第二个施工阶段开挖另一个隧道。喷射混凝土和锚杆将根据第一开挖隧道定义的值生成。

【进尺】按各施工阶段指定开挖长度。输入进度后,就会自动计算并显示隧道总长度。各施工阶段的开挖长度以逗号或空格隔开。重复的长度可以用"次数@长度"输入。例如,如果需要按 2,2,2,2,3,4 的进尺方式开挖,就可以输入"2,2,2,2,3,4",或输入"4@2,3,4"。

【分割】是指在各施工阶段中沿着开挖方向生成的单元个数。需要荷载释放的情况下,单击▦可以输入各阶段的荷载释放系数。

【锚杆位置】输入在各施工阶段中锚杆的生成位置。可以在各阶段的开挖长度的中间位置自动生成锚杆,也可以直接输入间距和角度,调整锚杆的生成位置。

【间距】根据隧道的开始部分和前一阶段锚杆的生成位置表示锚杆生成的位置。

【角度】隧道的长度方向和锚杆形成的角度。

4.网格

输入网格、地层和地表面形状,其对话框如图 5-81 所示。

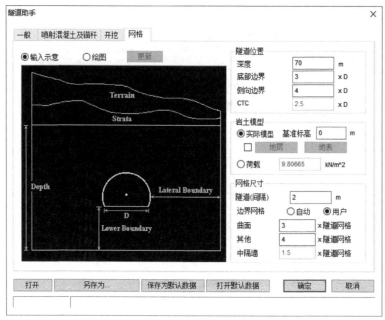

图 5-81　隧道助手对话框(4)

【隧道位置】由输入模型的深度,隧道底面到模型底部边界和左、右边界的距离,以及双隧道时隧道之间的间距确定。各边界的距离按隧道底面宽度的倍数确定。

【岩土模型】建立上部地层。

【实际模型】按实际生成的单元网格进行建模。

【荷载】不直接进行地表面形状的建模,而以等效为压力荷载的方法处理。

地层或地表形状的位置按输入的高度加上【基准标高】确定。

【地层】位于隧道上方的部分,多层地层可通过单击【新建】按钮添加,其对话框如图 5-82 所示。各地层的材料及属性与【属性】→【坐标系】→【函数】中定义的材料和属性相同。

(1)在【X】中输入模型宽度方向的坐标值。从正面查看隧道时,左侧下端的角点为原点。

(2)在【值】中输入各 X 轴坐标对应的高度值。输入后会在右侧窗口中显示相应的形状。

(3)在【Z】中输入隧道长度方向的坐标值。从正面查看隧道时,左侧下端的角点为原点。

(4)在【偏移】中输入各 Z 轴坐标对应的高度值。高度值为相对于已输入的基准值的变化量。

【地表】建立地表面。地表面所采用的虚拟栅格与栅格面相同时,输入的高度为栅格的交点。地表高度可以通过导入文本文件生成,也可以直接输入高度。定义地表对话框如图 5-83 所示。

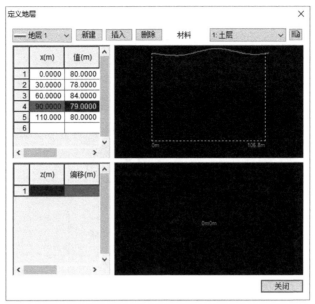

图 5-82　定义地层对话框

定义地表(栅格面-标高数据)

| 尺寸 10 x 10 | 更新尺寸 | 材料 | 1:土层 |

	1	2	3	4	5	6	7	8	9
1	0	0	0	0	0	0	0	0	0
2	0	0	0	0	0	0	0	0	0
3	0	0	0	0	0	0	0	0	0
4	0	0	0	0	0	0	0	0	0
5	0	0	0	0	0	0	0	0	0
6	0	0	0	0	0	0	0	0	0
7	0	0	0	0	0	0	0	0	0
8	0	0	0	0	0	0	0	0	0
9	0	0	0	0	0	0	0	0	0
10	0	0	0	0	0	0	0	0	0

打开　　　另存为…　　　关闭

图 5-83　定义地表对话框

地表的材料及属性与【属性】→【坐标系】→【函数】中定义的材料和属性相同。

在【尺寸】中输入生成隧道的网格大小。

在【隧道(间隔)】中用户可直接输入隧道网格大小。边界网格部分按隧道部分的倍数生成。软件也可自动设置边界网格的大小。

【打开】导入保存的隧道建模助手的存储文件(＊.wzd)。

【另存为】用其他隧道建模助手的存储文件名(＊.wzd)保存当前输入的值。

5.5.2 锚建模助手

可轻松生成简单的锚杆,其对话框如图 5-84 所示。

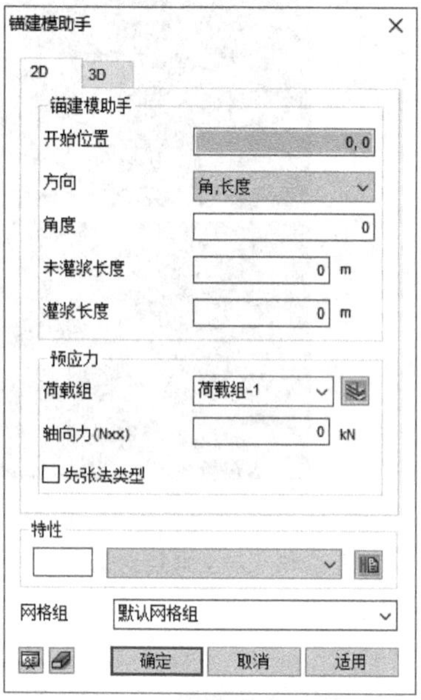

图 5-84 锚建模助手对话框

用户可直接输入开始位置(锚的端部节点位置)或单击工作窗口指定。

锚的布置方向可选择【角,长度】、【相对值 d_x,d_y】、【绝对值 x,y】。

【角,长度】以前一阶段中输入的点为基础,输入长度和角度。这时,角度指工作平面 X 轴按逆时针方向的旋转角。

【相对值 d_x,d_y】按工作平面的二维坐标,相对于前一阶段中点的位置输入距离。

【绝对值 x,y】在工作平面输入二维绝对坐标值。

锚的长度分为【未灌浆长度】和【灌浆长度】。【未灌浆长度】通常按播种方法定义"分割数量"为1,生成1个单元;【灌浆长度】按播种方法"单元长度"为1,生成单位长度的单元。

【预应力】指锚的初始预应力。正值指拉伸,负值指压缩。

勾选【先张法类型】选项时,在荷载被激活的施工阶段中,输入的轴力不发生损失。生成的预应力可以按用户期望的名称注册到指定荷载组中。

【网格组】在期望的网格组中注册生成的锚杆,并且用户可以为这个网格组命名。

5.5.3 UMD

UMD 功能可对用梁单元建模的构件进行设计。为了执行衬砌设计助手功能,必须设置 UMD。UMD 对话框如图 5-85 所示。

选择进行设计的梁单元后指定分析工况。按照分析的施工阶段,在各阶段结果中选择特定阶段。可以设计 RC/梁、RC/墙。根据所选的选项,执行 UMD,构件力将自动被输入 UMD。

图 5-85　UMD 对话框

5.5.4　地震波数据生成器

利用软件中内置的地震波数据库生成地震加速度、地震反应谱及设计反应谱,如图 5-86 所示。

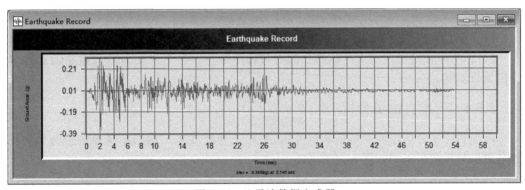

图 5-86　地震波数据生成器

【File】以各种形式保存 SGS 生成的数据,可打印或导入已有数据。

【Generate】利用内置于 SGS 中的地震波数据库,生成地震加速度、地震反应谱及设计反应谱。

【Earthquake Record】用图形显示地震波数据,如图 5-87 所示。从【Earthquake】列表中选择"地震波",输入振幅和时间刻度后单击【OK】键。

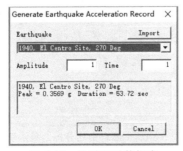

图 5-87　地震记录数据库

生成的数据全部是无量纲加速度。数据的时间间隔,北美地震波为 0.02 s,日本地震波为 0.01 s。其他地震波数据可通过单击【Import】键,从"＊.dbs"文件(地震波数据生成器的数据库)中导入。

5.5.5 动力荷载数据生成器

以建议的爆破荷载公式生成爆破荷载函数,并根据铁路荷载数据库创建列车荷载函数。动力荷载数据生成器如图 5-88 所示。

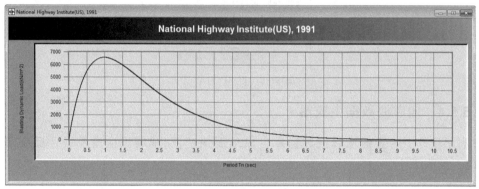

图 5-88 动力荷载数据生成器

【File】以各种形式保存 DGS 生成的数据,或导入已有数据

【Unit System】指定动力荷载数据的力和长度单位。在生成动力荷载数据前必须要指定单位系统。

5.5.6 一维自由场分析

一维自由场分析也叫原场地响应分析,是用于开挖或施工前的原场地响应分析。一维自由场分析结果示例如图 5-89 所示。

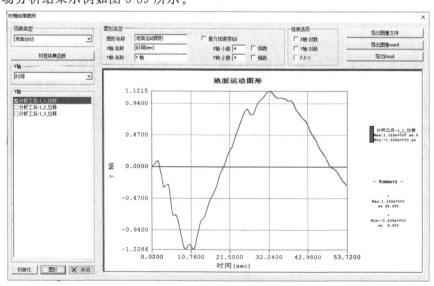

图 5-89 一维自由场分析结果示例

首先,在模型中输入地层信息、材料属性、动力特性函数和地面加速度函数。然后,创

建分析工况,并执行分析。

设置项目的基本信息,其对话框如图 5-90 所示。分析结果将受到项目设置的影响,所以在执行分析前要正确地设置项目基本信息。在启动新项目之前最好预先设置项目,但在建模过程中也可以改变设置。

设置项目中要应用的单位系统,其对话框如图 5-91 所示。单击【单位转换】按钮,设置不同的单位系统,但时间单位设置不可改变。

图 5-90 项目设置对话框

图 5-91 单位系统对话框

可以使用撤销命令或使用重做命令恢复到执行前的状态。

1.模型:地层材料

建立自由场分析的地层模型,定义各地层的材料属性数据,生成地层属性,其对话框如图 5-92 所示。

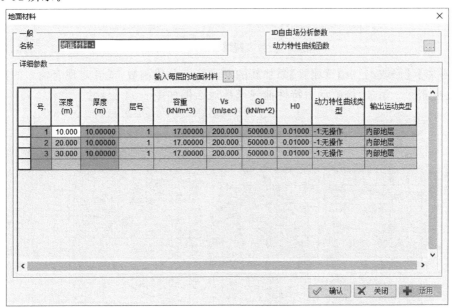

图 5-92 地层材料对话框

在【逐层输入地层材料数据】中输入地层的材料属性值。地层个数最多为 50 个。

【名称】输入地层的名称。

【编号】从 1 开始连续自动分配固定编号。

【深度】输入地层的深度。深度值应大于 0 并且应累积定义。输入深度后将自动计算地层的厚度。

【容重】输入地层的容重。

【V_s】输入地层的剪切波速度。

【G_0】输入最大剪切模量。

【H_0】输入岩地层的初始阻尼比。

【动力特性曲线】可以选择考虑地层的非线性和非弹性响应的剪切模量和阻尼比的函数(剪切应变,可参考动力特性函数)。

【输出运动】

(1)出露地表:指定以露头的形式输出分析结果的地层。

(2)内部地层:分析完成后,以地层内反应的形式输出分析结果的地层。

2.模型: 动力特性曲线函数

为考虑岩土的非线性及非弹性行为的效果,单击定义基于剪切应变的剪切模量和阻尼比的函数。动力特性曲线函数对话框如图 5-93 所示。

图 5-93　动力特性曲线函数对话框

【添加】、【修改/显示】、【删除】添加新的动力特性曲线函数,或者对现有输入的数据进行修改或删除。添加/修改动力特性曲线函数对话框如图 5-94 所示。

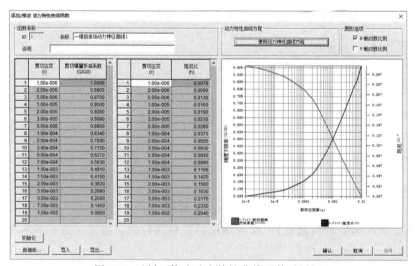

图 5-94　添加/修改动力特性曲线函数对话框

【ID】定义函数编号。

【名称】输入函数名称。

【说明】简单描述说明剪切应变函数。

【初始化】对输入的数据进行初始化。

【数据库】导入已有的数据库,其对话框如图 5-95 所示。

图 5-95　使用动力特性曲线函数对话框

【导入】导入已保存的数据文件。

【导出】将已输入的数据以文件的形式保存。

3.模型：地面加速度函数

输入时变荷载,对添加的地层进行地震分析,其对话框如图 5-96 所示。

图 5-96　地面加速度函数对话框

可添加加速度数据或对现有的数据进行查看、修改或删除,其对话框如图 5-97 所示。

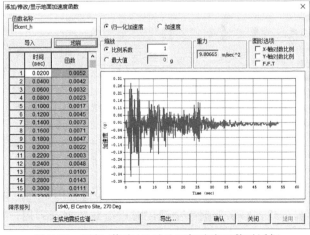

图 5-97　添加/修改/显示地面加速度函数对话框

【函数名称】输入函数名称。未预先输入的情况下,也可以导入相应的函数。

【无量纲加速度】谱加速度除以重力加速度,不能用于其他类型。

【加速度】时间相关的谱加速度。

【比例系数】输入地面加速度函数的增减系数。

【最大值】将全部数据按期望的最大值调整。

【重力】输入重力加速度。

【图形选项】指定图表是否按照各轴方向用对数刻度显示。

【X-轴对数刻度】指定图形是否按照 X 轴方向按对数刻度显示。

【Y-轴对数刻度】指定图形是否按照 Y 轴方向按对数刻度显示。

【F.F.T】指定图形是否根据傅里叶变换公式来变换。

【说明】输入地面加速度函数的简单说明。生成地震波的情况下,将按生成的地震波显示最大加速度、时间等。

【导出】将地面加速度用文本文件(* .txt)导出。

4.生成地震反应谱

根据内置的数据库或者用户直接定义的地震波数据,计算并显示地震反应谱的图形,并输入阻尼比。如果想同时输出多个阻尼比对应的图表,可单击【添加】按钮。

如果勾选【X-轴对数刻度】、【Y-轴对数刻度】,谱的 X 轴、Y 轴就将按对数刻度显示。地震反应谱对话框如图 5-98 所示。

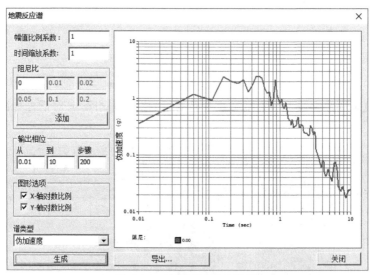

图 5-98　地震反应谱对话框

考虑到用户使用方便,自由场分析提供了三种时程荷载的输入方法:(1)另存为文件和导入常使用的时程荷载;(2)从数据库中调用时程荷载数据;(3)用户直接输入。

对地震荷载的输入只支持由时程加速度除以重力加速度得到的无量纲值。

5.分析

新建一个分析工况,或修改、复制、删除已生成的分析工况,其对话框如图5-99所示。

【名称】输入分析模型的名称。

【说明】输入分析模型的说明。

【地层材料组】选择用于分析的已建地层。

【基岩层号】选择对应基岩的岩层编号。

【出露地表(2E)】设置作为露头状态的地面加速度。

【内部地层(E＋F)】设置地面加速度作为地层内部响应。

【层号】选择地震波输入地层的控制点。

【地面加速度函数】选择输入的地震加速度时程荷载。

【截止频率】设置分析频率的最大频率范围。

【频率间距(为传递函数)】设置传递函数分析的计算频率间距。

【最大迭代数量】计算等效线性属性时,输入最大迭代次数。

【容差】输入剪切模量和阻尼比的容许误差,通过迭代计算求解等效线性的材料属性值。

图5-99　添加/修改分析工况对话框

【有效剪应变系数】输入的是通过最大剪切应变来计算有效剪切应变的相关系数。

【阻尼比】输入计算反应谱的阻尼比。

6.结果: 地层结果

按图形或表格的形式输出分析结果。

(1)收敛的结果和表格(绝对),包括最大加速度、最大速度、最大位移。

(2)收敛的结果和表格(相对),包括最大加速度、最大速度、最大位移。

(3)应变/应力结果表格,包括平均应变、最大应变、最大剪应变。

(4)地层结果表格,包括收敛阻尼比、收敛剪切模量、剪切模量比。

(5)地层表格,包括剪切波速、剪切模量、阻尼比。

7.结果: 时程结果图形

选择输出图形的函数类型,包括地层运动、反应谱、应力/应变、传递函数,其对话框如图5-100所示。

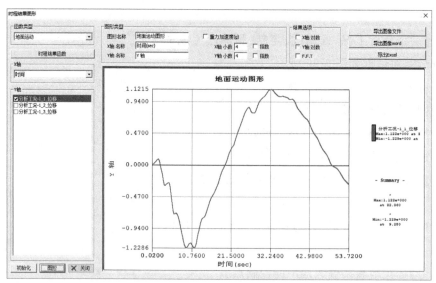

图 5-100　时程结果图形对话框

【时程结果函数】选择函数的地层数据,输出图形的结果类型。结果类型取决于地层运动结果函数类型,具体见表 5-4。

表 5-4　　　　　　　　　　　不同函数类型输出的结果类型

地层运动结果函数类型	结果类型
地层运动	位移、速度、加速度、相对位移、相对速度、相对加速度
反应谱	相对位移、相对拟速度、相对速度、绝对拟加速度、绝对加速度
应力/应变	应力、应变
传递函数	传递函数

所选结果函数将被注册到 Y 轴上。

时程结果图形的【图形名称】、【X 轴名称】和【Y 轴名称】均可由用户定义,数值也可按指数形式表示。

通过【图形选项】,X 轴、Y 轴可按对数刻度或 F.F.T 表示。

对话窗口中显示的已生成的图形可导出为各种格式,如图片文件、Word 文件或 Excel 文件。

5.6　本章小结

本章对分析方法的种类及各类操作进行了介绍。MIDAS GTS NX 的分析方法包括静力/边坡分析、渗流/固结分析、动力分析。用户使用时,应根据不同的工况类型进行选择,在使用时要注意各个类型的区别。

第6章 ● 分析

在 MIDAS GTS NX 中,模型建立完成之后,即可进行分析。分析包括分析工况、分析、历程、工具等操作,其工具栏如图 6-1 所示。

图 6-1 分析工具栏

6.1 分析工况

岩土分析可用于模拟实际现场条件,判断设计或施工条件是否可行。在岩土分析中,涵盖的分析领域从一般性的静力分析,到渗流分析、应力-渗流耦合分析、固结分析、施工阶段分析、动力分析、边坡稳定分析等。本节将简要地概述分析方法并对分析选项进行说明。

6.1.1 新建

单击【新建】,创建执行分析的分析工况,其对话框如图 6-2 所示。设置各分析方法使用的分析条件(网格组、边界条件、荷载条件等)的阶段。特别是施工阶段分析的情况,可以采用不同的方法分析并设定分析要用的数据。而且,可调整详细的分析选项及输出结果选项,通过设置多个施工阶段组对一个模型进行反复分析。

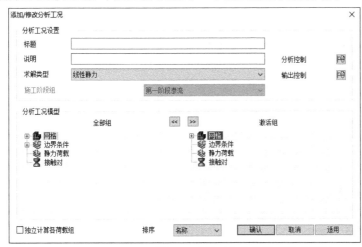

图 6-2 添加/修改分析工况对话框

205

输入各分析工况的标题及说明并选择分析类型。根据所选的分析类型定义分析模型,添加详细的分析设置(时间步骤、分析控制、输出控制)。各分析方法的设置不同,在生成分析工况前必须进行检查。

要把全部组都反应在分析中,可通过▶▶键把所有条件移动到激活组内。如果在分析中只反映指定的条件,可以用拖放的方式将条件移动到激活组中。定义施工阶段时,设置逐阶段分析中要使用的数据后,应选择要执行分析的组。

6.1.2 分析类型

1.线性静力分析

线性静力分析是假定岩土及岩石材料为线性弹性材料,基于静力荷载作用的假定分析。

2.非线性静力分析

非线性静力分析用于模拟忽略时间变化的非线性的岩土行为。

(1)材料非线性:应力-应变的关系为非线性。大部分的岩土材料都具有这种非线性。

(2)几何非线性:位移-应变的关系为非线性。不再适用线性假设的大位移或大转动变形。

(3)荷载及边界非线性:包括在界面处的非线性行为或因应变改变引起的力的方向变化,如伴随力。

对于复杂的非线性系统,非线性分析需要进行反复计算,耗时较长。因此,在岩土分析中,选择适当的非线性分析可在保持准确性的同时减少计算量。

3.施工阶段分析

施工阶段分析可以模拟岩土的施工过程,由多个施工阶段构成,可以按各阶段激活或钝化荷载、边界条件或单元,这种荷载、边界或单元的变化适用于任一施工阶段。在 MIDAS GTS NX 中,可以使用多种分析功能进行施工阶段分析。

【应力-边坡分析】施工阶段过程中的应力分析及边坡稳定分析。

【渗流分析】按施工阶段的稳态流及瞬态流分析。

【应力-渗流-边坡耦合分析】施工阶段过程中的渗流-应力耦合及边坡稳定分析。

【固结分析】对施工阶段中堆土及环境变化的固结分析。

【完全应力-渗流耦合分析】考虑非稳态渗流的完全应力-渗流耦合分析。

施工阶段分析时需要考虑的内容包括:

(1)单元的激活及钝化。

(2)荷载的施加及移除。

(3)边界条件的变化。

(4)岩土属性的修改。

(5)荷载释放系数的定义。

(6)每个施工阶段的地下水位。

(7)排水、不排水分析。

(8)位移清零。

(9)应力分析初始阶段(考虑 K_o 条件)。

(10)重启阶段。

第一阶段用于计算岩土原场地初始应力。因为应力分析假设原场地状态为初始状态,因此需要计算原场地应力状态。MIDAS GTS NX 可采用自重分析来计算原场地初始应力。

在施工阶段分析中激活的单元默认的原场地初始应力为 0。但是如果在单元上定义了预应力,则将定义的预应力值作为原场地初始应力。如果定义了自重,由于自身的荷载,所添加的单元就会产生体力。如果添加的单元采用的是修正剑桥模型,则其具有由相应阶段的荷载条件或边界条件确定的初始线弹性属性。激活单元所对应节点的初始节点位移也是 0。如果单元被钝化,并且未定义荷载释放系数,则将不考虑钝化单元的内力。总应力状态会在此基础上重新分布。

在各施工阶段中可进行荷载的激活或钝化,前一阶段的荷载维持不变,以下两种情况除外。

(1)当承受荷载的单元被钝化,例如,当单元内存在由重力引起的体力,且在相应阶段被钝化时。

(2)当面、线、节点承受的荷载因单元被钝化而钝化时。

激活的荷载按前一施工阶段中施加的荷载进行累加。

边界条件可按相同的方式修改,并且也存在与上述相同的例外情况。

【荷载释放系数】用于在施工阶段分析中简化模型,其对话框如图 6-3 所示。荷载释放系数可用于简化三维模型,或减少三维模型在分析过程中的施工阶段。

【修改单元属性】在分析过程中,模型的岩土材料属性可根据时间变化扰动进行改变,如土壤改良或硬化。同时,也存在结构材料属性在施工阶段发生改变的情况,如衬砌喷混的硬化或衬砌厚度的变化等。出于这个目的,特定单元的属性修改的数量无限制。修改的属性会在前一阶段的单元结果(位移、应力、应变等)的基础上进行连续的分析。

【不排水分析】可对选择的单元和施工阶段进行不排水分析。为了进行不排水分析,材料模型的排水参数应设置为不排水的类型,并且需要在定义施工阶段时,在分析控制中勾选不排水条件。

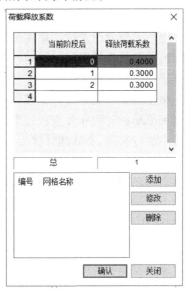

图 6-3　荷载释放系数对话框

对于单一的分析工况,如静力线性或非线性分析、边坡稳定性分析,可勾选【分析控制】→【不排水条件】→【允许不排水材料行为】。

【固结分析】计算孔隙水压力抵抗外部荷载的行为,并分析超孔隙水压力随时间消散的过程。

4.完全应力-渗流耦合分析

完全应力-渗流耦合分析是渗流分析和应力分析的双向耦合分析,并不遵循稳态的孔隙水压力恒定的假设。这类分析可以用于降雨条件下的岩土稳定分析、大型水库水位变化的稳定性分析等。特别是可采用全部的渗流边界条件(水头/流量),不仅用于分析超孔隙水压力的变化,也可分析固结分析中孔隙水压力的整体变化。

5.渗流分析

渗流分析大体上可以分为稳态渗流分析和瞬态渗流分析。

稳态渗流分析是岩土内部及外部的边界条件不随时间发生变化的渗流分析。

瞬态渗流分析是岩土内部或外部的边界条件随着时间发生变化的渗流分析。

6.特征值分析（模态分析）

特征值分析用于分析岩土或结构的固有动力特性,通过特征值分析得到岩土或结构的固有模态(振型形状)、固有周期(固有频率)、振型参与系数等。这些特性取决于结构的质量和刚度。

7.反应谱分析

反应谱分析是利用相对应的谱数据并组合与各模态时间响应的绝对最大值的分析方法。因为不考虑各模态最大值的同时性,只组合绝对最大值,所以,其可以看作线性时程分析(振型叠加法)的近似解。但是,考虑各模态的相关关系而进行的振型组合可以更正各模态同时发生时的误差。

8.线性时程分析

线性时程分析是指当结构受动力荷载作用时,根据结构的动力特性,并利用动力平衡方程式的解计算任意时间的结构响应(位移、内力等)的过程。时程分析采用振型叠加法和直接积分法。

振型叠加法是把结构位移假设为具有位移正交性的线性组合。对选择的振型,可以利用更简单的时间积分方程计算动力响应。振型叠加法多用于结构分析程序,并且可以用较小的计算量,有效地计算大型结构的线性动力响应。但是,整体响应的准确性取决于使用的固有振型数,需要适当地选择计算中所需的固有振型数。

直接积分法是把整个分析区域的自由度作为未知变量的时程分析,是把整个自由度的动力平衡方程按照时间逐步积分后求解的方法。直接积分法是对所有时间步骤都执行分析,因此分析所需的时间与时间步长和数量成正比。

线性时程分析荷载是用于线性时程分析的随着时间变化的动力荷载。

时程分析的时间步骤在振型叠加法和直接积分法中不同。直接积分法利用定义的时间步骤,按照隐式积分的方法执行分析。因此,结果的准确度会根据定义的时间步骤大小而不同。一般情况下,如果时间步骤小于最小周期的10％,就可以得到正确的结果。定义过大的时间步骤会在时间积分过程中发生误差;相反,过小的时间步骤将产生不必要的计算量。采用振型叠加法执行积分分析时,时间步骤对计算结果的准确度没有影响。振型叠加法的时间步骤用于设置查看时程结果的时间。

9.非线性时程分析

在时程分析中也能考虑岩土及土木结构的非线性特征。与非线性静力分析相同,可以全部或选择性地考虑材料非线性、几何非线性或荷载及边界的非线性执行分析。

　　一般情况下,因为大部分的岩土具有材料非线性特性,所以可以通过非线性时程分析来准确模拟岩土的动力响应。

　　【水位】非线性时程分析用于在较短的时间内获得动力响应的分析,所以在动力分析中假设水位为定值。

　　【非线性时程分析的荷载】在非线性时程分析中可以使用随着时间变化的动力荷载。

　　【定义时间步骤】非线性时程分析是按照隐式积分的方法执行分析。因此,结果的准确度会根据定义的时间步骤大小而不同。与直接积分法的线性时程分析相同。非线性分析的收敛求解是按照迭代的方式,需要慎重选择计算的时间步。

10.二维等效线性分析

　　等效线性分析包括自由场分析和二维等效线性分析。等效线性分析是通过反复的线性迭代分析把岩土材料的非线性近似为等效的线性材料。通常在应变的大小为 $10^{-5}\sim 10^{-3}$ 的程度时有效。

　　自由场分析主要用于通过地面振动确定设计反应谱,由动力应力-应变关系评估液态化以及确定导致地层或结构不稳定的地震荷载等。

　　二维等效线性分析不但可以分析岩土,而且支持岩土-结构的相互作用分析。为了把地震破坏降到最低,需要对地下结构实施抗震设计,对应当考虑抗震安全性的结构进行稳定性检查。当结构建在黏性土或沙土等软弱地基上时,基岩中的地震震动可能在地表大幅增大,所以应当详细评价地震震动引起的岩土-结构的相互作用对结构的影响。地下结构与地面结构不同,因为地震荷载的结构响应主要由岩土的位移控制,所以影响地层位移的动力材料属性和建模方法决定了分析的结果。如图 6-4 所示,分析岩土-结构相互作用时,通过有限元方法建立的实际分析区域模型的信息。表 6-1 为影响分析结果的最小有限元模型的尺寸。

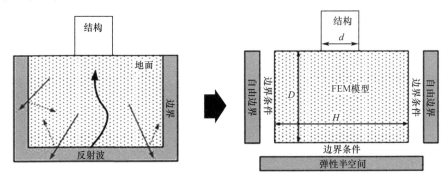

图 6-4　分析区域和有限元模型

表 6-1　　　　　　　　　　　影响分析结果的最小有限元模型的尺寸

边界条件	分析方法	模型的深度	模型的宽度
传递边界	频域	—	$D \geqslant 2d$
黏性边界	时域	$H \geqslant d$	$D \geqslant 5d$
对称边界	有效应力	—	$D \geqslant 10d$

岩土-结构相互作用与普通的结构动力学的主要差异在于岩土的无限性会导致辐射阻尼现象。由材料摩擦等产生的一般的阻尼特性会引起结构运动的衰减,但是辐射阻尼是岩土无限区域内放出的波动能量,并产生能量衰减的现象。因此,动力分析采用等效线性方法来考虑材料的非线性,并且通过频域分析使辐射阻尼的模拟更加容易。

11.边坡稳定分析

填土边坡或开挖边坡的稳定分析是岩土工程最常见的分析之一。如果孔隙水压力、加载、地震、波动力等外力作用在边坡上,边坡的稳定性就会受到很大的影响。如果自重及外力产生的内部剪应力大于边坡土体的抗剪强度,边坡就会被破坏。

在 MIDAS GTS NX 中,边坡稳定分析可以使用以下两种方法。

(1)强度折减法:与非线性有限元法结合的数值分析方法。

(2)应力分析法:基于非线性有限元分析法和极限平衡理论的分析法。

强度折减法是利用有限元法的边坡稳定分析,根据各种形状、荷载以及边界条件计算边坡的最小安全系数和破坏行为的数值。无须预先假定边坡的破坏活动,能自动模拟破坏过程,并且适用于三维轴对称问题。

在强度折减法中,剪切强度和摩擦角逐渐减小直至计算不能收敛为止,此时把这个点当作边坡的临界破坏点。将对应于这个临界点的最大强度折减率作为边坡的最小安全系数。

用有限元法对边坡执行应力分析后,以这个应力分析结果为基础,根据极限平衡理论计算各虚拟滑动面,并计算对应的安全系数。各虚拟滑动面中计算的最小安全系数即为确定的安全系数,并且得到对应的临界滑动面。应力分析法只能在二维环境下使用。

基于一般强度折减法的边坡稳定分析可以作为静力状态的稳定性评价。但是,边坡更易受到动力荷载的作用,如地震等。在动力状态中,岩土受到的应力不仅由自重产生,还由振动的惯性力产生。在 MIDAS GTS NX 中,可以对这种动力平衡状态的边坡进行稳定分析。以强度折减法为基础的边坡稳定分析,不仅适用于二维环境,而且也适用于三维环境。

在非线性时程分析中输入的时间,处于这个时间点的岩土应力状态可作为计算边坡稳定性的初始值。

6.1.3　分析控制

根据所选的分析类型,可以对基本选项、自动设置及各种高级分析选项进行查看和修改。对于施工阶段分析,可以在定义施工阶段时分别进行分析控制。对于分析结果,输出结果列表可按照各单元类型设置,以有效地减少结果文件的大小及输出时间。

对于时间依存的分析,即瞬态渗流、固结、时程分析,用于结果查看和输出的时间步骤可单独设置。分析控制对话框和输出控制对话框如图 6-5 所示。

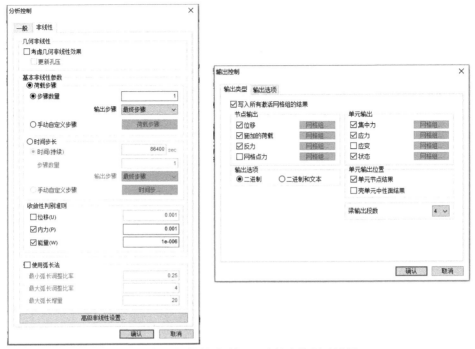

图 6-5　分析控制对话框(1)和输出控制对话框

1.水压力（自动考虑水压力）

在模型的所有自由面或线上把水压力作为外力考虑。水压力以作用在自由面或线上的孔隙水压力为参考,其对话框如图 6-6 所示。

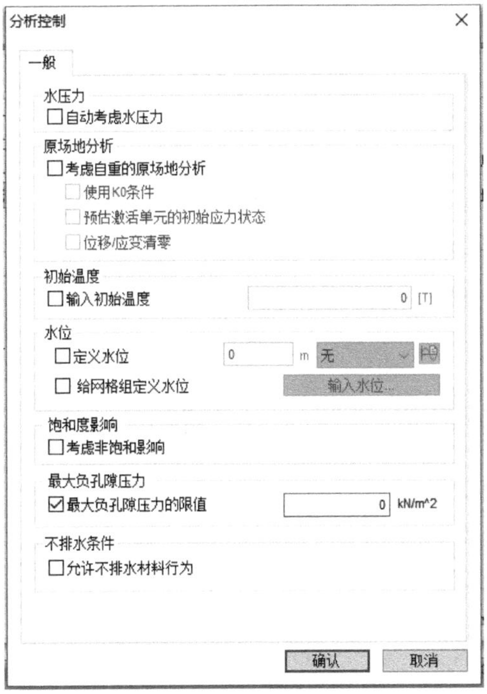

图 6-6　分析控制对话框(2)

（1）若指定水位，则参考水位位置，水压力为常量。

（2）若前一阶段已执行渗流分析，则使用孔隙水压力分布值计算各节点。

（3）若孔隙水压力为负值，则不会自动考虑水压力。

注意：建模完成后，当模型内部不存在与孔隙水压力相关的外部水压力时，应取消勾选这个选项。执行应力分析时，若指定水位线，则用自由节点和相应水位位置的水位差计算孔隙水压力。为了更准确地确定地下水位的影响线，建议采用完全应力-渗流耦合分析，其效果图如图6-7所示。

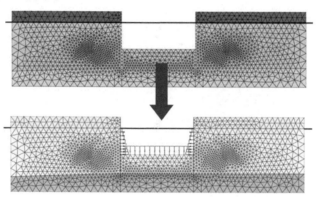

图6-7 采用完全应力-渗流耦合分析效果图

2.几何非线性

执行考虑大变形的几何非线性分析。适用于非线性应力、固结、边坡强度折减法分析等。可在考虑地下水位的模型中，随着变形重新计算孔隙水压力。

3.节点初始位置判断

计算非线性应力、固结、连续施工阶段分析中节点的初始变形位置。将已经计算节点的变形位置作为新激活节点的初始状态，在变形较大时可得到更合理的结果。

4.收缩徐变网格组龄期

为了反映该施工阶段前发生的徐变及收缩效果，可输入材料的龄期，其对话框如图6-8所示。在施工阶段开始时，材料的龄期为"0"。一般情况下，铺设混凝土后，可输入时间因素，即混凝土的凝固时间。在施工阶段分析中可以为不同结构定义不同材料的龄期。

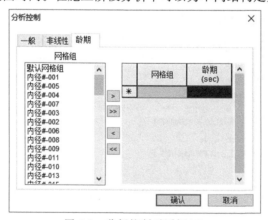

图6-8 分析控制对话框（3）

5.原场地分析

【考虑自重的原场地分析】这一选项是把岩土分析的应力状态初始化。计算时,原场地初始应力与自重形成平衡状态,其所定义的边界条件与各阶段单独分析时相同。在时程分析中考虑自重的情况下,需要计算原场地初始应力,否则就会发生荷载加成引起的振动。在非线性时程分析中必须包含自重荷载。

【考虑 K_0 条件】按照 $K_0=\sigma_h/\sigma_v$ 定义的常量 K_0 计算出的水平应力和垂直应力为原场地初始应力。首先通过自重分析求得垂直应力 σ_v,然后根据公式 $\sigma_h=K_0\sigma_v$ 求得水平应力。这时,剪应力可由分析结果计算出来。

在地面为水平的情况下可以使用该方法。否则,所求得的应力状态就不能与自重平衡。

如果应力分布并没有保持平衡,那么在接下来的应力分析中,如果没有外力变化,应力也会向着与外力平衡的方向变化,并由此产生变形。因此,K_0 条件适用于外部荷载变化相对较小的情况。一般来说,可以使用 K_0 条件的情况如下。

(1)岩土形状在水平方向的变化较小。

(2)孔隙水压力分布在水平方向没有变化。

(3)自由线或面边界上的水平边界条件可以产生水平方向的应力。

(4)当使用横观各向同性的材料时,材料在垂直或水平方向相同。

但是,此方法不能设置大于 1 的 K_0 值,当要在不增加其他外部条件的情况下使用大于 1 的 K_0 值时,可添加一个空的施工阶段重新分析,以达到计算的平衡状态。但是,在这种情况下,最终的平衡状态应力不能满足 K_0 条件,且修改的应力与平衡点有较大的差异,可能会影响非线性的收敛计算。

【位移/应变清零】在分析过程中可能会存在需要进行位移及应变清零的情况。例如,在初始分析阶段中,不考虑自重产生的位移及应变时,通过初始化操作,可以把初始状态的位移和应变初始化为 0。

在施工阶段分析中,执行几次分析阶段后,任意中间阶段都可以在进行位移初始化后作为基准状态。位移及应变清零是在指定施工阶段分析结束后进行的。

注意:对于考虑几何非线性的非线性分析,不能保证任意变形修改的连续性。因此,在几何非线性分析的施工阶段中,建议不要使用此功能。

6.初始温度

设置反映在单一分析模型中的初始温度。在不勾选的情况下,采用在【分析控制】中定义的初始温度值。用于评估温度荷载的影响时,在分析中应考虑由输入的温度差产生的荷载。

7.水位

【定义水位】直接输入地下水位高度或选择预先定义的水位函数设置水位。设置的水位适用于整个模型。在使用水位函数的情况下,将输入的值乘以函数值后适用。

【定义网格组水位】按网格组定义地下水位。例如,被岩石或不透水黏土层包围的地下水层(承压含水层),可分别设置分析中存在或不存在地下水位的地层。

输入了总地下水位并定义了网格组地下水位时,优先采用网格组地下水位,只在未定义单元网格组地下水位的网格组上施加总地下水位。

8.考虑非饱和影响

用于正确分析饱和度的值介于干燥状态($S_e=0$)和饱和状态($S_e=1$)之间时的状态。非饱和适用于以下两种情况。

(1)用于计算有效应力-总应力的关系(使用毕肖普有效应力关系式)。

(2)考虑非饱和状态材料的容重时,非饱和状态容重的值介于饱和容重和干容重的值之间。

在不考虑非饱和影响的情况下,可采用太沙基有效应力关系式,根据孔隙水压力的分布,设置容重为饱和容重或干容重(不使用中间值)。饱和度定义为孔隙水压力的函数,如果考虑非饱和,则需要定义用于建立孔隙水压力与饱和度的函数来反映非饱和的材料特性。

9.最大负孔隙压力

输入负孔隙压力的限值。不考虑非饱和影响时,如使用太沙基有效应力关系式,则非饱和状态岩土孔隙应力的计算值过大。因此,在不考虑非饱和影响的情况下,有必要定义最大负孔隙压力。相反,考虑非饱和影响时,使用毕肖普有效应力关系式,就没有这样的风险。换言之,在非饱和状态中,非饱和函数限制了孔隙应力的大小,所以无须特别设置最大负孔隙压力。

10.施工阶段的一般参数设置

施工阶段的一般参数设置对话框如图 6-9 所示。

图 6-9 施工阶段的一般参数设置对话框

【初始阶段】设置在施工阶段中作为原场地条件考虑的阶段,勾选【使用 K_0 条件】。K_0 的详细信息请参考【线性静力分析】选项。将施工阶段的位移及应变指定为初始状态。

【最终计算阶段】默认设置是计算至最终阶段,但需要在任意阶段停止分析来查看结果时,可以人为设置最终计算阶段。

【指定重启阶段】定义施工阶段时,可以在各阶段的分析控制中勾选【指定重启阶段】选项。勾选这个选项的阶段可以自动保存结果文件。执行一次分析后,需要对相同的模型进行重新分析时,可以在保存结果文件的后一阶段开始重新执行分析。

【重启选项】在非线性分析中,不能满足收敛标准时,可能会影响结果的可靠性,所以在施工阶段分析中是否满足每个阶段的收敛标准很重要。施工阶段分析比单一分析需要花费更多时间,所以当某一阶段不能满足收敛标准时,选择【如果不收敛,保存前一前阶段】选项是非常有用的。这个选项的功能是保存前一阶段的结果文件,这样在重启模型后可检查或修改模型。另外,为了防止分析因计算机系统的不稳定而强制终止或在检查所有中间阶段结果时,可选择【保存所有阶段】选项。但是,保存的所有分析结果文件较大,需要确保计算机有足够的储存空间。

11.荷载步骤

在非线性静力分析中可以使用静力荷载。荷载步骤对话框如图 6-10 所示。可以一次性施加定义的荷载总量,或者通过多个步骤按增量的形式积累施加。荷载增量过大时,可能会很难进行迭代计算收敛;荷载增量过小时,可能会浪费计算时间。

图 6-10　荷载步骤对话框

12.收敛性判别准则

因为非线性分析采用的是迭代法,所以可采用收敛条件来判断结果是否收敛,其对话框如图 6-11 所示。通过参考值比较前一阶段迭代计算的位移、内力以及能量的变化量,判断是否符合收敛条件。当满足所选择的条件时,迭代计算结果被认为收敛。

图 6-11　收敛性判别准则对话框

13.使用弧长法

使用弧长法对话框如图 6-12 所示。

图 6-12　使用弧长法对话框

【最小弧长调整比率】输入初始弧长到当前增量弧长的最小变化比率,防止出现弧长无限变小的现象。

【最大弧长调整比率】输入初始弧长到当前增量弧长的最大变化比率,防止出现弧长无限变大的现象。

【最大弧长增量】输入最大弧长增量。当荷载系数大于 1 或者增量达到最大时,按弧长法执行非线性分析。荷载问题可能会引发无法执行弧长法的情况,此时可输入最大荷载增量以防止这种情况的发生。

14.高级非线性设置

设置基本的高级非线性分析参数,在大部分情况下可选择【使用默认设置】,其对话框如图 6-13 所示。

图 6-13　高级非线性参数对话框

【刚度参数更新方法】按照完全牛顿-拉普森法,每步迭代计算都会更新刚度矩阵。而初始刚度法可以保持初始的刚度矩阵,适合非线性不明显的情况。修正牛顿-拉普森法或者拟牛顿法(割线刚度法)可提高牛顿-拉普森法材料属性的收敛性和效率。

【收敛失败时结束分析】未选择该选项时,即使不收敛也会继续进行分析。

【每次增量的最大迭代次数】输入单个增量的最大迭代次数。

【最大等分级别】指定最大等分级别。

【使用线搜索】用于柔性结构,包括刚度随荷载增加或在振动情况下的非线性分析的收敛。

【每次迭代的最大线搜索次数】输入每次迭代计算的最大线搜索次数。

【线搜索容差】输入线搜索的容许误差。

【容许发散次数】不收敛的情况下,可以指定容许的发散次数。修正牛顿-拉普森法在每次荷载增量开始时会重新构造刚度矩阵。

15.定义施工阶段接触

焊接接触单元可以在不共享节点的单元之间自动生成,是自动搜索相邻单元,并模拟与节点耦合相似的连接行为。定义施工阶段触对话框如图 6-14 所示。这是一种经济的建模方法,可以防止因节点耦合失败而发生的分析错误。但是,生成的焊接接触单元是无法在任意施工阶段中添加的。换言之,只能决定焊接接触单元是否在整个施工阶段分析中适用或不适用,无法逐个阶段进行激活或钝化。对于施工阶段分析,在施工阶段分析工况设置中提供了一个单独的选项来决定是否使用焊接接触单元。

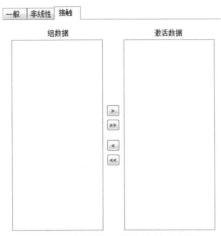

图 6-14 定义施工阶段接触对话框

16.初始条件（渗流）

用于在执行瞬态渗流分析时定义岩土内初始孔隙水压力的分布。瞬态渗流分析必须设置初始条件，如图 6-15 所示。可将在时间为"0"时的瞬态时间步作为初始条件，并利用任意指定的水位高度或水位函数。

图 6-15 分析控制对话框（4）

17.安全系数

输入分析初始安全系数和各迭代计算步的安全系数增量。除此之外，还可以设置安全系数的精确度。

【安全系数的精确度】利用强度折减法，指定计算的安全系数的精确度，并作为边坡稳定性分析中的收敛标准。但是，如果输入过低的精确度，会大大增加分析时间。所以，应输入适当的值，具体见表 6-2。

表 6-2   安全系数的精确度的适用

安全系数的精确度	适用
0.05	低（用于初期检查）
0.01	平均
0.005	高

18.特征向量

输入要计算的固有频率的数量（振型数量），指定固有频率的范围。可以用于检查是否存在遗漏的特征值。特征向量对话框如图 6-16 所示。

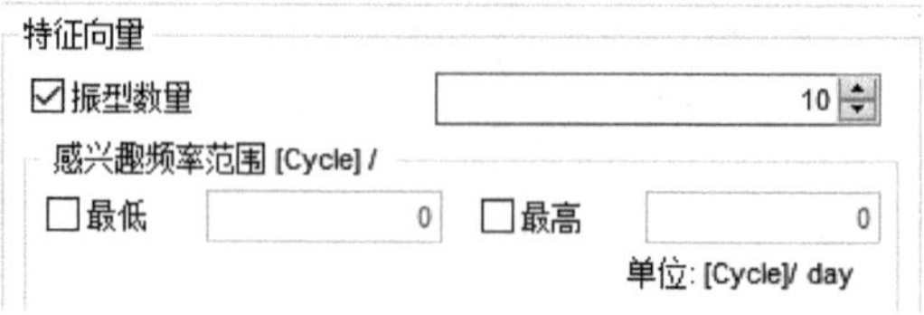

图 6-16　特征向量对话框

19.质量参数

【一致质量】使用考虑模态耦合的质量矩阵。勾选时将采用一致质量矩阵,取消勾选时将使用集中质量矩阵。在特征值分析中,使用集中质量矩阵比使用一致质量矩阵的响应更加灵活。

20.振型组合类型

如果假设各振型最大值的实际物理量即为各振型的最大物理量,则各振型的最大值可以按简单的相加计算。但是,因无法确保各振型的最大物理量是否在同一时刻出现;所以,很难通过简单的线性叠加来表示最大物理量。需要一个能够近似得到最大值的振型组合方法。但没有一种组合可以得到适用于所有情况的近似值,需要理解各振型间的组合特征。

【CQC】(完全二次组合法)在振型间相关系数为 1 的情况下,结果与 SRSS 法一致。

【ABS】(绝对值求和法)这个方法假设所有模态响应发生在相同的相位,各振型的最大绝对值都在相同的时间步出现,从而提供最保守的结果。

【SRSS】(平方和开方法)在各振型充分分离的情况下,可提供恰当的结果。

【NRL】(海军实验室方法)这个方法是从 SRSS 法中只分离一个拥有最大绝对值的振型,各振型充分分离的情况下可提供恰当的结果。

【TENP】(10%法)这个方法是考虑 SRSS 法中相邻频率振型影响的方法。换言之,两个振型的频率如果满足频率在 10%以内相邻,就认为这两个振型是相邻的。

21.修改阻尼

(1)直接输入法,其对话框如图 6-17(a)所示。

按照各模态用户直接定义阻尼比,并根据定义的各模态阻尼比计算各模态响应。直接模态只有在反应谱或时程分析法中才被激活。

【所有模态的阻尼比】是根据用户直接输入的各模态阻尼计算得到整个模态的阻尼比,除了在下面各模态阻尼比优先顺序输入栏中指定的特征模态的阻尼比之外,其余的模态都适用。在反应谱函数中,默认的阻尼比与用户输入的阻尼比不同时,以输入的阻尼比为标准调整谱数据后用于分析中。

【模态阻尼替换】用户分别输入各模态阻尼比和模态编号。

(2)质量刚度比例法,其对话框如图 6-17(b)所示。

计算质量比例型阻尼和刚度比例型阻尼的阻尼常数。在阻尼类型中勾选相应项目,直接输入比例系数或在模态阻尼中自动计算比例系数。

根据输入的振型频率或周期,并指定阻尼比就会自动计算比例系数。

这里,当由模态阻尼计算质量与刚性系数时,材料的阻尼可反映在分析中。可通过单击【显示指定材料系数】查看各材料的阻尼比和计算阻尼矩阵的阻尼系数。

（a）直接输入法　　　　　　　　（b）质量刚度比例法

图 6-17　阻尼方法对话框

22.谱数据内插法

选择反应谱荷载数据的内插方法。线性内插或对数内插都可用于谱数据周期计算，默认的设置是对数内插。内插时，谱数据中应包含多个阻尼比，对阻尼比的内插时也应如此。谱数据中只有一个阻尼比时是无法进行插值的，只能按计算式 $[(1.5/(40\times$ 衰减量 $+1)+0.5]$ 来修正。

23.定义时间（非线性时程＋强度折减法）

在非线性时程分析中定义查看强度折减法分析结果的时间，并可以定义多个时间步。采用定义的时间对应的非线性时程应力结果进行强度折减法稳定性评估。定义时间对话框如图 6-18 所示。

24.有效剪切应变（二维等效线性分析）

岩土的剪切应变随着输入的地震波动或振动荷载持续发生变化，其对话框如图 6-19 所示。为了适用于等效线性分析，引入有效剪切应变的概念，材料属性简化为等效线性值后再进行计算。

图 6-18　定义时间对话框　　　　　　　图 6-19　动力对话框

在频域分析中,各频率都具有确定的剪切模量和阻尼,所以不能考虑材料的非线性。因此,二维等效线性分析根据前一阶段计算中剪切应变引起的岩土刚度和阻尼比的改变来反复执行线性分析,以考虑地层的非线性响应。这里,有效剪切应变是按前一阶段计算的最大剪切应变乘以小于1的折减系数(50%～70%)定义的。如采用最大剪切应变会产生较实际响应更大的应变能,因此使用有效剪切应变。通常情况下,有效剪切应变系数为0.65(65%)或利用地震规模 M 按公式 $(M-1)/10$ 计算。

6.1.4 时间步骤

在固结、渗流(瞬态渗流)、动力(线性/非线性时程)分析中,需要指定时间步骤以计算随时间变化的结果。分析结果可按设置的时间间隔查看,动力分析也提供时程结果图。

1.分析的时间依存性

为了考虑岩土及结构物的时间依存性行为,可定义时间步骤,其对话框如图 6-20 所示。可在规定的时间内一次性计算或通过多阶段分步计算,还可以定义非均匀变化的时间差。用户可以指定只在期望的时间步骤导出分析结果。

2.固结分析

指定荷载的时间步骤及荷载系数,其对话框如图 6-21 所示。在固结分析中,即使不生成施工阶段,也可以通过勾选【维持】选项进行模拟。用户可单独定义荷载和持续时间。在分析中可以根据输入的时间和荷载系数,施加所有荷载,包括自重。【加载】分析结束后,根据定义的时间信息,进行超孔隙水压力消散模拟。因此,在【维持】中不能输入荷载系数,时间信息增加到【加载】的最后时间。

图 6-20　时间步长对话框　　　　　图 6-21　时间步骤对话框(1)

输入时间及荷载的对话框如图 6-22 所示。执行固结分析时,添加荷载的合理时间和荷载的分配可通过输入的时间和荷载系数来确定。

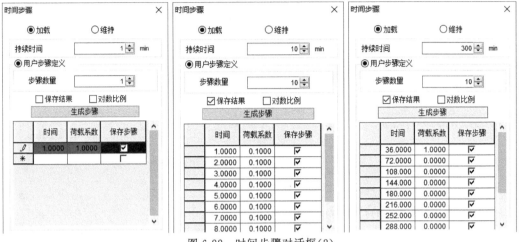

图 6-22　时间步骤对话框(2)

3.瞬态渗流分析

设置执行分析及结果保存的时间步骤,其对话框如图 6-23 所示。利用与时间步相对应的渗流边界时间函数值(水头、流量等)来执行分析和检查结果。在渗流边界时间函数的时间范围外的值,按线性插值后自动适用。

图 6-23　时间步骤对话框(3)

4.动力分析

定义不均匀的时间步骤,可指定目标时间步骤的名称,其对话框如图 6-24 所示。

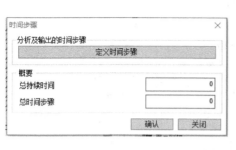
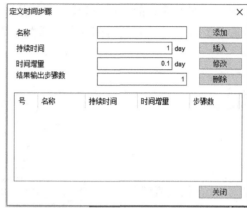

图 6-24　时间步骤对话框(4)

【持续时间】输入持续时间。

【时间增量】在输入的持续时间内计算的时间增量。

【结果输出步骤数】输入要输出分析结果的步骤间隔。每经过一个时间间隔输出一次计算结果。

每经过一个时间间隔,分析结果都将输出到结果目录树中。要输出大量数据时,可能需要耗费大量的时间。当计算机内存不足时,可能无法生成结果文件。

按照设置的时间步骤,总持续时间(时间步骤中定义的分析时间的总和)和总时间步骤(各计算的时间步骤数的总和)会在定义各时间步骤后显示。

6.1.5　输出控制

设置分析结果输出类型、动力分析的输出选项(单元结果输出坐标系)并且可以设置要输出的历程,其对话框如图 6-25 所示。根据分析类型默认设置了节点结果和单元结果项目,各结果列表中只能选择性地保存和输出结果,所以可以有效地管理分析结果文件的大小及输出时间。

图 6-25　输出控制对话框(1)

可以输出分析中使用的所有网格组,或仅选择期望输出的主要网格组。勾选【单元节点结果】选项后,单元结果将按照各节点计算的结果直接输出,并与按等值线查看的图例结果相似;取消勾选这个选项时,将按各节点计算的平均结果输出。

要输出壳单元的中性面的结果时,勾选【壳单元中性面结果】选项。对于梁单元,可以调整单元结果的输出段数,可以在 $1(i,j)$、$2(i,1/2,j)$、$3(i,1/3,2/3,j)$、$4(i,1/4,1/2,3/4,j)$ 等位置输出结果。

分析结果的文本文件将被单独保存在"模型保存"文件夹下。

6.1.6　分析设置

设置模型类型(2D 或 3D)及操作环境。根据设置的环境,可确定可用的功能或单元等子菜单。单位系统及分析模型的初始变量可在建模过程中进行修改。分析设置对话框如图 6-26 所示。

图 6-26　分析设置对话框

【模型类型】选择模型类型。三维模型可以沿 Y 轴、Z 轴方向定义重力方向,二维及轴对称模型的重力方向固定为 Y 轴方向。

【单位系统】设置力、长度、时间的单位。设置的单位系统在建模过程中可随时更改,也可在右下角的状态栏中进行简单修改。

从 DXF 文件中导入几何形状时,因为 AutoCAD 没有长度单位,所以导入的形状会按软件中已设置的单位设置。直接导入 CAD 几何形状时,目标模型的长度单位可以在导入文件时单独设置。

【初始参数】基于材料容重转换动力荷载和自身荷载为质量或计算孔隙水压力时,需设置【重力加速度】和【水的容重】。【初始温度】是在计算温度荷载时的变量,将由初始温度与输入的温度差值计算的温度荷载转换为重力。【平面应变厚度】根据分析模型的实际情况确定。

6.2 运行/批量分析

对已生成的分析工况执行分析,其对话框如图 6-27 所示。生成多个分析工况时,可以选择要执行分析的工况。通过批量分析可以一次性分析多个模型,其对话框如图 6-28 所示。

图 6-27 MIDAS GTS NX 求解器对话框

图 6-28 批量分析对话框

选择分析工况并执行分析。执行分析时,通过输出窗口可以查看收敛、警告、错误信息等。分析结束后,可根据自动生成的文本文件复查分析结果、收敛以及分析过程中发生的警告信息。

6.3 历程测点

对于存在时间变化的分析工况,可定义模型中特定位置的输出结果。可输出地层变形、内力和渗流结果等历程结果。

(1)【分析】→【历程测点】→【数据类型】,并选择要查看的【结果类型】,如图 6-29 所示。

图 6-29 历程测点对话框

这个功能可以按数据类型指定并选择详细成分。单元结果可以按所选单元的中心或者各节点位置输出,但是高阶单元的中间节点不能输出结果。对于【位移/速度/加速度】类型,以【参考节点】的计算结果为基准,可以减去相对的结果。对于【传递函数】类型,总是按相对结果计算,此时用户必须定义【参考节点】。

在【历程步骤】中定义要输出结果的步骤。选择【全部输出步骤】时,按所有分析时间间隔的结果输出,而不只是输出分析工况中定义的输出时间步骤。选择【频率】时,结果按执行分析的步骤或时间间隔输出。

需要注意的是不要输出在分析工况中没有的数据类型。

(2)【分析】→【一般类型】→【输出控制】→【历程】,在历程选项卡中添加历程列表,如图 6-30 所示。

图 6-30　输出控制对话框(2)

(3)【结果】→【特殊】→【历程】→【使用图形函数查看历程结果】,如图 6-31 所示。

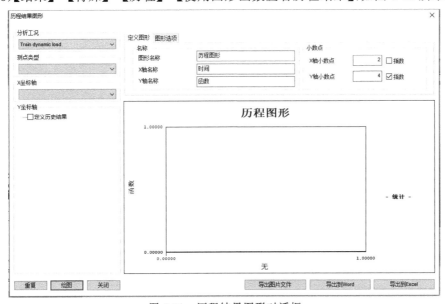

图 6-31　历程结果图形对话框

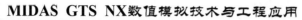
6.4 本章小结

本章主要对 MIDAS GTS NX 的分析求解方法进行了简要的介绍。通过对本章的学习,读者可以掌握 MIDAS GTS NX 模型的分析求解方法。

第7章　结果与工具

本章将对如何得到分析结果、数据的处理以及处理结果特有的工具进行介绍。结果与工具工具栏如图 7-1 和图 7-2 所示。

图 7-1　结果工具栏

图 7-2　工具工具栏

7.1　结果

结果包括组合/包络结果和计算结果。

7.1.1　组合/包络结果

在进行线性静力分析时,可以将工况内的荷载组与其他工况的荷载组进行多种组合。工况内的荷载组只有在勾选了【独立计算各荷载组】的情况下才适用,并且有输出结果的网格组才可以进行结果组合。结果组合对话框如图 7-3 所示。

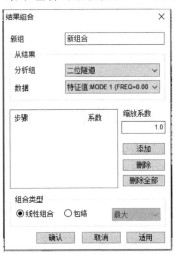

图 7-3　结果组合对话框

【新组】定义新的荷载组的名称,指定分析组及荷载结果数据。指定荷载结果时可设置缩放系数。

【组合类型】包括线性组合分析结果的线性组合法和依赖于数值大小的包络法。包络法可显示各荷载条件分析结果的最大值、最小值和最大绝对值。

7.1.2 结果计算

生成特定结果分量的组合结果。新建组并输入新建组的名称,或选择现有文件添加运算,其对话框如图 7-4 所示。

图 7-4 结果计算对话框

公式中使用的运算符号可以大小写混用。计算的操作方法与科学计算器的使用方法相同,运算顺序与数学运算法则一致。

7.2 一般功能

在一般功能中可以设置分析结果的云图、一维单元结果图、矢量、变形形状等多种图形处理方式。

7.2.1 云图

已激活单元中的位移、反力、应力、应变的大小及方向可用云图显示。

选择【ON】或【OFF】决定是否显示云图。云图打开与关闭的效果对比如图 7-5 所示。

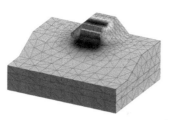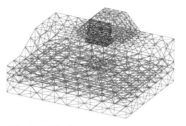

图 7-5　云图打开与关闭的效果对比

【云图属性】云图显示可与图形显示功能重复设置，以输出多种图形结果，其对话框如图 7-6 所示。

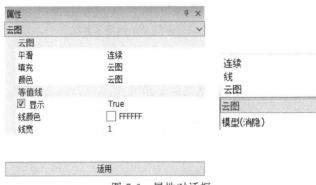

图 7-6　属性对话框

7.2.2　一维单元结果图

显示所选一维单元的结果。

7.2.3　矢量

以矢量的形式显示各节点的位移或反力分量的大小和方向。矢量与云图和仅矢量的效果对比如图 7-7 所示。

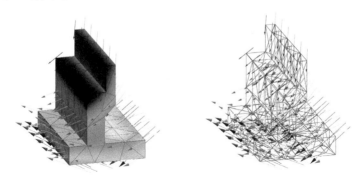

图 7-7　矢量与云图和仅矢量的效果对比

7.2.4　平滑

以连续或条纹云图的形式显示分析结果。

1.连续

平滑地显示云图轮廓,如图 7-8(a)所示。

2.条纹

以带状条纹显示云图轮廓,如图 7-8(b)所示。

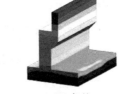

（a)连续 　　　　　　　　 （b)条纹

图 7-8　连续与条纹显示的效果对比

7.2.5　变形

基于选择的变形形式,确定图形结果的显示方式。

1.未变形

按未变形的形状绘制,图形结果显示的是变形前的形状,如图 7-9(a)所示。

2.变形

显示变形后的形状,如图 7-9(b)所示。

3.变形＋未变形（网格线）

同时显示变形和未变形的形状,并用网格线显示,如图 7-9(c)所示。

4.变形＋未变形（特征线）

同时显示变形和未变形的形状,并用特征线显示,如图 7-9(d)所示。

5.变形＋未变形（消隐）

同时显示变形和未变形的形状,并用几何形状的色块显示,如图 7-9(e)所示。

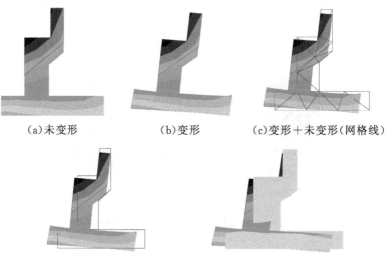

（a)未变形 　　　　　 （b)变形 　　　　　 （c)变形＋未变形(网格线)

（d)变形＋未变形(特征线) 　　　　　 （e)变形＋未变形(消隐)

图 7-9　不同变形设置显示的效果对比

6.变形＋未变形（透明）

同时显示变形和未变形的形状,并用透明条件下的几何形状颜色显示。同时,还可指定变形形状的图形处理的详细属性,其对话框如图 7-10 所示。

图 7-10　属性对话框

【形状类型】以在结果图形表现中选择的变形形状为基准展示。

【系数】输入变形形状在窗口中显示的缩放系数。

【实际变形】如勾选此选项,则显示实际变形。如未勾选,为了便于辨别变形形状,软件按任意的缩放系数设置。最大变形是整体模型尺寸的 1/20。

【未变形形状】指定要在窗口中同时显示的变形形状和未变形形状。适用于按变形＋未变形(网格线)及变形＋未变形(特征线)显示的情况。

【线颜色】指定显示未变形形状的线颜色。

【线宽】指定显示未变形形状的线宽度。

【相对变形】在【节点号】中选择的节点按相对位移显示。

【节点号】选择相对变形的基准点。

7.2.6　线类型

在激活的分析结果图形中定义网格组的显示类型。线类型可以选择【无线】、【自由面网格线】、【网格线】、【特征线】,如图 7-11 所示。

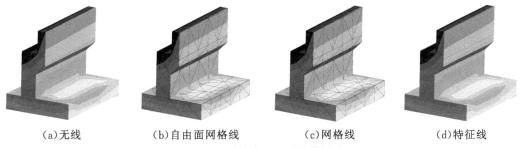

（a）无线　　　（b）自由面网格线　　　（c）网格线　　　（d）特征线

图 7-11　不同线类型显示的效果对比

7.2.7 填充

决定填充形式,可以设置为云图填充或等值线填充。

1.云图填充

以连续云图的形式显示分析结果,如图 7-12(a)所示。

2.等值线填充

以等值线的形式显示分析结果,如图 7-12(b)所示。

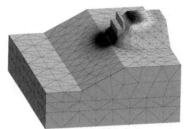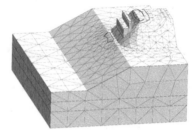

(a)云图填充   (b)等值线填充

图 7-12　不同填充类型显示的效果对比

7.2.8 无结果

确定无结果值的对象的显示方式,其对话框如图 7-13 所示。

图 7-13　无结果设置对话框

7.3 高级功能

高级功能包括结果标记、多步骤等值面、提取结果、局部方向的合力、线上图、其他等。

7.3.1 结果标记

单击【结果标记】,用户可以在想选择的节点或单元上进行标记并显示标记结果,其对话框如图 7-14 所示。

在窗口上选择节点或单元生成结果标记。用户可以改变标签颜色、文本颜色、标签类型等。结果标记示例如图 7-15 所示。

可以查看当前结果中节点或单元的信息和值，包括最大值、最小值、最大绝对值，以及各网格组的最小值和最大值。

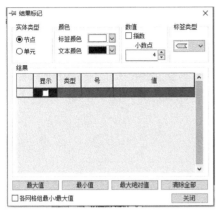

图 7-14　结果标记对话框

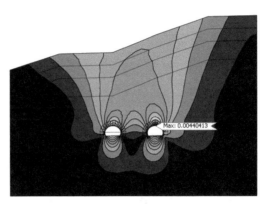

图 7-15　结果标记示例

7.3.2　多步骤等值面

同时显示多个分析步骤的等值面，其对话框如图 7-16 所示。

图 7-16　多步骤等值面对话框

选择要显示等值面的分析条件，并指定结果类型、结果值和步骤，输出等值面。等值面可以通过滑动条在介于最大值和最小值间的全部结果中选择。多步骤等值面结果显示示例如图 7-17 所示。

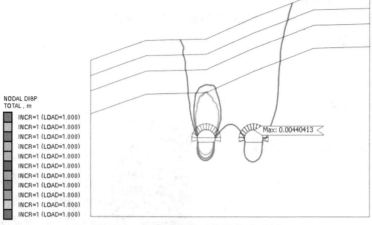

图 7-17　多步骤等值面结果显示示例

7.3.3　提取结果

从分析结果中提取用户想要的数据,其对话框如图 7-18 所示。选择提取结果的【分析组】和【结果类型】,并指定【结果】。

图 7-18　提取结果对话框

【步骤:结果】指定要提取结果值的步骤。要选择列表中的所有步骤时,单击【选择全部】。要取消全部选择状态时,单击【取消选择全部】。

选择【步骤】时,提取的结果值在表格中按所属步骤的顺序排列。选择【节点】时,节点的结果值按节点坐标顺序排列,单元的结果值按单元质心坐标顺序排列。

提取节点的结果值时,用户可以直接输入要提取节点的节点号,也可以在窗口中直接选择节点。另外,也可以只提取最大值、最小值或最大绝对值。勾选【仅显示节点/单元】时,可提取在窗口中显示的节点或单元中的最大值、最小值。

对于一维单元,可以直接在单元上指定要提取结果的位置。

7.3.4　局部方向的合力

计算实体单元或板单元在任意截面的合力,其对话框如图 7-19 所示。选择计算局部方向合力的分析工况和分析步骤,并定义截面。

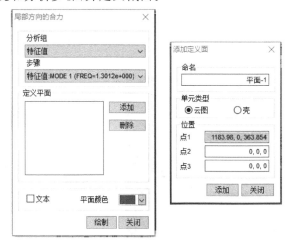

图 7-19　局部方向的合力对话框

勾选【文本】,并选择【平面颜色】,则以文本文件的形式输出计算截面形心位置的截面力分量,并在窗口中显示定义的平面。

7.3.5　线上图

以线上图的形式在指定的任意直线或任意平面上查看分析结果,其对话框如图 7-20 所示。

按线或平面的方式定义结果图形的显示位置。

1.线

定义位置时,可以选择两点线或线。对于两点线,用户可在窗口中选择坐标,或者直接输入两点坐标,定义生成结果图形的方向。在输入分割数量后,按分割的数量显示结果图形。结果图形方向是基于整体坐标系确定的,默认方向是"+"。勾选【反转】选项时,图形按相反的方向显示。

在二维模型中,任意线结果图形可用于查看结构地基等的相对沉降形态。

2.平面

定义位置时,可以选择三点平面或平面。选择三点平面时,用户可在窗口中选择坐标,或者直接输入三点坐标。结果图形的方向可以选择【平面】或者【平面法向】。输入分割数量后,按分割的数量显示结果图形。勾选【反转】选项时,图形按相反的方向显示。

图 7-20　线上图对话框

在三维模型(如衬砌连接部分模型)中,可指定任意面内的结果图,以方便查看特定截面的内力分布。线上图示例如图 7-21 所示。

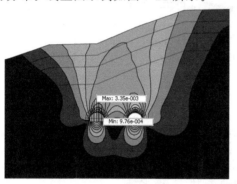
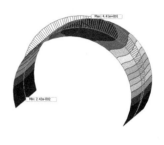

图 7-21　线上图示例

7.3.6　其他

1.单元云图

在窗口上输出不同类型的单元结果,其对话框如图 7-22 所示。

图 7-22　单元云图对话框

指定【分析组】和【步骤】后,选择要输出的单元类型和单元结果。

2.反力总和

在结果中,可以用表格检查所有可输出反力的分析,其对话框如图 7-23 所示。

指定执行分析的分析工况项目和步骤后,单击【更新总和】,就会自动计算反力总和,并在表格内显示总反力。同时显示岩土应力和板单元应力的示例如图 7-24 所示。

图 7-23　荷载及反力总和对话框

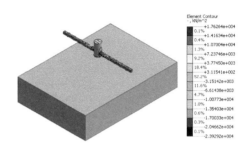

图 7-24　同时显示岩土应力和板单元应力的示例

3.转换为分贝

将位移、速度、加速度转换为分贝,并以表格显示,其对话框如图 7-25 所示。

图 7-25　转换为分贝对话框

指定分析组、步骤、结果后,选择【节点】并输入【参考数值】,可将相关节点的位移、速度、加速度转换为分贝。

4.3D-2D 助手

经过 3D 分析后查看结果时,可采用【剪切面】功能来查看任意截面的云图,其对话框如图 7-26 所示。这里,切割任意截面时,可以查看截面上对应的值,如最小值、最大值、最大绝对值,因为所有有限元分析都是以单元节点为参考来计算结果的。当任意截面穿过实体单元内部时,节点附近的结果会按自动插值输出。

图 7-26 3D-2D 助手对话框

任意截面内的结果标签可按以下两种方法输出。

(1)【添加视图】→【剪切面】

可添加查看任意截面的结果。可按整体坐标轴方向或任意截面方向添加期望的剪切面。剪切面的示例如图 7-27 所示。

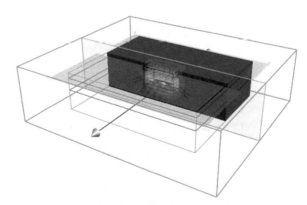

图 7-27 剪切面的示例

(2)【结果】→【高级】→【其他】→【3D-2D 助手】

选择【显示点】选项,显示任意剪切面上的所有可输出结果的节点。对于结果值标签,可以通过选择的节点或单元来检查分析的数值,并在截面上最小值、最大值、最大绝对值的位置显示。3D-2D 助手的示例如图 7-28 所示。

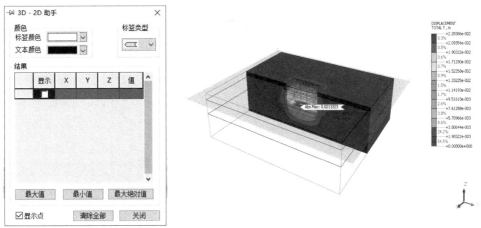

图 7-28　3D-2D 助手的示例

7.4　特殊后处理

特殊后处理包括渗流结果、边坡稳定结果、历程结果等功能。

7.4.1　渗流结果

根据渗流分析结果确认流径和流量，其对话框如图 7-29 和图 7-30 所示。

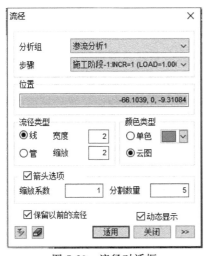

图 7-29　流径对话框

图 7-30　流量对话框

　　指定已执行分析的分析工况和步骤后，输入要显示的流径位置（流径上的任意点）的坐标，也可采用捕捉功能输入坐标。流径可以按线或管显示。按线显示时可定义线的宽度，按管显示时可按比例缩放调整管的直径大小。流径的颜色可以用单色或云图显示。

7.4.2　边坡稳定结果

输出考虑极限平衡法指标的边坡稳定分析结果,其对话框如图 7-31 所示。

图 7-31　边坡稳定安全系数结果对话框

选择已分析的分析工况和分析阶段,查看已定义分析阶段的虚拟破坏面的结果。

勾选【边界组标识】,确认虚拟破坏面区域的边界条件。通过【最小】、【最大】能够快速确认破坏安全系数最小或最大的区域,在绘图选项中可以更改相应位置破坏面的线宽、安全系数、字体大小、颜色等。

7.4.3　历程结果

确定与时间相关的分析工况在特定位置的结果,采用时变图形或者在工作窗口按时间显示结果。

1.图形

选择要输出结果的分析工况及各分析类型的函数类型。例如,瞬态渗流分析、固结分析、线性/非线性时程分析、二维等效线性分析、完全渗流-应力耦合分析等。历程结果图形对话框如图 7-32 所示。

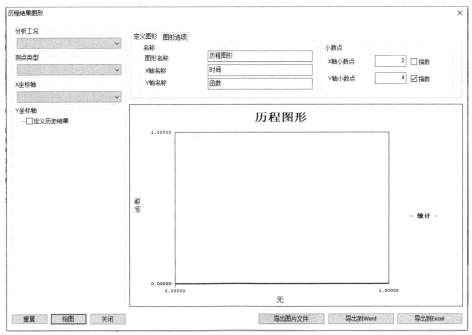

图 7-32　历程结果图形对话框

测点类型可在【分析】→【特殊后处理】→【历程】中指定,测点类型及结果类型见表 7-1。注意不能包含未在分析工况中输出的数据类型。

表 7-1　　　　　　　　　　　　　　测点类型及结果类型

测点类型	结果类型
位移、速度、加速度	位移、速度、加速度、相对位移、相对速度、相对加速度
桁架、植入式桁架、土工栅格(1D)	应变、应力、内力、渗流
梁	应变、应力、内力、渗流
平面应变	应变、应力、内力、渗流
平面应力、土工栅格(2D)	应变、应力、内力、渗流
轴对称	应变、应力、渗流
板	应变、应力、内力、渗流
实体	应变、应力、渗流
反应谱	相对位移、相对速度、相对拟速度、绝对加速度、绝对拟速度
传递函数	位移、速度、加速度
渗流节点结果	总水头、压力水头、流量

用于历程结果图形纵轴的输出函数为 Y 轴。这个函数必须在【分析】→【历程】中提前定义。

历程结果图形的名称、X 轴和 Y 轴可根据【定义图形】来定义,数值可按指数形式表示。

在【图形选项】中可以具体地设置 X 轴、Y 轴,也可以确定最大值、最小值、线条样式、线条宽度、线条类型。

在对话框内会显示生成的历程结果图形,可以导出图像为图片文件、Word 文件或 Excel 文件。

2.云图

选择要查看结果的分析工况并定义时间步骤。生成的时间步骤数可由【分析】→【分析工况】中设定的总时间步骤确定。选择分析结果的输出类型并在窗口上自动显示结果云图。历程结果对话框如图 7-33 所示。

图 7-33 历程结果对话框

分析工况中的历程函数可通过【输入函数】反映。在【输入函数】中可以查看时间步骤中指定的时间,输入结果则按照选择的时间步反映。

在【历程】菜单中指定【输出函数】,并且可查看结果。在【输出函数】中可以查看时间步骤中指定的时间,输出结果则按照选择的时间步反映。

勾选【动态显示】选项,则根据选择的时间步骤在窗口内及时输出结果。

7.5 其他

其他包括图形文件和初始化。

7.5.1 图形文件

以图形文件或包含图形文件的 Word 文件格式输出已完成分析的结果,其对话框如图 7-34 所示。

在工作目录树中勾选想要保存的分析结果,确定要保存的【图像格式】。在 MIDAS

GTS NX 中支持 PNG、JPG、BMP 文件格式的图像。

图 7-34 保存结果图形文件

后处理图形显示的各种选项保存在工作目录树中,【后处理样式】可用于确认不同的结果数据。

在左侧工作目录树中,单击鼠标右键调出关联菜单后,选择【添加新后处理样式】保存当前各种图形的显示设置。双击鼠标左键使用已保存的后处理样式。后处理样式管理菜单如图 7-35 所示。

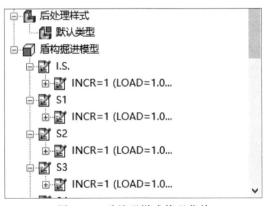

图 7-35 后处理样式管理菜单

也可以在关联菜单中选择【导入后处理样式】,导入其他模型菜单中使用过的后处理样式。而且可以选择【导出后处理样式】,保存当前模型文件设置的后处理样式。

【视点】可用于便利地在窗口中捕捉模型的方向。结果可以图形文件或 Word 文件的格式输出保存,并指定输出路径。

【文件名前缀】保存文件时,在文件名前自动添加的前缀。

7.5.2　初始化

将当前后处理状态设置为默认的后处理状态。单击【初始化】,软件自动回到默认的后处理状态。

默认初始值是连续的云图,【线类型】是特征线,【变形类型】为未变形。初始化前后对比效果如图 7-36 所示。

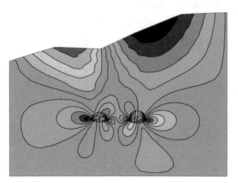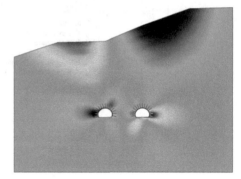

图 7-36　初始化前后对比效果

7.6　几何

单击工具,弹出几何工具栏选项,包含改变颜色、颜色类型、随机颜色等操作。

7.6.1　改变颜色

编辑几何(形状)、网格、材料、属性的颜色,指定要改变的目标和颜色后,单击【适用】按钮,其对话框如图 7-37 所示。

图 7-37　改变颜色对话框

利用此功能,可方便地定义几何(形状)、网格、材料、属性的颜色。

【用户定义颜色】用户可定义所选对象的颜色。

【几何类型颜色】指定几何类型的颜色。

【随机颜色】指定所选对象的颜色为随机颜色。

【显示号】勾选查看材料及属性号,示例如图 7-38 所示。

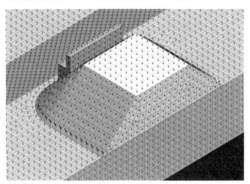

图 7-38　查看材料及属性号的示例

7.6.2　颜色类型

按几何形状或材料分别显示面、实体等几何形状或网格组的颜色。此功能可用于查看建模过程中已经指定的材料属性类型。

7.6.3　随机颜色

随机指定面、实体等几何形状或网格组的颜色。

单击工作窗口上端视图工具栏中的几何形状按钮 ⬡ 或网格组按钮 ⬢,可以对几何形状或网格组设置任意颜色。

7.7　查询结点或单元

单击【查询】可查看节点或单元的信息,其对话框如图 7-39 所示。

图 7-39　查询对话框

指定要查询的内容(节点或单元)后,输入【节点号】或【单元号】,也可以在窗口中直接选择特定的节点或单元。

当查询对象为节点时,可输出节点坐标及所属单元号等信息;当查询对象为单元时,可输出单元的类型、形状、面积、纵横比、属性号、材料号、节点连接等信息。查询节点或单元的输出信息如图 7-40 所示。

> [节点] 4171
> 坐标: (21.8809128, 4, 22.5888538) [m]
> 所属单元号: 14 单元
>   5564(六面体),　5565(六面体),　5582(六面体),　5584(六面体),　6546(六面体),
>   6581(六面体),　6582(六面体),　7351(金字塔),　7626(金字塔),　7629(金字塔),
>   10313(四边形), 10315(四边形), 10349(四边形), 10350(四边形)

(a)节点

> [单元] 5564
> 类型: 实体,　形状: 六面体
> 体积:　0.191591 [m^3]
> 纵横比: 5.06, 歪扭角: 0 [度], 锥度: 0.0323, 翘曲: 0, 扭曲角: 0.0322 [度], 雅可比: 0.963
> 属性号: <2> 岩层
> 材料号: <2> 岩层
> 节点连接: 1672 1709 4170 4183 1669 1713 4171 4179

(b)单元

图 7-40　查询节点或单元的输出信息

7.8　导出 3D PDF 文件

将分析前的模型信息或分析后的结果信息以 3D PDF 文件格式导出,可实现与软件基本相同的操作,如调整三维视图,查看截面信息等。所以,在不打开模型或结果文件的情况下,可以通过一个 PDF 文件直接查看模型及结果信息。

以 PDF 文件格式导出模型分析前的信息,指定输出方向、路径、文件名并单击确认后,生成 PDF 文件,其对话框如图 7-41 所示。此功能也包括模型树、视图工具等,基本的显示或隐藏、旋转、移动等操作都可用,并且可用来查看 3D 模型信息。可以对 3D 模型添加模型尺寸线和标注,或查看任意的截面信息。

分析后可保存结果图像,并且可在模型树中选择输出结果组成 3D PDF 文件,其对话框如图 7-42 所示。导出的 3D PDF 文件的示例如图 7-43 所示。

图 7-41　导出 3D PDF 文件对话框(1)

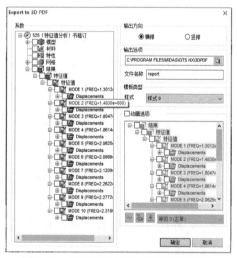

图 7-42　导出 3D PDF 文件对话框(2)

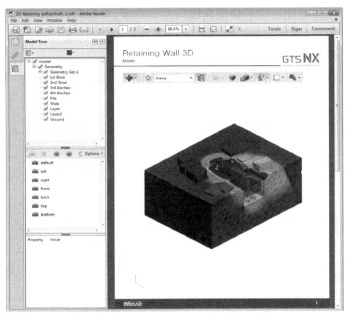

图 7-43　导出的 3D PDF 文件的示例

7.9　飞行模拟

单击视图窗口工具栏下方的透视图按钮可查看 3D 模型的内部信息和结果,如图 7-44 所示。

图 7-44　透视窗口工具栏

对于透视图功能,需要使用鼠标单击查看的位置,但是沿着特定导向曲线自动模拟时,可采用飞行模拟功能,其对话框如图 7-45 所示。

导向曲线可选择线或线组,并可查看模型内部。此功能在分析前后都适用。

【选择导向曲线】可以在模型内部直接绘制路径或者选择已有几何形状的子形状线。选择线的同时会在处理的方向上显示一个箭头,此方向可以通过【反转】选项来改变。

【模拟】操作具有【播放】、【暂停】、【停止】按钮,并可单击【保存】按钮保存为视频文件。

【速度】通过滚动条控制处理速度。

【进】、【退】按钮只在暂停状态下启动,模型内部的结果可以沿着导向曲线,反复前进或后退播放查看,也可以选择【放大】或【缩小】。

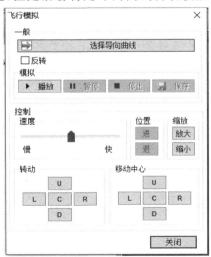

图 7-45　飞行模拟对话框

【转动】该视图的角度可沿着导向曲线向左、右、上、下旋转,并且可以参照导向曲线进行移动(偏移)。因此,当导向曲线的位置和目标位置不同时,通过使用【转动】或【移动中心】操作,仍然可以查看模型信息。

飞行模拟功能中的所有按钮都可以采用快捷键代替,也可以按每一个按钮的说明进行查看,具体见表 7-2。

表 7-2   飞行模拟快捷键说明

快捷键	说明
A	左视图
D	右视图
S	顶视图
W	底视图
1	旋转到原位置
2	移动中心到原位置
↑	向上移动中心
↓	向下移动中心
←	向左移动中心
→	向右移动中心
F	前进(仅适用于暂停状态)
B	后退(仅适用于暂停状态)

7.10 本章小结

本章对 MIDAS GTS NX 的结果处理进行了简要的介绍,包括计算完毕后计算结果的提取。通过本章的学习,读者可以掌握 MIDAS GTS NX 模型的分析求解方法,并能提取出有效的计算结果及相关图表。

第8章 基坑施工阶段分析案例

8.1 概要

某地区基坑工程,基坑长度为 200 m,宽度为 10 m,开挖深度为 9 m。土体的长度为 20 m,宽度为 60 m,厚度为 30 m。整体地层分为 3 层,各地层深度分别为:杂填土 3 m,粉质黏土 6 m,风化土 21 m。本案例对模型进行简化,基坑采用钢板桩、锚杆、内撑、环梁等支护结构。钢板桩采用拉尔森式钢板桩,厚度为 0.1 m;锚杆为预应力锚杆,自由段为 6 m,锚固段为 8 m,施加预应力 200 kN;内撑、环梁等采用 H 型钢,截面尺寸为 300 mm× 300 mm×10 mm/15 mm。

整体支护设计:最大开挖深度为 9 m,分成 4 个阶段(3 m、5 m、7 m、9 m)进行开挖,以 2 m 为间距共 4 个水平配置(上两层配置内撑,下两层配置锚杆)。板桩嵌固深度设置为 3 m。

变形监测控制值:钢板桩顶最大水平位移监测报警值为 50 mm,钢板桩顶最大竖向位移监测报警值为 20 mm,基坑边地表竖向位移监测报警值为 30 mm。

基坑开挖断面如图 8-1 所示。

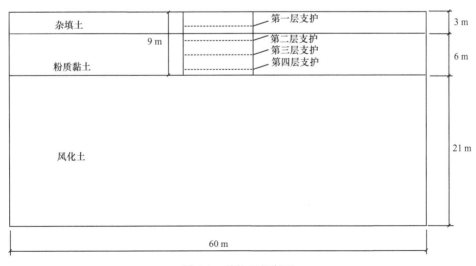

图 8-1 基坑开挖断面

8.2 定义材料特性

定义岩土材料时,适用修正莫尔-库仑模型。修正莫尔-库仑模型是适用于粉土或沙土等材料的模型,可以模拟基于幂函数的非线性弹性和弹塑性模型的组合行为。

各地层及结构构件使用的材料参数见表 8-1～表 8-4。下列材料参数中不直接输入的参数可通过软件自动计算得出。

表 8-1　　　　　　　　　　　　　　　　土层材料参数

名称	杂填土	粉质黏土	风化土
材料特性	各向同性	各向同性	各向同性
模型类型	修正莫尔-库伦	修正莫尔-库伦	修正莫尔-库伦
一般参数			
泊松比	0.2	0.2	0.2
容重/(kN·m⁻³)	16	17	20
初始应力参数 K_0	0.50	0.44	0.74
多孔材料参数			
容重(饱和)/(kN·m⁻³)	20	20	22
初始孔隙比 e_0	0.5	0.5	0.5
排水参数	排水	排水	排水
非线性参数			
标准排水三轴试验中的割线刚度(E50ref)/(kN·m⁻²)	22 000	43 000	60 000
主固结仪加载试验中的切线刚度(Eoedref)/(kN·m⁻²)	22 000	43 000	60 000
卸载/加载刚度(Eurref)/(kN·m⁻²)	66 000	129 000	180 000
参考压力/(kN·m⁻²)	100	100	100
孔隙率	0.6	0.6	0.6
超固结应力参数 K_0nc(>0)	0.9	0.9	0.9
剪切破坏时的摩擦角/(°)	25	18	38
极限膨胀角/(°)	0	4	5
黏聚力/(kN·m⁻²)	5	15	15
帽盖参数	—	—	—

表 8-2　　　　　　　　　　　　　　结构材料参数

名称	材料特性	弹性模量/MPa	泊松比	模型类型	重度/(kN·m⁻³)
钢板桩	各向同性	200 000	0.3	弹性	78.5
锚杆	各向同性	200 000	0.3	弹性	78.5
环梁	各向同性	200 000	0.3	弹性	78.5
支撑	各向同性	200 000	0.3	弹性	78.5

表 8-3   土层属性

名称	杂填土	粉质黏土	风化土
网格类型	3D	3D	3D
土质	杂填土	粉质黏土	风化土

表 8-4   结构属性

名称	网格类型	结构类型	截面形状	截面尺寸/mm
钢板桩	2D	板	—	10
锚杆	1D	植入式桁架（线弹性）	圆形	2.5
环梁	1D	梁	H 形	300×300×10/15
支撑	1D	梁	H 形	300×300×10/15

运行 MIDAS GTS NX，单击文件菜单，在下拉列表中选择【新建】，弹出分析设置对话框，在项目名称中输入"基坑施工阶段分析"，其余条件按默认设置选择，单击【确认】。

本案例定义材料特性的过程按照第 3 章中详细讲解的方法即可。

8.3 几何建模

8.3.1 建立二维平面

用矩形建立整个土层。在视图工具栏上单击【移动工作平面】 ，其对话框如图 8-2 所示，选择如图 8-3 所示的水平工作面。其余选项按默认设置即可，单击【确认】。

图 8-2 平移工作平面对话框

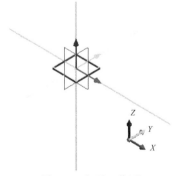

图 8-3 水平工作面

选择【法相视图】 。选择【几何】→【顶点与曲线】→【矩形】 。在开始位置输入"25,0"，按下【Enter】键，在对角位置上，输入"10,20"后单击【确认】。

选择【交叉分割】 ，其对话框如图 8-4 所示。选中如图 8-5 所示的线框，单击【确认】。

图 8-4　交叉分割对话框　　　　图 8-5　被选中的线框

选择【几何】→【转换】→【移动复制】，目标选择线框上侧边线，如图 8-6 所示，方向选择【Y】，【方法】选择【复制（均匀）】，在【距离】中输入"－2"，在【次数】中输入"9"。在【几何组】中输入"内撑"，如图 8-7 所示，单击【确认】。

图 8-6　选中线框上侧边线　　　　图 8-7　转换对话框(1)

选择【直线】，如图 8-8 所示，选中图中右下角的点为起点位置。在【位置】中输入"6,0"，在【几何组】中输入"锚杆（自由段）"，单击【适用】，其对话框如图 8-9 所示。

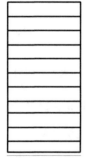

图 8-8　生成直线　　　　图 8-9　线对话框

起点位置选择新生成直线的右端点,在位置中【输入】"8,0",在【几何组】中输入"锚杆(锚固段)",单击【确认】。生成的锚固段与自由段如图 8-10 所示。

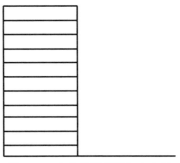

图 8-10　生成的锚固段与自由段

单击【轴测图 1】，选择【几何】→【转换】→【旋转】,选择的目标对象为之前生成的两条直线,【旋转轴】方式为【2 点矢量】,以右侧水平边线为轴即可,【方法】选择【移动】,在【角度】中输入"15",其对话框如图 8-11 所示,单击【确认】。选中的锚固段与自由段如图 8-12 所示。

图 8-11　转换对话框(2)

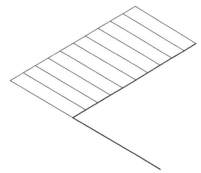

图 8-12　选中的锚固段与自由段

按照之前使用过的【移动复制】的方法,将这两段直线复制 10 次,间距为 2 m,移动复制后的线组如图 8-13 所示。

按照上述方法在另一侧生成对应的线组。最终生成的锚杆线组如图 8-14 所示。

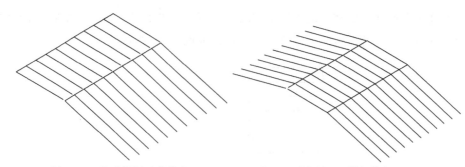

图 8-13　移动复制后的线组　　　　　　图 8-14　锚杆线组

选择【几何】→【转换】→【移动复制】,目标选择全部直线(57 条),【方向】选择【Z】,【方法】选择【复制(均匀)】,在【距离】中输入"－2",在【次数】中输入"4",单击【确认】。

选择【移动工作平面】📦,【平面】选择【X-Z 平面】,单击【法相视图】,选择【几何】→【顶点与曲线】→【矩形】,勾选【生成面】,在【起点位置】中输入"0,0",在【终点位置】中输入"60,－30",单击【确认】。生成的平面为"地层区域面"。

8.3.2　建立几何体

共有五层线组,选择【几何】→【顶点与曲面】→【交叉分割】✕,选中所有线组(285 条),单击【确认】。

在工作平面中仅显示五个矩形线框,如图 8-15 所示。

选择【几何】→【延伸】→【拓展】,【过滤器】选择【线】,目标选择这五个矩形线框(110 条),【方向】指定为【Z】,在【长度】中输入"－2",单击【适用】,生成的开挖实体如图 8-16 所示。

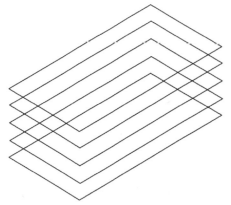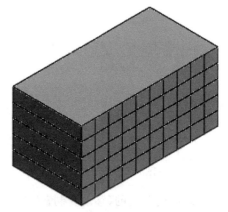

图 8-15　矩形线框　　　　　　　　　图 8-16　生成的开挖实体

目标选择新生成几何实体的底面,【方向】指定为【Z】,在【长度】中输入"－3",勾选【延长几何体】,【已选择基础形状】指定为最下层几何实体,其对话框如图 8-17 所示。选择基础形状后生成的实体如图 8-18 所示。

图 8-17 延伸对话框

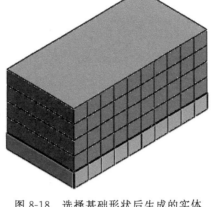

图 8-18 选择基础形状后生成的实体

单击鼠标右键,选择【显示全部】,则会显示出如图 8-19 所示的二维线框及直线。

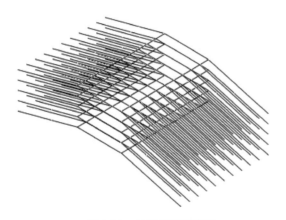

图 8-19 二维线框及直线

共有五层 1D 支护结构,删除第一层所有的 1D 直线,删除第二、三层的锚杆线及垂直于锚杆的横线,删除第四、五层的内撑线及垂直于内撑的横线,最终生成如图 8-20 所示的支护结构。

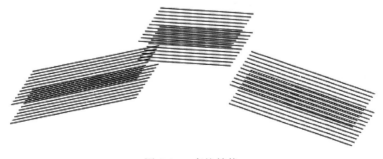

图 8-20 支护结构

255

单击鼠标右键,选择【显示全部】,选择【几何】→【延伸】→【扩展】,【目标】选择"地层区域面(1个)",【方向】选择【Y】,在【长度】中输入"20",单击【确认】后删除源面。

将工作平面改为XY面,选择【几何】→【顶点与曲面】→【矩形】,单击【法相视图】,勾选【生成面】,画一个比地层实体顶面略大一点的分割平面即可,如图8-21所示。

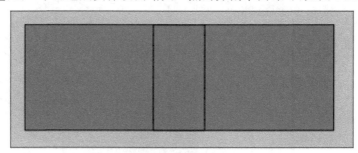

图8-21 分割平面

选择【几何】→【转换】→【移动复制】,【选择目标对象】为分割平面,【方向】选择【Y】,【方法】选择【移动】,在【距离】中输入"-3",单击【适用】。

【选择目标对象】为刚移动的分割平面,【方向】选择【Y】,【方法】选择【复制(均匀)】,在【距离】中输入"-2",在【次数】中输入"3",单击【确认】。生成的分割面组如图8-22所示。

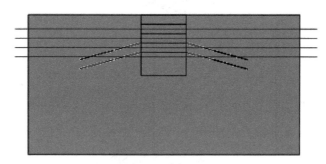

图8-22 分割面组

选择【几何】→【曲面与实体】→【自动连接】,方法选择【布尔运算】,【选择目标对象】为所有几何实体,单击【确认】。

选择【几何】→【分割】→【实体】,选择如图8-23所示位置,【分割辅助形状】选择第一层分割平面,单击【适用】。

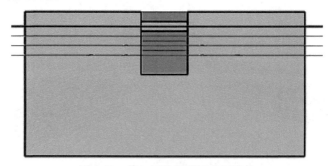

图8-23 第一层分割平面分割实体

选择如图 8-24 所示位置,【分割辅助形状】选择第二层分割平面,单击【适用】。

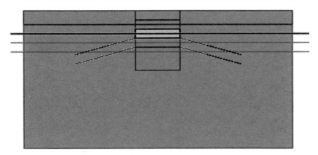

图 8-24　第二层分割平面分割实体

选择如图 8-25 所示位置,【分割辅助形状】选择第三层分割平面,单击【适用】。

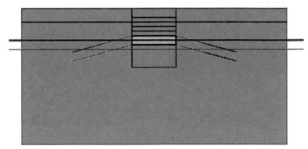

图 8-25　第三层分割平面分割实体

选择如图 8-26 所示位置,【分割辅助形状】选择第四层分割平面,单击【适用】。

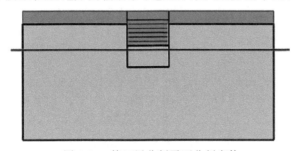

图 8-26　第四层分割平面分割实体

选择【几何】→【曲面与实体】→【自动连接】，方法选择【布尔运算】,【选择目标对象】为所有几何实体(14 个),单击【确认】。

8.4　划分网格

8.4.1　生成 3D 网格

选择【网格】→【生成】→【3D】，选择【自动-实体】选项,选择生成的杂填土网格,如图 8-27 所示。在下拉过滤菜单中选择【混合网格生成器】(六面体中心),在【尺寸】中输入“1”,【属性】选择【杂填土】,在【网格组】中输入“杂填土”,单击　≫ |,取消勾选【各网格独立注册】,单击【适用】,其对话框如图 8-28 所示。

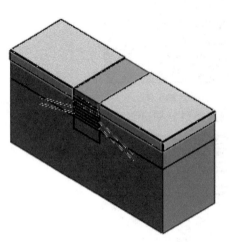

图 8-27　生成的杂填土网格　　　　　　图 8-28　生成网格(实体)对话框

　　粉质黏土网格和风化土网格也按照上述方法生成,目标选取如图 8-29 和图 8-30 所示。

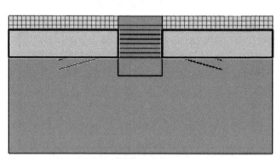

图 8-29　粉质黏土网格

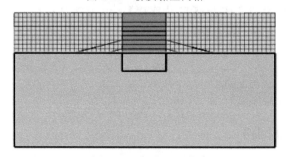

图 8-30　风化土网格

　　接下来依次对开挖区域进行网格划分。第一步开挖实体(2 个)如图 8-31 所示,选择【混合网格生成器】(六面体中心),在【尺寸】中输入"1",【属性】选择【杂填土】,在【网格组】中输入"第一步开挖",取消勾选【各网格独立注册】,单击【适用】。

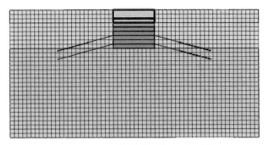

图 8-31　网格划分:第一步开挖

第二步开挖实体(2 个)如图 8-32 所示,选择【混合网格生成器】(六面体中心),在【尺寸】中输入"1",【属性】选择【粉质黏土】,在【网格组】中输入"第二步开挖",单击【适用】。

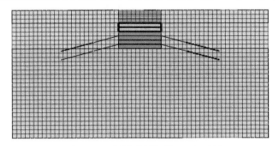

图 8-32　网格划分:第二步开挖

第三步开挖实体(2 个)如图 8-33 所示,选择【混合网格生成器】(六面体中心),在【尺寸】中输入"1",【属性】选择【粉质黏土】,在【网格组】中输入"第三步开挖",单击【适用】。

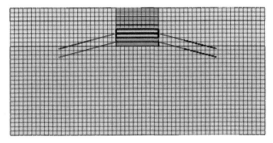

图 8-33　网格划分:第三步开挖

第四步开挖实体(2 个)如图 8-34 所示,选择【混合网格生成器】(六面体中心),在【尺寸】中输入"1",【属性】选择【粉质黏土】,在【网格组】中输入"第四步开挖",单击【适用】。

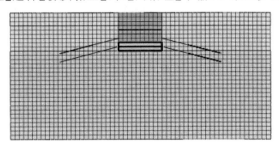

图 8-34　网格划分:第四步开挖

8.4.2　生成 2D 网格

首先创建板桩单元,隐藏所有网格,仅显示开挖实体部分。选择【网格】→【单元】→【析取】⊞,在几何形状选项上,【类型】选择【面】。【选择目标】为开挖部分实体的 X 轴、Y 轴方向的所有面。生成的钢板桩单元如图 8-35 所示。【属性】选择【钢板桩】,在【几何组】中输入"钢板桩"后单击【适用】。

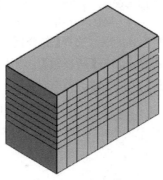

图 8-35　钢板桩单元

隐藏新生成的钢板桩单元,【类型】选择【线】,然后选择环梁位置的边线,如图 8-36 所示,注意区分 1～4 阶段的阶段边界线(距地面的深度分别为 2 m、4 m、6 m、8 m)。

首先选择 1 阶段环梁位置的边界线,【属性】指定为【环梁】,在【名称】中输入"1 阶段环梁"后单击【适用】。

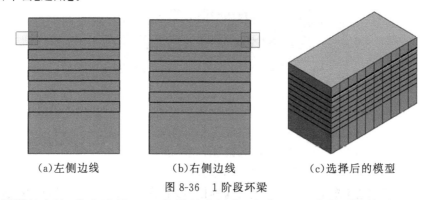

(a)左侧边线　　　　(b)右侧边线　　　　(c)选择后的模型

图 8-36　1 阶段环梁

用同样的方法,依次选择 2～4 阶段的边界线,生成 2～4 阶段环梁单元。

8.4.3　生成 1D 网格

隐藏所有网格,仅显示支撑和锚杆的 1D 直线。选择【网格】→【生成】→【1D】🔷 1D,【目标选择】为第一层支撑(11 条),如图 8-37 所示。【播种方法】选择【分割】,在【分割尺寸】中输入"1",在【方向】中输入"β 角(90°)",【属性】选择【支撑】,在【网格组】中输入"1 支撑",单击【适用】。

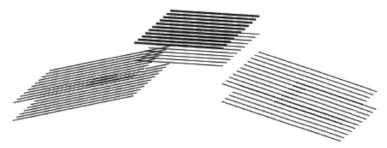

图 8-37　第一层支撑网格

【目标选择】为第二层支撑（11 条），如图 8-38 所示。【播种方法】选择【分割】，在【分割尺寸】中输入"1"，在【方向】中输入"β 角（90°）"，【属性】选择【支撑】，在【网格组】中输入"2 支撑"，单击【适用】。

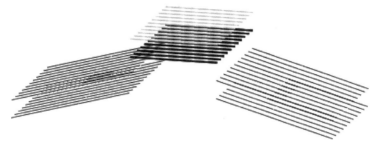

图 8-38　第二层支撑网格

【目标选择】为第一层锚杆（44 条），如图 8-39 所示。【属性】选择【锚杆】，在【网格组】中输入"3 阶段锚杆"，单击【适用】。

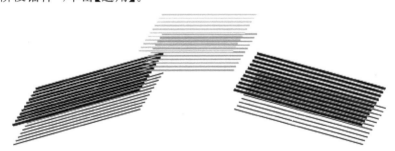

图 8-39　第一层锚杆网格

【目标选择】为第二层锚杆（44 条），如图 8-40 所示。【属性】选择【锚杆】，在【网格组】中输入"4 阶段锚杆"，单击【适用】。

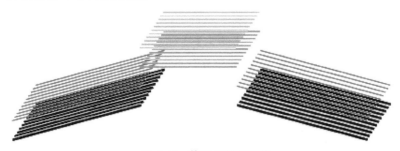

图 8-40　第二层锚杆网格

8.5 设置分析

8.5.1 设置荷载分析

1.设置自重

岩土、结构构件上输入的容重乘以自动设置的重力加速度后,由软件自动计算重力。自重可通过输入基于方向的比例因子进行设置。不同模型类型对应的重力方向默认值不同。选择【静力/边坡分析】→【荷载】→【自重】,在【名称】中输入"自重",其余选项按默认设置即可,单击【确认】。

2.设置锚杆上初始预应力

桁架/植入式桁架单元上作用的轴向初始预应力(预应力)会影响地基的变形。选择【静力/边坡分析】→【荷载】→【预应力】,单元类型选择【桁架/植入式桁架】,选择 3 阶段锚杆的自由单元(24 个),荷载为 200 kN,在【荷载组】中输入"3 阶段锚杆预应力",如图 8-41 所示。3 阶段锚杆预应力如图 8-42 所示。用同样的方法定义 4 阶段锚杆的自由段,荷载也为 200 kN。

图 8-41　预应力对话框

图 8-42　3 阶段锚杆预应力

8.5.2 设置边界条件

选择【静力/边坡分析】→【边界】→【约束】约束,选择【自动】选项,勾选【考虑整体网格组】后,在【边界条件组】中输入"地基边界",单击【确认】。

8.6 定义施工阶段

选择【静力/边坡分析】→【施工阶段】→【施工阶段组】,阶段类型指定为【应力】,单击

【添加】,创建施工阶段组。单击【定义施工阶段】,创建施工阶段。

可以将组数据中的网格、静力荷载、边界条件拖至【激活数据栏】或【钝化数据栏】进行激活或钝化的操作。

【施工阶段-1】

在【阶段】中输入"原场地"。

激活网格:"1-4 步开挖""杂填土""粉质黏土""风化土"。

激活边界条件:"地基边界"。

激活静力荷载:"自重"。

勾选【位移清零】,保存后选择【新建】,定义下一个阶段。

【施工阶段-2】

在【阶段】中输入"板桩"。

激活网格:"板桩"。

保存后选择【新建】,定义下一个阶段。

【施工阶段-3】

在【阶段】中输入"第一步开挖"。

激活网格:"1 阶段环梁""1 阶段支撑"。

钝化网格:"第一步开挖"。

保存后选择【新建】,定义下一个阶段。

【施工阶段-4】

在【阶段】中输入"第二步开挖"。

激活网格:"2 阶段环梁""2 阶段支撑"。

钝化网格:"第二步开挖"。

保存后选择【新建】,定义下一个阶段。

【施工阶段-5】

在【阶段】中输入"第三步开挖"。

激活网格:"3 阶段环梁""3 阶段锚杆"。

激活静力荷载:"3 阶段锚杆预应力"。

钝化网格:"第三步开挖"。

保存后选择【新建】,定义下一个阶段。

【施工阶段-6】

在【阶段】中输入"第四步开挖"。

激活网格:"4 阶段环梁""4 阶段锚杆"。

激活静力荷载:"4 阶段锚杆预应力"。

钝化网格:"第四步开挖"。

保存后选择【确认】键。

8.7　设置分析工况

选择【分析】→【分析工况】→【新建】，输入名称"基坑施工阶段分析"，【求解类型】选择施工阶段。单击【控制分析】，在【一般】选项上，勾选【考虑自重的原场地分析】，勾选【适用K_0条件】，单击【确认】。

8.8　执行分析

选择【分析】→【运行】，执行分析。完成分析后自动转换成后处理模式（查看结果）。

8.9　分析结果

8.9.1　查看位移

T_X、T_Y、T_Z为整体坐标系对应的X、Y、Z方向的位移。V是指可以同时显示云图和矢量。

在结果目录树上，指定最后施工阶段后，选择【Displacement】→【TOTAL TRANSLATION(V)】。可以移动工作屏幕下端的滑动条来模拟各施工阶段的变形过程，滑动条如图 8-43 所示。

图 8-43　滑动条

各阶段变形过程云图如图 8-44～图 8-49 所示。

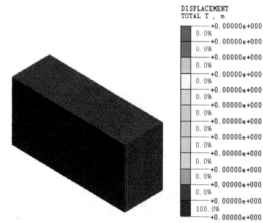

图 8-44　原场地位移云图

基坑施工阶段分析, 板桩, INCR=1 (LOAD=1.000), [UNIT]

图 8-45　板桩位移云图

基坑施工阶段分析, 第一步开挖, INCR=1 (LOAD=1.000), [UNIT]

图 8-46　第一步开挖位移云图

基坑施工阶段分析, 第二步开挖, INCR=1 (LOAD=1.000), [UNIT]

图 8-47　第二步开挖位移云图

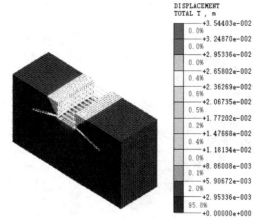

基坑施工阶段分析，第三步开挖，INCR=1 (LOAD=1.000)，[UNIT]

图 8-48　第三步开挖位移云图

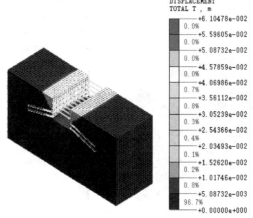

基坑施工阶段分析，第四步开挖，INCR=1 (LOAD=1.000)，[UNIT]

图 8-49　第四步开挖位移云图

　　仅显示所有支护结构的网格组，在【分析结果】→【一般】→【变形】 变形 选项中可以直观了解钢板桩变形前后的形状。变形后形状的变形程度可以在属性窗口内用比例调整。选择【属性】→【变形】，【方向】选择【X 方向】，在【系数】中输入"5"，勾选【实际变形】，单击【适用】。钢板桩变形前后对比如图 8-50 所示。

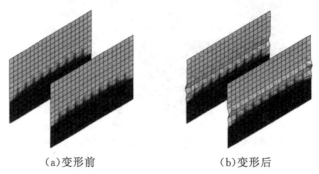

（a）变形前　　　　　　　　　　　（b）变形后

图 8-50　钢板桩变形前后对比

由上至下选取结构中间位置的五个节点,如图 8-51 所示。提取结果对话框如图 8-52 所示,板桩位移可按施工阶段将结果以表格的形式输出,在结果表格上单击鼠标右键可输出如图 8-53 所示的图形。

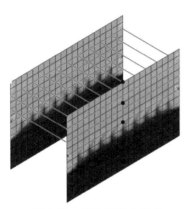

图 8-51 选取的五个节点

图 8-52 提取结果对话框

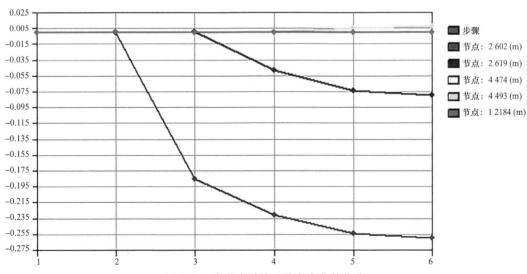

图 8-53 各节点随施工阶段变化的位移

选择【Displacement】→【T_z TRANSLATION(V)】,可以用线上图的方法确认地表土体的沉降趋势。线上图生成示例如图 8-54 所示。选择【结果】→【高】→【线上图】,【类型】选择【两点线】,选择地表边线中间的左右两点。线上图对话框如图 8-55 所示,单击【确认】。

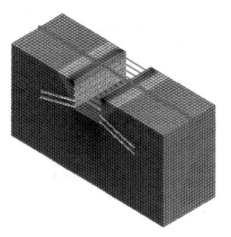

图 8-54　线上图生成示例

图 8-55　线上图对话框

最终开挖后土体沉降线上图如图 8-56 所示。

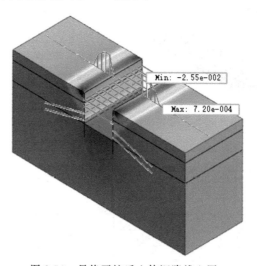

图 8-56　最终开挖后土体沉降线上图

8.9.2　查看应力

确认钢板桩及各结构构件的内力和应力。钢板桩可以在【Shell Element Forces】或【Stresses】中查看,一维构件可以分别在【Beam】→【Truss Element Forces】或【Stresses】中查看,各结构构件的结果默认按单元坐标系输出。

在结果目录树中选择最终开挖阶段的【Shell Element Forces】→【BENDING MOMENT X_X】,查看钢板桩弯矩线上图,如图 8-57 所示。

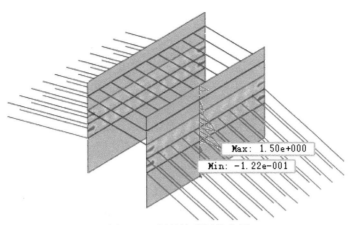

图 8-57　钢板桩弯矩线上图

选择【TRANSVERSE SHEAR FORCE X_z】查看钢板桩剪力线上图，如图 8-58 所示。

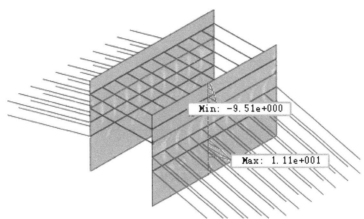

图 8-58　钢板桩剪力线上图

选择【结果】→【一般】→【无结果】→【排除】，可以单独查看结构构件的内力。在结果目录树中选择最终开挖阶段【Beam Element Forces】→【BENDING MOMENT Y】，查看环梁力矩图和支撑力矩图，如图 8-59 和图 8-60 所示。

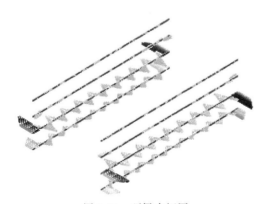

图 8-59　环梁力矩图

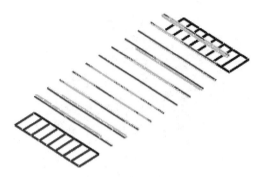

图 8-60　支撑力矩图

在结果目录树中选择最终开挖阶段的【Truss Element Forces】→【Axial Force】,查看锚杆轴力图,如图 8-61 所示。

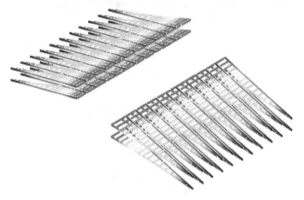

图 8-61　锚杆轴力图

8.10　本章小结

本章主要通过基坑开挖分析案例,简单介绍了基坑开挖支护过程的施工分析,并对模型做出施工阶段分析以及分析后对结果的处理和表格曲线的获取。通过对案例的模拟分析操作,初学者可以对采用 MIDAS GTS NX 进行基坑开挖分析有大体的了解。

第9章 三维列车动荷载分析案例

9.1 概要

本案例通过建立模型,主要分析列车动荷载通过路基时,振动荷载对周围结构和地表的影响。地层土体由三种材料构成,自下而上分别为风化岩层(10.0 m)、土层 2(10.0 m)、土层 1(5.0 m),地层以上部分由下层路基(3.0 m)、上层路基(3.0 m)、下层路床(1.1 m)、上层加固路床(0.4 m)和轨道板(0.5 m)构成,模型纵向延伸 50.0 m。案例三维模型如图 9-1 所示。

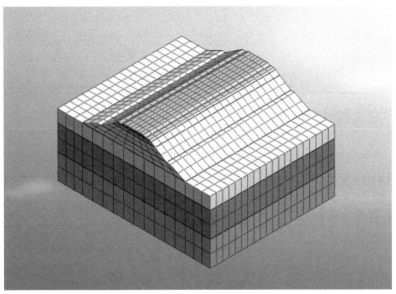

图 9-1 案例三维模型

9.2 定义材料属性

9.2.1 定义材料

地层结构自下而上由风化岩层、土层 2、土层 1 三层组成,路基结构由下层路基和上层路基、下层路床和上层加固路床构成,路面结构由轨道板构成。各结构材料的属性见表 9-1。

表 9-1   各结构材料属性

名称	轨道板	上层加固路床	下层路床	上层路基	下层路基	土层1	土层2	风化岩层
材料特性	各向同性	各向同性	各向同性	各向同性	各向同性	各向同性	各向同性	各向同性
模型类型	弹性	弹性	莫尔-库伦	莫尔-库伦	莫尔-库伦	莫尔-库伦	莫尔-库伦	莫尔-库伦
弹性模量 /kPa	25 000 000	2 000 000	130 000	70 000	100 000	40 000	50 000	1 200 000
泊松比	0.2	0.25	0.3	0.32	0.3	0.35	0.28	0.28
容重 /(kN·m^{-3})	25	23	21	19	20	18	20	23
K_0	1	1	1	1	1	1	1	1
容重(饱和) /(kN·m^{-3})	25	23	21	19	20	18	20	23
初始孔隙比	0.5	0.5	0.5	0.5	0.5	0.5	0.5	0.5
排水参数	排水	排水	排水	排水	排水	排水	排水	排水
黏聚力/kPa	—	—	0	15	0	13	20	100
摩擦角/(°)	—	—	35	31	40	27	30	37

9.2.2 定义特性

1.运行

运行 MIDAS GTS NX,单击【新建】,弹出分析设置对话框,如图 9-2 所示。对话框中【项目名称】、【用户名】和【说明】可根据用户要求自定义。本章案例【项目名称】定义为"三维列车动荷载分析",【模型类型】选择【3D】,【重力方向】选择【Z】,【单位系统】中分别选择【kN】、【m】和【sec】,【初始参数】一栏中按照如图 9-2 所示的默认数据填写即可,单击【确定】完成设置并退出对话框。

2.定义材料及属性

(1)定义材料特性

在左侧工作树中选择【模型】→【材料】→【各向同性】→【添加】,弹出如图 9-3 所示对话框。在【号】中输入"1",在【名称】中输入"风化岩层",【模型类型】选择【莫尔-库伦】。首先单击【一般】表单,在【弹性模量】中输入"1 200 000",在【泊松

图 9-2 分析设置对话框

比】中输入"0.28"，在【容重】中输入"23"，【K_0】指定为"1"。然后单击【渗透性】表单，对话框如图9-4所示。在【容重(饱和)】中输入"23"，在【初始孔隙比】中输入"0.5"，【排水参数】选择【排水】，其他参数使用默认初始值。单击【非线性】表单，对话框如图9-5所示。在【黏聚力】中输入"100"，在【摩擦角】中输入"37"。最后单击【适用】，完成风化岩层材料特性的定义。

图9-3　材料对话框(1)

图9-4　材料对话框(2)

图9-5　材料对话框(3)

（2）定义其他材料特性

使用鼠标右键单击【各向同性】→【添加】，弹出如图9-6所示对话框。在【号】中输入"2"，在【名称】中输入"土层1"，【模型类型】选择莫尔-库伦。按照步骤（1）中的操作和表9-1中各结构材料的属性，依次添加。当定义上层加固路床和轨道板时，【模型类型】均应选择【弹性】，对话框图9-7所示。材料参数只填写【一般】表单和【渗透性】表单，各个参数输入完成后，单击【确认】，完成所有材料特性的定义。

图9-6　材料对话框(4)

图9-7　材料对话框(5)

（3）定义属性

使用鼠标右键单击【模型】主菜单，选择并双击【属性】，弹出如图 9-8 所示的工作目录树。使用鼠标右键单击【3D】→【添加】，弹出如图 9-9 所示对话框。在【号】中输入"1"，在【名称】中输入"风化岩层"，【材料】选择【风化岩层】，【材料坐标系】选择【整体直角坐标】，最后单击【适用】。依次对应添加所有材料属性，具体属性见表 9-2。最后单击【确定】完成设置并退出对话框。

图 9-8　模型工作目录树

图 9-9　建立/修改 3D 属性对话框

表 9-2　　　　　　　　　　　　　　　　　　材料属性

网格组名称	轨道板	上层加固路床	下层路床	上层路基	下层路基	土层 1	土层 2	风化岩层
网格类型	3D	3D	3D	3D	3D	3D	3D	3D
材料名称	轨道板	上层加固路床	下层路床	上层路基	下层路基	土层 1	土层 2	风化土层

用鼠标右键单击【2D】→【添加】，弹出如图 9-10 所示对话框。选择【仅显示（2D）】表单，在【号】中输入"9"，在【名称】中输入"仅显示"，单击【确认】退出对话框。

图 9-10　建立/修改 2D 属性对话框

9.3 二维几何建模

9.3.1 建立二维几何形状

利用 AutoCAD 软件画出路基及路基以下土层横断面的二维结构,如图 9-11 所示。自下而上分别为风化岩层(10.0 m)、土层 2(10.0 m)、土层 1(5.0 m)、下层路基(3.0 m)、上层路基(3.0 m)、下层路床(1.1 m)、上层加固路床(0.4 m)、轨道板(0.5 m)。边坡控制:下层路基坡度为 1:2,上层路基和下层、上层路床坡度均为 1:1.5,轨道板坡度为 1:2,每个边坡点位置均预留 1.5 m 宽的碎落台。轨道板顶宽为 7.5 m,路基底部宽为 44.0 m,路基下部土体左右各延伸 10.0 m,模型总宽度为 64.0 m,总高度为 33.0 m,纵向延伸 50.0 m。最后将 CAD 图保存为 DXF 格式,以方便下一步的导入。

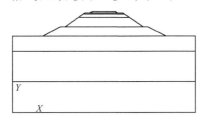

图 9-11　路基及路基以下土层横断面二维结构

9.3.2 二维 CAD 图导入

单击左上角主菜单 ,弹出如图 9-12 所示对话框,选择【导入(I)】→【DXF 2D(线框)(D)】,然后弹出如图 9-13 所示对话框。

在图 9-13 中,选择【2D】,在【选择 AutoCAD DXF 文件】中选择预先保存的 DXF 格式的 CAD 图,其他参数选择初始默认值,单击【确认】退出对话框。导入的 CAD 二维效果图如图 9-14 所示。

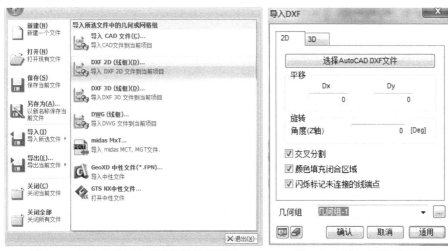

图 9-12　导入 DXF 2D(线框)路径对话框　　图 9-13　导入 DXF 对话框

MIDAS GTS NX数值模拟技术与工程应用

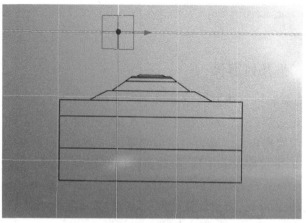

图 9-14 导入的 CAD 二维效果图

9.3.3 交叉分割

单击【几何】选择"✕"【交叉分割】,弹出如图 9-15 所示对话框。单击【选择曲线】,选择工作界面中的所有曲线,最后单击【确认】退出对话框,完成交叉分割。

图 9-15 交叉分割对话框

9.4 生成网格

9.4.1 尺寸控制

在主菜单中选择【网格】→【控制】→【尺寸控制】,弹出如图 9-16 所示对话框。默认选择【线】,在【选择目标】状态下,在二维几何图上选择目标线段,如图 9-17、图 9-18 所示。选择 10 个目标线段,分别为 C_1、C_2、D_1、D_2、F_1、F_2、H_1、H_2、L_1、L_2。【方法】选择【分割数量】,在【分割】输入要分割的段数为"1",【名称】自定义即可。单击【适用】完成上述所选目标的分割。

图 9-16 尺寸控制对话框

276

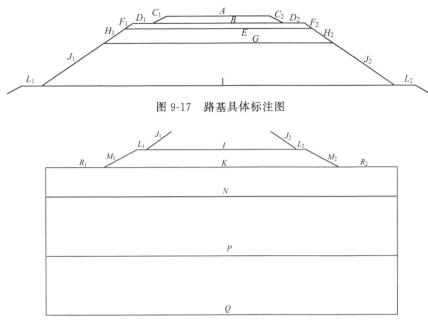

图 9-17 路基具体标注图

图 9-18 模型剩余各边标注情况图

重新单击 ➡ 选择目标 ,按表 9-3 内的目标线段分割数量依次完成输入。

表 9-3   各边尺寸控制分割数量表

标注号	分割数量
C_1、C_2、D_1、D_2、F_1、F_2、H_1、H_2、L_1、L_2	1
J_1、J_2、M_1、M_2	2
R_1、R_2	3
A、B	6
E、G、I	8
K	10

在主菜单中选择【网格】→【控制】→【相同播种线】,弹出如图 9-19 所示对话框。在【目标线】的 ➡ 选择目标 状态下,在工作平面上选择目标线段 N,在【基准线】的 ➡ 选择目标 状态下,在工作平面上选择基准线目标线段 R_1、K、R_2,【相同播种方法】选择【投影】,单击【适用】,播种成功。并以同样的方式分配播种 P 和 Q。最终完成所有目标的尺寸控制,效果图如图 9-20 所示。

图 9-19 匹配种子对话框

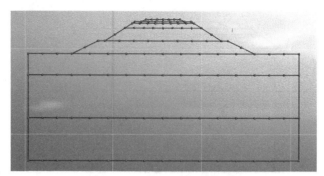

图 9-20　尺寸控制完成效果图

9.4.2　生成二维网格

在主菜单中选择【网格】→【生成】→【2D】,即弹出如图 9-21 所示对话框。首先选择【映射-区域】表单,选择【自动映射边界】,在 ![选择目标] 状态下,在工作平面中选择目标"$A\text{-}B\text{-}C_1\text{-}C_2$"围成的封闭区域。【播种方法】选择【尺寸】并输入"5",【属性】选择【仅显示】,在【网格组】中输入"轨道板(2D)",最后单击【适用】完成轨道板区域的二维网格划分,并进入下一目标的网格划分。以此类推,在【播种方法】和【属性】不变的情况下,依次完成上层加固路床(2D)、下层路床(2D)、上层路基(2D)、下层路基(2D)、土层 1(2D)、土层 2(2D)和风化岩层(2D)等各区域的二维网格划分。生成的二维网格效果图如图 9-22 所示。

图 9-21　生成网格(面)对话框

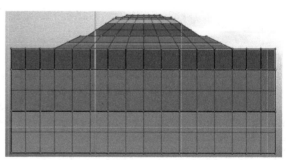

图 9-22　生成的二维网格效果图

9.4.3　网格拓展

沿 Y 轴方向将二维网格拓展成三维网格。本案例是将 50 m 的总长度划分生成 20 个网格单元。

在主菜单中选择【网格】→【延伸】→【扩展网格组】,即弹出如图 9-23 所示对话框。选择【2D→3D】表单,在工作面上的选择工具栏中,将【选择过滤器】设置为【单元(T)】,选择

【2D 单元】。在 选择2D单元(s) 状态下，首先选中【风化岩层】所有二维网格，并单击【删除】。在 选择方向 状态下，选择【Y 轴】作为延伸方向。【扩展信息】选择【均匀】，然后选择【偏移/次数】，在【偏移】中输入"2.5"，在【次数】中输入"20"。【属性】选择【风化岩层】，在【网格组】中输入"风化岩层"。单击【适用】，完成风化岩层网格由二维到三维的扩展。以相同的方式，生成土层 2、土层 1、下层路基、上层路基、下层路床、上层加固路床和轨道板的三维网格。最终生成的三维模型效果图如图 9-24 所示。

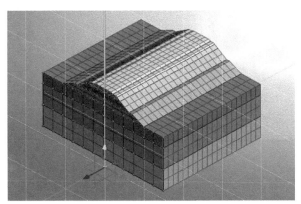

图 9-23　扩展网格组对话框　　　　　图 9-24　生成的三维模型效果图

9.5　特征值分析

在主菜单中选择【文件】→【另存为（A）】，弹出相应对话框，保存位置一般选择桌面，在【名称】中输入"特征值分析"，单击【保存】。

9.5.1　设置边界条件

选择【网格】→【单元】→【建立】，即弹出如图 9-25 所示对话框。在【其他】表单中，选择【地面曲面弹簧】。在 选择网格组 状态下，选择所有网格组，共八组。单击【地基反力模量】，在【弹性模量系数 a】中输入"1"。【边界组】勾选【固定底部条件】。在【网格组】中输入"弹性边界"，单击【确认】并退出对话框。

图 9-25　建立/删除单元对话框（1）

9.5.2　分析设置

选择【分析】→【分析工况】→【新建】，即弹出如图 9-26 所示对话框。在【标题】中输入"特征值"，【求解类型】选择【特征值】，激活所有网格和边界条件。单击【确认】完成分析设置并退出对话框。

图 9-26　添加/修改分析工况对话框(1)

9.5.3　运行分析

选择【分析】→【运行】，即弹出如图 9-27 所示对话框。勾选【特征值】，单击【确认】，即进入如图 9-28 所示运行状态。

图 9-27　MIDAS GTS NX 求解器对话框(1)　　图 9-28　MIDAS GTS NX 求解器运行状态对话框

9.5.4　特征值分析结果

分析运行完成后，单击工作树中的【结果】栏，双击"<u>特征值分析结果表格</u>"获取如图9-29所示的特征值分析结果。

REAL EIGENVALUES								
MODE NUMBER	EIGENVALUE	RADIANS	CYCLES	PERIOD	GENERALIZED MASS	GENERALIZED STIFFNESS	ORTHOGONALITY LOSS	ERROR MEASURE
1	6.683734e+001	8.175411e+000	1.301157e+000	7.685458e-001	1.000000e+000	6.683734e+001	0.000000e+000	2.491755e-012
2	8.682390e+001	9.317934e+000	1.482995e+000	6.743111e-001	1.000000e+000	8.682390e+001	0.000000e+000	1.205685e-012
3	1.285857e+002	1.133956e+001	1.804747e+000	5.540943e-001	1.000000e+000	1.285857e+002	0.000000e+000	1.450229e-012
4	1.367910e+002	1.169577e+001	1.861439e+000	5.372188e-001	1.000000e+000	1.367910e+002	0.000000e+000	2.937047e-012
5	1.679324e+002	1.295887e+001	2.062469e+000	4.848558e-001	1.000000e+000	1.679324e+002	0.000000e+000	1.462719e-012
6	1.739161e+002	1.318772e+001	2.098892e+000	4.764419e-001	1.000000e+000	1.739161e+002	0.000000e+000	0.000000e+000
7	1.775747e+002	1.332572e+001	2.120854e+000	4.715082e-001	1.000000e+000	1.775747e+002	0.000000e+000	0.000000e+000
8	2.020379e+002	1.421400e+001	2.262229e+000	4.420419e-001	1.000000e+000	2.020379e+002	0.000000e+000	8.509847e-011
9	2.047201e+002	1.430804e+001	2.277196e+000	4.391366e-001	1.000000e+000	2.047201e+002	0.000000e+000	5.635297e-011
10	2.121226e+002	1.456443e+001	2.318001e+000	4.314062e-001	1.000000e+000	2.121226e+002	0.000000e+000	3.948487e-009
MODAL EFFECTIVE MASS								
MODE NUMBER	T1	T2	T3	R1	R2	R3		
1	7.905553e+007	0.000000e+000	1.237258e-009	0.000000e+000	9.932215e+009	0.000000e+000		
2	0.000000e+000	2.695108e-008	0.000000e+000	3.472086e-006	0.000000e+000	3.576571e+010		
3	0.000000e+000	5.941533e+007	0.000000e+000	2.813284e+006	0.000000e+000	5.289719e-006		
4	6.401439e-010	0.000000e+000	5.589816e+007	0.000000e+000	9.115002e-007	0.000000e+000		
5	0.000000e+000	1.091965e+007	0.000000e+000	1.487874e+010	0.000000e+000	3.430112e-005		
6	0.000000e+000	6.346949e-009	0.000000e+000	1.210549e-005	0.000000e+000	4.177493e+009		
7	2.371678e+006	0.000000e+000	1.330811e-008	0.000000e+000	1.012553e-007	0.000000e+000		
8	1.125092e+001	0.000000e+000	1.117142e-008	0.000000e+000	1.405009e+009	0.000000e+000		
9	0.000000e+000	1.432820e+007	0.000000e+000	3.860209e+009	4.438028e-012	1.663712e-007		
10	2.728261e+010	2.270969e-011	9.433793e+004	3.877171e-011	1.086678e-004	3.784422e-012		
TOTAL	8.142722e+007	8.466319e+007	5.599250e+007	1.874176e+010	2.146275e+010	3.994321e+010		
TOTAL IN MODEL	1.823385e+008	1.823385e+008	1.823385e+008	5.202685e+010	6.641136e+010	9.073674e+010		
PERCENTAGE MODAL EFFECTIVE MASS								
MODE NUMBER	T1	T2	T3	R1	R2	R3		
1	43.36%	0.00%	0.00%	0.00%	14.96%	0.00%		
2	0.00%	0.00%	0.00%	0.00%	0.00%	39.42%		
3	0.00%	32.59%	0.00%	0.01%	0.00%	0.00%		
4	0.00%	0.00%	30.66%	0.00%	0.00%	0.00%		
5	0.00%	5.99%	0.00%	28.60%	0.00%	0.00%		
6	0.00%	0.00%	0.00%	0.00%	0.00%	4.60%		
7	1.30%	0.00%	0.00%	0.00%	15.25%	0.00%		

图9-29　特征值分析结果

9.6　时程分析

9.6.1　设置荷载条件

打开在特征值分析前保存的特征值分析文件，即未指定边界条件的三维网格模型。在此模型上开始设置边界条件和荷载条件，进行列车时程动荷载分析。

选择【动力分析】→【列车动力荷载表】，即弹出如图9-30所示对话框。在【对象】的 <u>选择目标</u> 状态下，在如图9-31所示的工作面中选择列车荷载施加的节点（即车轮通过点），左侧轨迹节点共21个。选择【开始节点】和【结束节点】，即根据火车的方向选择开始和结束的节点。【列车类型】为【KTX，20 cars，Korea】，【名称】改为"KTX，20 cars，Korea左"，在【列车速度】中输入"88.33"。【方向】选择【−Z】。【动力荷载组】选择【列车动荷载】。

单击【显示图形】，弹出如图9-32所示预览。经检查无误后即可单击【取消】退出。单击图9-30对话框中的【适用】完成左侧轨迹线的单元荷载建立。以同样的方式完成右侧轨迹荷载布置。最终可得如图9-33所示的模型图。

MIDAS GTS NX数值模拟技术与工程应用

图 9-30　列车动力荷载表格对话框

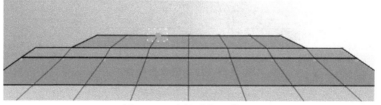

图 9-31　选择对象工作面

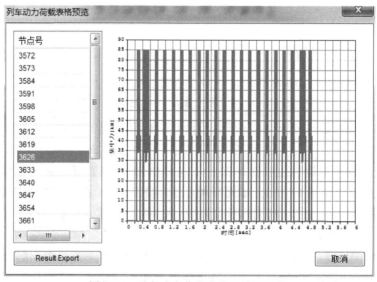

图 9-32　列车动力荷载表格预览对话框

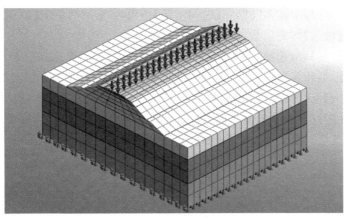

图 9-33　列车轮迹动力荷载加载模型图

9.6.2　设置边界条件

选择【网格】→【单元】→【建立】,即弹出如图 9-34 所示对话框。在【其他】表单中,选择【地面曲面弹簧】,并在 ➡ 选择目标 状态下选择所有网格。选中【阻尼常数/面积】,并勾选【固定底部条件】,在【网格组】中输入"黏性边界"。单击【确认】,完成设置并退出对话框。

图 9-34　建立/删除单元对话框(2)

9.6.3　分析设置

选择【分析】→【分析工况】→【新建】,即弹出如图 9-35 所示对话框。在【标题】中输入"列车动荷载",【求解类型】选择【线性时程(直接积分法)】。

单击【时间步骤】→【定义时间步骤】,即弹出如图 9-36 所示对话框。在【名称】中输入

"时间",在【持续时间】中输入"3",在【时间增量】中输入"0.03",单击【添加】后退出当前对话框,最后单击【确认】即完成添加设置。

单击【分析控制】后,选择【动力】表单,单击【阻尼方法】后弹出如图 9-37 所示对话框。选择【使用模态阻尼计算】,【系数计算】选择【周期】,在【模态 1】、【模态 2】对应的周期中输入【特征值分析表】保存的数据:"0.768 546 8"和"0.537 218 8"。【阻尼比】均输入"0.5"。单击【确认】完成阻尼设置并退出当前对话框。在如图 9-35 所示对话框中将所有网格、边界条件、动力荷载拖到激活组。单击【确认】完成分析设置。

图 9-35　添加/修改分析工况对话框(2)

图 9-36　定义时间步骤对话框

图 9-37　阻尼方法对话框

9.6.4 运行分析

选择【分析】→【运行】，即弹出如图 9-38 所示对话框。勾选【列车动荷载】，单击【确认】，开始运行分析。

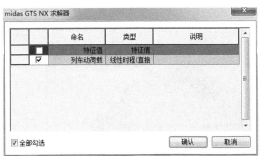

图 9-38 MIDAS GTS NX 求解器对话框（2）

9.7 结果处理

分析结束后，在结果目录树中生成分析结果，如图 9-39 所示，可以在结果目录树中查看变形、应力等分析结果。在本案例中主要查看特定时间的位移【Displacements】和土压力【Solid Stresses】等选项，如图 9-40 所示。

图 9-39 结果目录树（1）

图 9-40 本案例具体分析结果（共 11 个）

9.7.1 时程位移结果分析

1.分析动态云图

从目录树中的【INCR＝1】～【INCR＝100】中任选一个阶段，本案例选择最后一个即将完成的阶段分析,图形最为明显。选择【Displacements】→【TOTAL TRANSLATION (V)】,在工作面中可查看移动荷载总体位移云图,如图 9-41 所示。依次分别双击【T_X TRANSLATION(V)】、【T_Y TRANSLATION(V)】、【T_Z TRANSLATION(V)】可分别查看移动荷载 X 轴方向位移云图、Y 轴方向位移云图、Z 轴方向位移云图,如图 9-42~图 9-44 所示。

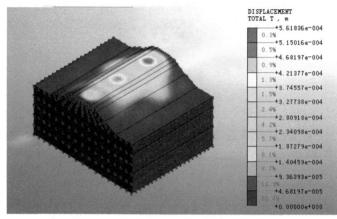

图 9-41　移动荷载总体位移云图

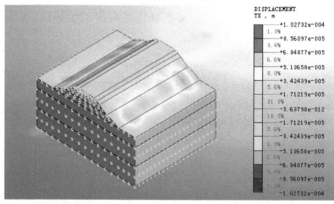

图 9-42　移动荷载 X 轴方向位移云图

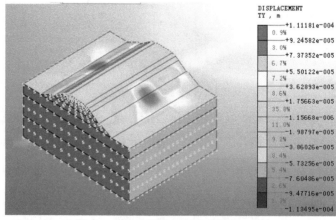

图 9-43　移动荷载 Y 轴方向位移云图

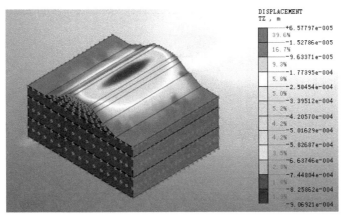

DISPLACEMENT
TZ , m

+6.57797e-005
-1.52786e-005
-9.63371e-005
-1.77395e-004
-2.58454e-004
-3.39512e-004
-4.20570e-004
-5.01629e-004
-5.82687e-004
-6.63746e-004
-7.44804e-004
-8.25862e-004
-9.06921e-004

39.6%
16.7%
9.3%
5.8%
5.0%
5.2%
4.2%
4.2%
3.5%
2.8%
1.8%
1.5%

图 9-44　移动荷载 Z 轴方向位移云图

2.提取表格以及生成曲线图形

选择【结果】→【高级】→【提取结果】,即弹出如图 9-45 所示对话框。

【分析组】选择【列车动荷载】,【结果类型】选择【Displacements】,【结果】选择【TOTAL TRANSLATION(V)】,【步骤:结果】选择 1～100 时程,【顺序】选择【步骤】,【节点结果提取】选择【最大】,最后单击【表格】即弹出如图 9-46 所示的结果提取数据表格。选中"号"和"最大"并单击鼠标右键。单击【显示图形】,即生成如图 9-47 所示的曲线,可观察列车动荷载对地表位移的影响。同理,还可以分别提取 X 轴、Y 轴、Z 轴的位移最大值曲线或最大绝对值曲线等。

提取结果

输出数据

分析组　　　列车动荷载

结果类型　　Displacements

结果　　　　TOTAL TRANSLATION (V)

步骤结果

☑线性时程(直接积分法):INCR=1 (TIME=3.00
☑线性时程(直接积分法):INCR=2 (TIME=6.00
☑线性时程(直接积分法):INCR=3 (TIME=9.00
☑线性时程(直接积分法):INCR=4 (TIME=1.20
☑线性时程(直接积分法):INCR=5 (TIME=1.50
☑线性时程(直接积分法):INCR=6 (TIME=1.80

选择全部　　取消选择全部

顺序

◉步骤　　　○节点

节点结果提取
○用户定义

排序　X　Y　Z　□升序

◉最大　○最小　○最大绝对值
□仅显示节点/单元

提取单元位置

表格　　关闭

图 9-45　提取结果对话框

号	步骤	步骤值	节点	最大(m)
1	线性时程(直接积分法):INCR=1 (TI	3.000000e-002	907	0.000000e+000
2	线性时程(直接积分法):INCR=2 (TI	6.000000e-002	907	0.000000e+000
3	线性时程(直接积分法):INCR=3 (TI	9.000000e-002	907	0.000000e+000
4	线性时程(直接积分法):INCR=4 (TI	1.200000e-001	907	0.000000e+000
5	线性时程(直接积分法):INCR=5 (TI	1.500000e-001	907	0.000000e+000
6	线性时程(直接积分法):INCR=6 (TI	1.800000e-001	907	0.000000e+000
7	线性时程(直接积分法):INCR=7 (TI	2.100000e-001	907	0.000000e+000
8	线性时程(直接积分法):INCR=8 (TI	2.400000e-001	907	0.000000e+000
9	线性时程(直接积分法):INCR=9 (TI	2.700000e-001	907	0.000000e+000
10	线性时程(直接积分法):INCR=10 (	3.000000e-001	907	0.000000e+000
11	线性时程(直接积分法):INCR=11 (	3.300000e-001	907	0.000000e+000
12	线性时程(直接积分法):INCR=12 (	3.600000e-001	907	0.000000e+000
13	线性时程(直接积分法):INCR=13 (	3.900000e-001	907	0.000000e+000
14	线性时程(直接积分法):INCR=14 (	4.200000e-001	907	0.000000e+000
15	线性时程(直接积分法):INCR=15 (	4.500000e-001	907	0.000000e+000
16	线性时程(直接积分法):INCR=16 (	4.800000e-001	907	0.000000e+000
17	线性时程(直接积分法):INCR=17 (	5.100000e-001	907	0.000000e+000
18	线性时程(直接积分法):INCR=18 (	5.400000e-001	907	0.000000e+000
19	线性时程(直接积分法):INCR=19 (	5.700000e-001	907	0.000000e+000
20	线性时程(直接积分法):INCR=20 (	6.000000e-001	907	0.000000e+000

图 9-46　结果提取数据表格(部分)

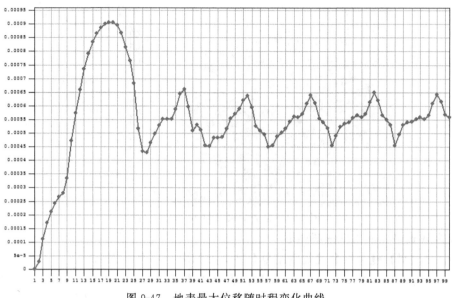

图 9-47 地表最大位移随时程变化曲线

9.7.2 时程土压力分析

在结果目录树中选择【时程 100】,双击得到如图 9-48 所示的目录树。其中【S-*XX*】、【S-*YY*】、【S-*ZZ*】分别表示各个方向上的应力,【S-XY】、【S-YZ】、【S-ZX】分别表示各个平面上的应力,【S-PRINCIPAL A(V)】、【S-PRINCIPAL C(V)】分别表示最小主应力和最大主应力。双击该项即可查看具体内容。图 9-49~图 9-53 为不同方向、不同平面的应力云图。

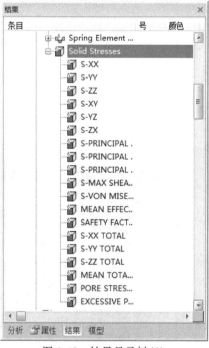

图 9-48 结果目录树(2)

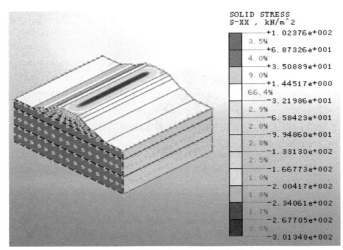

图 9-49　X 轴方向 100 时程应力云图

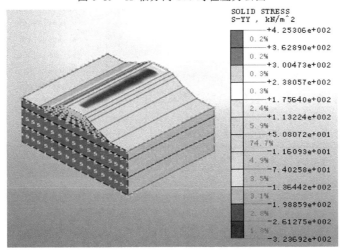

图 9-50　Y 轴方向 100 时程应力云图

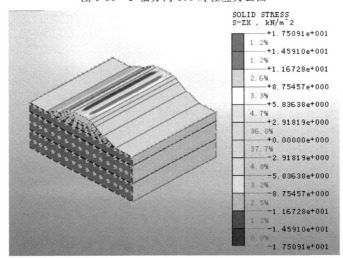

图 9-51　ZX 平面 100 时程应力云图

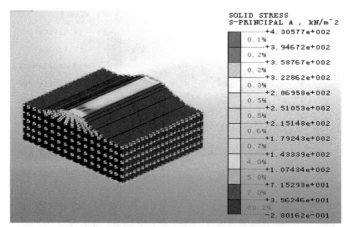

图 9-52　最小主应力 100 时程应力云图

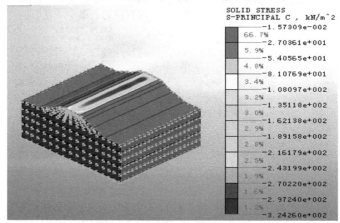

图 9-53　最大主应力 100 时程应力云图

　　按照第 9.7.1 节中提取表格的方法,提取出最大主应力在 1~100 时程中的变化曲线,如图 9-54 所示。

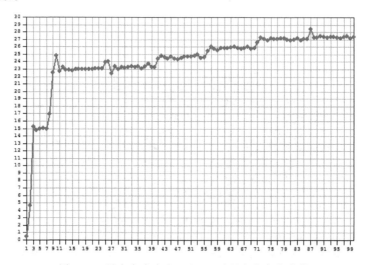

图 9-54　最大主应力在 1~100 时程中的变化曲线

9.8 本章小结

本章主要通过一个三维列车动荷载分析案例,简单介绍了 MIDAS GTS NX 模拟列车在行进过程中对路基和轨道板的应力和其他影响过程。主要包括对不同土层、路基层和路面层的材料属性的定义,对模型做出特征值分析和时程分析,以及分析后对结果的处理和表格曲线的获取。通过对案例的模拟分析操作,初学者可以对使用MIDAS GTS NX进行三维列车动荷载分析有大致的了解。初学者应加强操作练习,才可熟练操作,达到学以致用的目的。

第10章 渗流及渗流-应力耦合分析案例

10.1 地下水渗流分析

10.1.1 概要

本案例主要是对有围护墙和维护板的挖掘模型进行排水分析。实际并未建立围护墙和维护板,而是将其按照边界条件来处理。本案例是要在土体中分两步开挖一个深度和宽度均为 6 m 的基坑,模型长度为 30 m、宽度为 20 m、深度为 18 m,共有四个土层,分别为土 1(3 m)、土 2(2 m)、土 3(5 m)、土 4(8 m)。案例三维模型如图 10-1 所示。

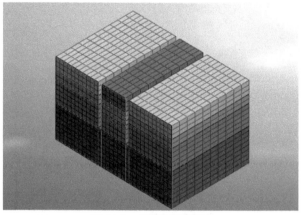

图 10-1 案例三维模型

10.1.2 定义材料属性

1.材料构成及特性

岩土材料由四个土层构成,各网格组的材料和特性、岩土材料的非饱和特性的特征值见表 10-1 和表 10-2。

表 10-1 各网格组的材料和特性

网格组名称	土 1	土 2	土 3	土 4
材料特性	各向同性	各向同性	各向同性	各向同性
模型类型	弹性	弹性	弹性	弹性
弹性模量/kPa	2 000 000	2 000 000	2 000 000	2 000 000

网格组名称	土 1	土 2	土 3	土 4
泊松比	0.3	0.3	0.3	0.3
容重/$(kN \cdot m^{-3})$	25	25	25	25
K_0	1	1	1	1
容重(饱和)/$(kN \cdot m^{-3})$	25	25	25	25
初始孔隙比	0.5	0.5	0.5	0.5
排水参数	排水	排水	排水	排水
渗透系数 $k(k_x = k_y = k_z)$	0.002 4	0.004 8	0.006 0	0.007 2
非饱和特性	非饱和(1)	非饱和(1)	非饱和(1)	非饱和(1)

表 10-2 岩土材料的非饱和特性的特征值

非饱和特性函数	非饱和特征值	
渗透函数	函数类型	加德纳系数
	α	0.1
	n	3
含水量函数	函数类型	Van Genuchten 模型
	θ_r	0.3
	θ_s	0.6
	α	0.1
	n	2
	m	2

2.定义特性

(1)运行

运行 MIDAS GTS NX,单击【文件】菜单,在下拉列表中选择【新建】,弹出如图 10-2 所示对话框。对话框中【项目名称】、【用户名】和【说明】可根据用户要求自定义。本案例【项目名称】应为"渗流分析",【模型类型】选择【3D】,【重力方向】选择【Z】,【单位系统】分别选择【kN】、【m】和【day】,【初始参数】按照图 10-2 所示的默认数据输入即可,单击【确定】完成设置并退出对话框。

(2)定义材料及属性

在三维分析中,岩土体的属性是实体类型,在建模前应先定义好模型中需要使用的所有材料属性。

①定义土体材料

在左侧工作树中选择【模型】→【材料】→

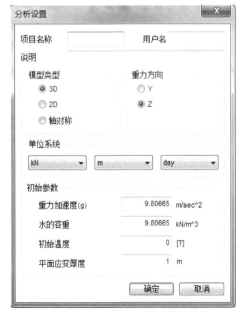

图 10-2 分析设置对话框(1)

【各向同性】→【添加】,弹出如图 10-3 所示对话框。在【号】中输入"1",在【名称】中输入"土1",【模型类型】选择【弹性】。首先选择【一般】表单,在【弹性模量】中输入"2 000 000",在【泊松比】中输入"0.3",在【容重】中输入"25",在【K₀】中输入"1"。然后选择【渗透性】表单,对话框如图 10-4 所示。在【容重(饱和)】中输入"25",在【初始孔隙比】中输入"0.5",【排水参数】选择【排水】,勾选【非饱和特性】,单击【非饱和特性】右侧的,在非饱和特性对话框里单击【添加】,然后在下拉列表里选择【独立】即可弹出如图 10-5 所示对话框,在【函数名称】中输入"非饱和特性函数",勾选【渗透图形选项】中的【X 轴对数刻度】,【渗透性函数数据】和【含水率函数数据】中具体的数据按表 10-2 输入,单击【重绘图形】查看变化的图表,最后单击【确定】。回到【渗透性】表单后在【渗透系数】的【K_X】、【K_Y】、【K_Z】中均输入"0.002 4";在【贮水率】中输入"0",最后单击【适用】,即完成土 1 材料的定义。

图 10-3　材料对话框(1)

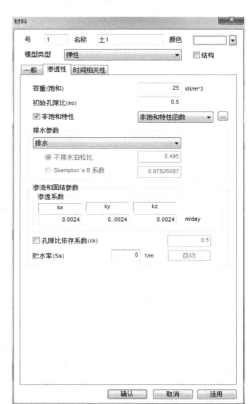

图 10-4　材料对话框(2)

　　根据表 10-1 中的数据参数,继续以同样的操作步骤完成土 2、土 3 和土 4 的定义。
　　②定义属性
　　在模型主菜单中选择并双击【属性】,弹出如图 10-6 所示的模型目录树,使用鼠标右键单击【3D】→【添加】,弹出如图 10-7 所示对话框。在【号】中输入"1",在【名称】中输入"土1",【材料】选择【土1】,【材料坐标系】选择【整体直角】,最后单击【适用】。依次对应添加其他材料属性,具体见表 10-3。最后单击【确认】退出对话框。

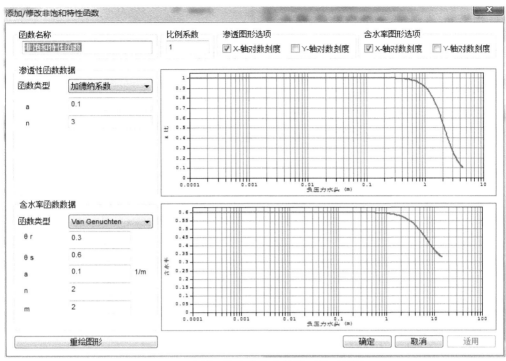

图 10-5 添加/修改非饱和特性函数对话框

图 10-6 模型目录树

图 10-7 建立/修改 3D 属性对话框

表 10-3 　　　　　　　　　　　　　　材料属性

网格组名称	土 1	土 2	土 3	土 4
网格类型	3D	3D	3D	3D
材料名称	土 1	土 2	土 3	土 4

使用鼠标右键单击【2D】→【添加】,弹出如图 10-8 所示对话框。单击【仅显示(2D)】表单,在【号】中输入"5",在【名称】中输入"仅显示",单击【确认】退出对话框,材料属性定义完成。

图 10-8　建立/修改 2D 属性对话框

10.1.3　二维几何建模

运用【定点与曲线】中的【矩形】和【直线】功能建立二维模型。

(1)建立整体岩土层

首先,在视图工具栏中单击 ⊞ WP 法向,在主菜单中选择【几何】→【定点与曲线】→【▱矩形】,即可弹出如图 10-9 所示对话框,【方法】选择 ▱,显示【输入一个角点】。在【位置】中输入"$-15,18$",输入坐标前应将输入法切换成英文输入法,【方法】选择【绝对值 x,y】,确认未勾选【生成面】,单击【Enter】键。此时弹出如图 10-10 所示对话框,在【输入对角点】的【位置】中输入指标值"$30,-18$",【方法】选择【相对值 dx,dy】,其他选项不变,单击【Enter】键后再单击【取消】,即可完成二维矩形的建立。

图 10-9　矩形对话框(1)

图 10-10　矩形对话框(2)

(2)利用直线生成区分施工阶段、围护墙和底层的线

在主菜单中选择【几何】→【定点与曲线】→【▱直线】,即可弹出如图 10-11 所示对话

框,进入【2D】表单,在【输入起始位置】的【位置】中输入"一3,18",输入坐标前应将输入法切换成英文输入法,【方法】选择【绝对值 x , y 】,单击【Enter】键。此时弹出如图 10-12 所示对话框,在【输入结束位置】的【位置】中输入"0,一18",【方法】选择【相对值 dx ,dy 】后再单击【Enter】键。重复上述步骤,利用同样的方法分别生成"3,18"到"0,一18";"一4,18"到"0,一18";"4,18"到"0,一18";"一15,15"到"30,0"的直线。最后单击【取消】,退出线对话框。

图 10-11　线对话框(1)　　　　　图 10-12　线对话框(2)

在主菜单中选择【几何】→【旋转】→【移动复制】,即可弹出如图 10-13 所示对话框,进入【移动】表单,在　选择目标对象　状态下选择"一15,15"到"30,0"生成的直线为目标对象,在　选择方向　状态下选择"Y 轴",确认未勾选【2 点矢量】,【方法】选择【复制(非均匀)】,在【距离】中输入"4@一1,一3",单击【确认】,即生成如图 10-14 所示的二维模型几何图。

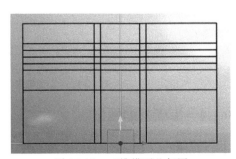

图 10-13　转换对话框　　　　　　图 10-14　二维模型几何图

(3)交叉分割

在主菜单中选择【几何】→【顶点与曲线】→【⌧交叉分割】,即可弹出如图 10-15 所示对话框,进入【3D】表单,在　选择目标对象　状态下选择全部直线和矩形,共 11个目标,单击【确认】,退出交叉分割对话框。

MIDAS GTS NX数值模拟技术与工程应用

图 10-15　交叉分割对话框(1)

　　所有的线只有在交叉位置彼此分割的情况下才能正常地生成网格。所以为了将所有的线在交叉处分割，应利用交叉分割功能完成，并删除未使用的线。图 10-16 所示的标记加粗部分线段是要删除的目标。选中目标之后单击键盘上的【Delete】键，在删除对话框中单击【确认】，即可得到如图 10-17 所示的二维模型几何图。

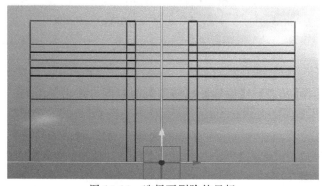

图 10-16　选择要删除的目标

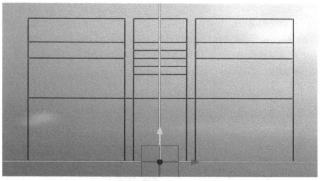

图 10-17　完成删除后的二维模型几何图

10.1.4　生成二维网格

1.尺寸控制

　　在主菜单中选择【网格】→【控制】→【尺寸控制】，弹出如图 10-18 所示对话框。默认选择【线】表单，在 选择目标 状态下，在二维几何图上选择全部线段，【方法】选择【单元长度】，在【网格尺寸】中输入"1"，【名称】自定义即可。单击 预览，可以看到分割情况，单击【确认】，完成上述所选目标的网格尺寸分割。

图 10-18　尺寸控制对话框

2.二维网格划分

为了在由边界线定义的区域里生成网格,需要使用在内部生成网格的映射-区域功能。

在主菜单中选择【网格】→【生成】→【2D】,弹出如图 10-19 所示对话框,选择【映射-区域】表单,在 ⟦ 选择目标 ⟧ 状态下,选择封闭区域 A ,【播种方法】选择【尺寸】并输入"1",【属性】选择【仅显示】,【网格组】名称使用默认即可。单击【适用】,继续选择下一个区域。根据图 10-20 所示区域编号顺序依次以相同的操作步骤生成二维网格。按流程操作完成共 17 个区域网格划分,完成后如图 10-21 所示。

图 10-19　生成网格(面)对话框

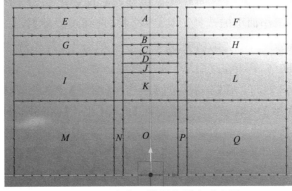

图 10-20　生成二维网格顺序示意图

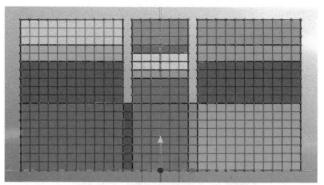

图 10-21 二维网格划分完成图

10.1.5 生成三维网格

1.利用生成的四边形二维网格扩展成六面体单元

首先建立注册生成二维网格的网格组。在主菜单中选择【网格】→【网格组】→【建立】,弹出如图 10-22 所示对话框,选择【建立】表单,在【名称】中输入"第一阶段",单击【适用】;依次以同样的操作添加"第二阶段"和"第三阶段"网格组。

图 10-22 网格组对话框

2.扩展二维网格并将其注册到生成的网格组里

在主菜单中选择【网格】→【延伸】→【扩展网格】,即弹出如图 10-23 所示对话框。选择【2D→3D】表单,在工作面上的选择工具栏中,将【选择过滤器】设置为【单元(T)】,并选择【2D 单元】。在 选择2D单元(s) 状态下,首先选中如图 10-20 所示的 A 区域的所有二维网格,再单击【删除】选项删除。在 选择方向 状态下,选择 Y 轴作为延伸方向。在【扩展信息】栏选择【均匀】,然后选择【偏移/次数】,在【偏移】中输入"2",在【次数】中输入"10"。【属性】选择【土 1】,在【网格组】中输入"第一阶段-土 1",单击【适用】,完成第一阶段-土 1 网格由二维到三维的扩展。然后以相同的方式,选定 B、C 区域,【属性】选择【土 2】,在【网格组】中输入"第二阶段-土 2",单击【适用】,完成第二阶段-土 2 网格由二维到三维的扩展。同理,按照表 10-4 依次完成其他网格扩展,即可得到如图 10-24 所示的三维模型效果图。

图 10-23　扩展网格组对话框

表 10-4　　　　　　　　　各区域标注、网格组命名及属性

区域标注号	网格组命名	属性
A	第一阶段-土 1	土 1
B、C	第二阶段-土 2	土 2
D	第二阶段-土 3	土 3
E、F	第三阶段-土 1	土 1
G、H	第三阶段-土 2	土 2
I、J、K、L	第三阶段-土 3	土 3
M、N、O、P、Q	第三阶段-土 4	土 4

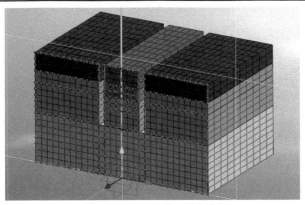

图 10-24　三维模型效果图

10.1.6 设置边界条件

1.设置"总水位"边界条件

在视图工具栏中选择🔲前视图,在菜单栏选择【渗流/固结分析】→【边界】→【节点水头】,即弹出如图 10-25 所示对话框。选择【节点水头】表单,在【名称】中输入"节点水头-1",【类型】选择【节点】,在【➡️ 选择目标】状态下,框选如图 10-26 所示的目标节点,在【值】中输入"16",【类型】选择【总】,确认【函数】和【如果总水头＜潜水头,则 $Q=0$】均为未勾选状态,在【边界组】中输入"总水位",单击【适用】。

图 10-25 渗流边界对话框(1)

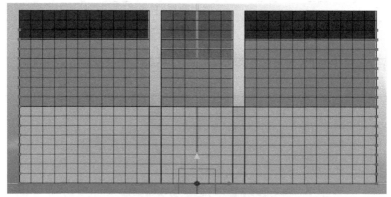

图 10-26 总水位目标节点

2.设置"总水位 1"边界条件

如图 10-27 所示,在【节点水头】表单中,在【名称】中输入"节点水头-2",【类型】选择【节点】,在【➡️ 选择目标】状态下,框选如图 10-28 所示的目标节点,在【值】中输入"1",【类型】选择【总】,确认勾选【函数】。单击【函数】右侧的🔳,弹出如图 10-29 所示对话框,在【名称】中输入"Func Stage 1",在【时间】的第一行输入"0.000 0"后单击【Enter】键,在【数值】的第一行输入"16.000 0"后单击【Enter】键;在【时间】的第二行输入"7.000 0"后单击【Enter】键,在【数值】的第二行输入"15.000 0"后单击【Enter】键;在【时间】的第三行输入"30.000 0"后单击【Enter】键,在【数值】的第三行输入"15.000 0",后单击【Enter】键,最后单击【适用】。采用同样的操作方法,在【名称】中输入"Func Stage 2 ",【时间】均不变,【数值】分别更改为"15.000 0"、"12.000 0"、"12.000 0",单击【Enter】键后单击【确认】并退出对话框。在渗流边界对话框中,节点水头的【函数】选择"Func Stage 1",在【边界组】中输入"总水位1",单击【适用】。

图 10-27　渗流边界对话框(2)

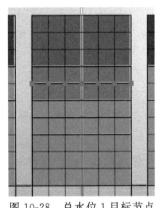

图 10-28　总水位1目标节点

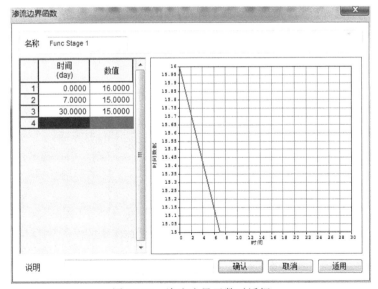

图 10-29　渗流边界函数对话框

303

3.设置"总水位 2"边界条件

如图 10-30 所示,在【节点水头】表单中,在【名称】中输入"节点水头-3",【类型】选择【节点】,在【→ 选择目标 】状态下,框选如图 10-31 所示的目标节点,在【值】中输入"1",【类型】选择【总】,确认勾选【函数】。并选择【Func Stage 2】,在【边界组】中输入"总水位 2",单击【适用】。

图 10-30 渗流边界对话框(3)

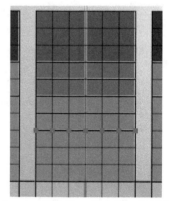

图 10-31 总水位 2、总水位 3 目标节点

4.设置"总水位 3"边界条件

如图 10-32 所示,在【节点水头】表单中,在【名称】中输入"节点水头-4",【类型】选择【节点】,在【→ 选择目标 】状态下,框选如图 10-31 所示的节点目标,在【值】中输入"11",【类型】选择【总】,确认未勾选【函数】和【如果总水头＜潜水头,则 $Q=0$】,在【边界组】中输入"总水位 3",单击【确认】退出对话框。

图 10-32 渗流边界对话框(4)

10.1.7 定义施工阶段

在视图工具栏中选择等轴侧视图,在主菜单中选择【渗流/固结分析】→【施工阶段】→【施工阶段管理】,弹出如图 10-33 所示对话框,在【名称】中输入"渗流分析",【阶段类型】选择【渗流】,单击【添加】。

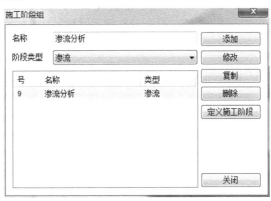

图 10-33 施工阶段组对话框(1)

1.生成第一个施工阶段

在如图 10-33 所示对话框中所示单击【定义施工阶段】,弹出如图 10-34 所示对话框。【施工阶段组名称】选择"渗流分析",在【阶段名称】中输入"第一阶段渗流",【阶段类型】选择【稳态】,将【组数据】中【网格】的"第一阶段-土 1""第二阶段-土 2""第二阶段-土 3""第三阶段-土 1""第三阶段-土 2""第三阶段-土 3""第三阶段-土 4"拖动到【激活数据】,将【边界条件】的"总水位"拖动到【激活数据】,【显示数据】选择【全部】,单击【保存】。

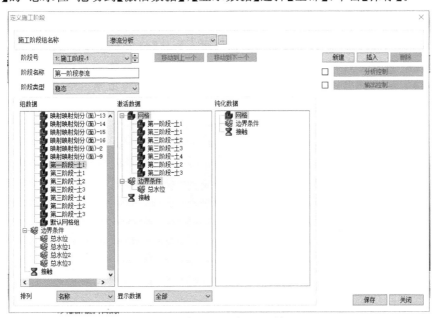

图 10-34 定义施工阶段对话框(1)

2.生成第二个施工阶段

在如图 10-34 所示对话框中单击【新建】,弹出如图 10-35 所示对话框。在【阶段名称】中输入"第二阶段渗流",【阶段类型】选择【瞬态】,将【组数据】中【边界条件】的"总水位"和"总水位 1"拖动到【激活数据】,将"第一阶段-土 1"拖动到【钝化数据】。单击 时间步骤... ,弹出如图 10-36 所示对话框,选择【用户步骤定义】,在【定义时间】中输入"7,20,30"(输入时应在英文输入法状态下完成),单击【生成步骤】,并勾选【保存步骤】,最后单击【确认】,并退出对话框。在如图 10-35 所示对话框中【显示数据】选择【全部】,单击【保存】。

图 10-35　定义施工阶段对话框(2)　　　　图 10-36　时间步骤对话框

3.生成第三个施工阶段

在如图 10-35 所示对话框中单击【新建】,弹出如图 10-37 所示对话框。在【阶段名称】中输入"第三阶段渗流",【阶段类型】选择【瞬态】,将【组数据】中【边界条件】的"总水位 2"拖动到【激活数据】,将"第二阶段-土 2""第二阶段-土 3"拖动到【钝化数据】。单击 时间步骤... ,弹出如图 10-36 所示对话框,操作步骤与生成第二个施工阶段相同。

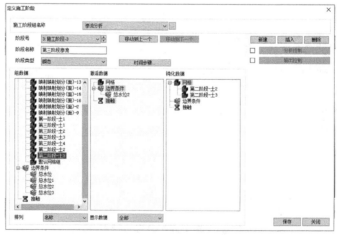

图 10-37　定义施工阶段对话框(3)

4.生成第四个施工阶段

在如图 10-38 所示对话框中,在【阶段名称】中输入"第四阶段渗流",【阶段类型】选择【瞬态】,将【组数据】中【边界条件】的"总水位 3"拖动到【激活数据】,将"总水位 2"拖动到【钝化数据】。【显示数据】选择【全部】,单击【保存】。

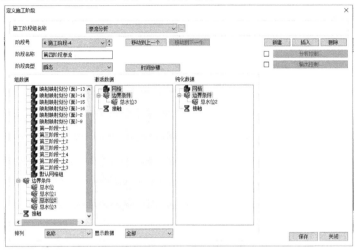

图 10-38 定义施工阶段对话框(4)

10.1.8 分析设置

单击主菜单【分析】→【分析工况】→【新建】,即弹出如图 10-39 所示对话框,在【标题】中输入"渗流分析 1",【求解类型】选择【施工阶段】,单击【分析控制】，弹出如图 10-40 所示对话框,在【非线性】表单中,【内力(P)】中输入"0.01",单击【确认】并退回到如图 10-39 所示对话框,单击【确认】,完成渗流分析设置。

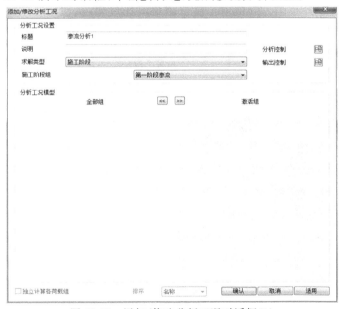

图 10-39 添加/修改分析工况对话框(1)

图 10-40 分析控制对话框

10.1.9　运行分析

选择【分析】→【运行】,即弹出如图 10-41 所示对话框。勾选【渗流分析】,单击【确认】即进入运行状态。

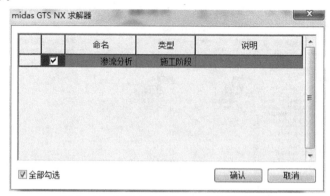

图 10-41　MIDAS GTS NX 求解器对话框

10.1.10　渗流分析结果

1.查看各阶段孔隙水压力变化过程

单击工作目录树中的【结果】栏,双击【渗流 3】→【第 三 阶 段 渗 流—INCR=1 (LOAD=1.000) 】→【PORE PRESSURE】弹出如图 10-42 所示三维分布图。在主菜单单击【结果】→【一般】→【平滑】→【条纹】,单击【前视图】,得到如图 10-43 所示的分布图。双击【第三阶段渗流—INCR=1 (TIME=7.000e+000) 】→【PORE PRESSURE】,弹出如图 10-44 所示分布图。双击【第三阶段渗流—INCR=2 (TIME=2.000e+001) 】→【PORE PRESSURE】,弹出如图 10-45 所示分布图。分析第三阶段渗流对比可知,从初始时间到第 7 天孔隙水压力变化最为明显,7 天以后孔隙水压力趋于稳定。

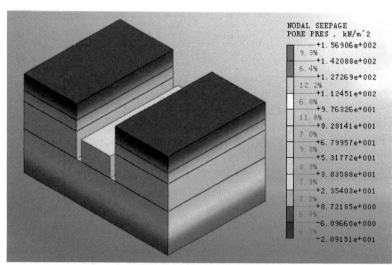

图 10-42　第三阶段孔隙水压力三维分布图

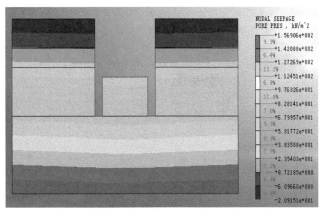

图 10-43　第三阶段初始孔隙水压力分布图

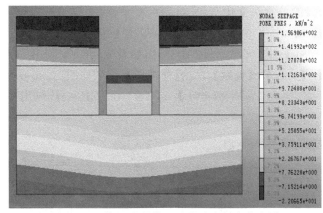

图 10-44　第三阶段第 7 天孔隙水压力分布图

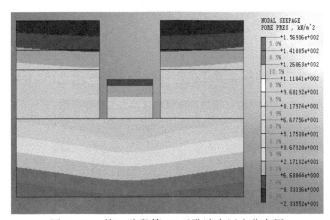

图 10-45　第三阶段第 20 天孔隙水压力分布图

　　双击【第四阶段渗流—![INCR图标] INCR=1 (LOAD=1.000)】→【PORE PRESSURE】弹出如图 10-46
所示分布图。分析第三阶段渗流、第四阶段渗流对比可知,第四阶段改变水位边界条件,
瞬态变为稳态后,孔隙水压力分布发生了变化。

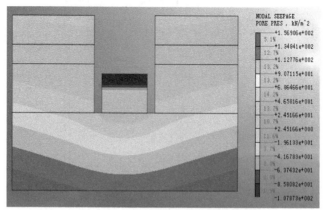

图 10-46　第四阶段孔隙水压力分布图

2.查看施工阶段的总水头变化

单击工作目录树中的【结果】栏,双击【渗流 3】→【第三阶段渗流—INCR=1 (LOAD=1.000)】→【TOTAL HEAD】弹出如图 10-47 所示三维分布图。在主菜单单击【结果】→【一般】→【平滑】→【连续】,单击【前视图】,得到如图 10-48 所示的分布图。双击【第四阶段渗流—INCR=1 (LOAD=1.000)】→【TOTAL HEAD】,弹出如图 10-49 所示分布图。

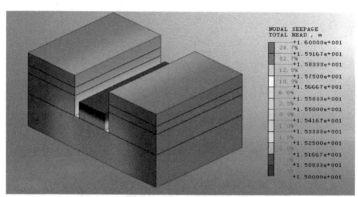

图 10-47　第三阶段渗流总水头三维分布图

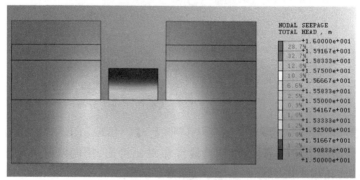

图 10-48　第三阶段渗流总水头分布图

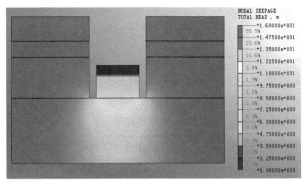

图 10-49 第四阶段渗流总水头分布图

3.查看第四阶段的流速等值线

单击工作目录树中的【结果】栏，双击【渗流 4】→【第四阶段渗流—INCR=1 (LOAD=1.000)】→【FLOW VELOCITY RESULTANT(V)】，在主菜单单击【结果】→【一般】，单击【矢量】，选择【向量】，单击【云图】确定其未被选择，最后单击【前视图】，得到如图 10-50 所示等值线分布图。

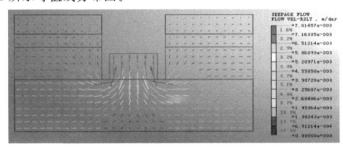

图 10-50 第四阶段渗流流速等值线分布图

10.2 渗流-应力耦合分析

10.2.1 概要

本案例是分析一个分 3 步开挖的宽度为 6 m、深度为 6 m 的基坑，基坑采用圆形立柱支护，立柱长度为 10 m，间距为 1 m，共取 14 根。模型长度为 15 m，深度为 12 m，共分 3 层，分别为回填土、风化土和风化岩。案例三维模型如图 10-51 所示。

图 10-51 案例三维模型

10.2.2 定义材料属性

1.材料构成及属性

岩土材料由 3 个土层构成,各网格组的材料特征值、材料属性见表 10-5 和表 10-6。立柱支撑结构截面特性如表 10-7 所示。

表 10-5　　　　　　　　　　　　　　岩土材料特征值

名称	回填土	风化土	风化岩	止水帷幕	内撑	立柱
材料特性	各向同性	各向同性	各向同性	各向同性	各向同性	各向同性
模型类型	弹性	弹性	弹性	弹性	弹性	弹性
弹性模量/kPa	8 000	28 000	300 000	20 000	210 000 000	22 000 000
泊松比	0.35	0.33	0.30	0.30	0.18	0.20
容重/(kN·m⁻³)	18	19	20	22	79	25
K_0	0.56	1.00	1.00	1.00	—	—
容重(饱和)/(kN·m⁻³)	19	20	21	24	—	—
初始孔隙比	0.5	0.5	0.5	0.5	—	—
排水参数	排水	排水	排水	排水	—	—
渗透系数 $k(k_x = k_y = k_z)$	0.10	1.00	0.04	1.00	—	—

表 10-6　　　　　　　　　　　　　　材料属性

名称	回填土	风化土	风化岩	止水帷幕	内撑	立柱
网格类型	3D	3D	3D	3D	1D	1D
材料属性	回填土(1)	风化土(2)	风化岩(3)	止水帷幕(4)	内撑(6)	立柱(7)

表 10-7　　　　　　　　　　　　立柱支撑结构截面特性

特性	内撑	立柱
类型	梁	梁
H/m	0.3	
$B_1, B_2/m$	0.3	直径为 0.8 m
t_w/m	0.01	
$t_{f1}, t_{f2}/m$	0.01	

2.定义特性

(1)运行

运行 MIDAS GTS NX,单击【文件】菜单,在下拉列表中选择【新建】,弹出如图 10-52 所示对话框,在【项目名称】中输入"渗流应力耦合",【模型类型】选择【3D】,【重力方向】选择【Z 轴】,【单位系统】分别选择【kN】、【m】和【day】,【初始参数】按照图 10-52 所示的默认数据输入即可,单击【确定】完成设置并退出对话框。

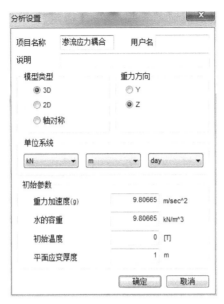

图 10-52　分析设置对话框(2)

（2）定义材料及属性

在三维分析中，岩土体的属性是实体类型。在建模之前应事先定义好建模所需要的所有材料属性及特性，在建模过程中可以直接选用定义好的属性。

①定义岩土体材料特性

在左侧工作树中选择【模型】→【材料】→【各向同性】→【添加】，弹出如图 10-53 所示对话框。在【号】中输入"1"，在【名称】中输入"回填土"，【模型类型】选择【弹性】。首先，选择【一般】表单，在【弹性模量】中输入"8 000"，在【泊松比】中输入"0.35"，在【容重】中输入"18"，在【K_0】中输入"0.56"。然后，选择【渗透性】表单，如图 10-54 所示，在【容重（饱和）】中输入"19"，在【初始孔隙比】中输入"0.5"，【排水参数】选择【排水】，在【渗透系数】的【K_X】、【K_Y】、【K_Z】中均输入"0.1"；最后单击【适用】，即完成回填土材料特性的定义。

根据表 10-4 中的数据，继续以同样的操作完成风化土、风化岩和止水帷幕材料的定义。注意，在定义内撑和立柱时，在对话框中确认勾选【结构】。如图 10-55 所示对话框中，在【号】中输入"6"，在【名称】中输入"内撑"，【模型类型】选择【弹性】。在【一般】表单中，在【弹性模量】中输入"210 000 000"，在【泊松比】中输入"0.18"，在【容重】中输入"79"，单击【适用】，即可完成内撑的材料特性的定义。根据表 10-4 中的数据，完成立柱材料特性的添加，最后单击【确认】并退出对话框。

②定义属性

在模型主菜单中选择并双击【属性】，使用鼠标右键单击【3D】→【添加】，分别完成回填土、风化土、风化岩和止水帷幕材料属性的定义。使用鼠标右键单击【2D】→【添加】，完成仅显示属性的定义。

使用鼠标右键单击【1D】→【添加】，选择【梁】表单，弹出如图 10-56 所示对话框，在【号】中输入"6"，在【名称】中输入"内撑"，【材料】选择【内撑】，确认勾选【截面】并单击【截面】，选择【H 型 1】，即弹出如图 10-57 所示对话框，"H 型 1"具体截面参数见表 10-7，设置

完成后单击【确认】并退出截面模板对话框。单击【适用】,完成内撑属性及参数设置。使
用同样的方法,完成立柱属性及参数设置。最后单击【确认】退出如图 10-56 所示对话框。

图 10-53　材料对话框(3)　　　　　　图 10-54　材料对话框(4)

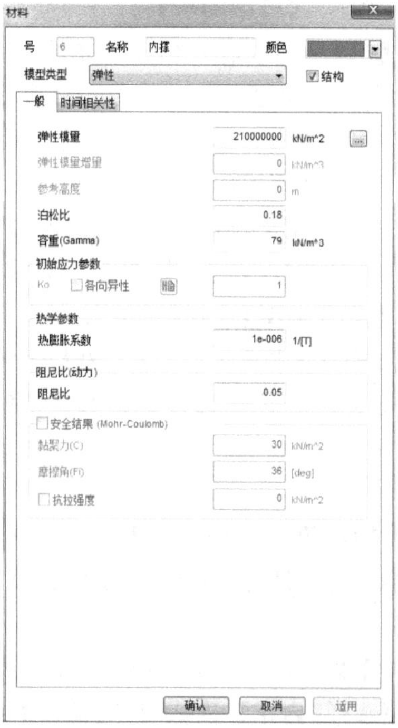

图 10-55　材料对话框(5) 　　　　图 10-56　建立/修改 1D 属性对话框

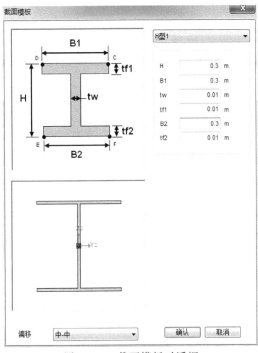

图 10-57　截面模板对话框

10.2.3　二维几何建模

1.建立二维几何形状

运用【定点与曲线】中的【矩形】和【直线】功能建立二维模型。

（1）建立整体岩土层

首先，在视图工具栏中单击 ⊞ WP 法向，在主菜单中选择【几何】→【定点与曲线】→【▢ 矩形】，【方法】选择 ▢ ，显示【输入一个角点】。在【位置】中输入"−15，12"，确认未勾选【生成面】，单击【Enter】键，再输入"30，−12"，单击【Enter】键，单击【取消】，即可完成二维矩形的建立。

（2）建立各岩土层和支护的线

在主菜单中选择【几何】→【定点与曲线】→【 ✎ 直线】，进入【2D】表单，在【输入起始位置】的【位置】中输入"3，0"，单击【Enter】键，在【输入结束位置】的【位置】中输入"0，12"，单击【Enter】键。重复上述步骤，利用同样的方法分别生成"−3，0"到"0，12"；"4，0"到"0，12"；"−4，0"到"0，12"；"−15，11"到"30，0"的直线。最后单击【取消】，退出线对话框。

在主菜单中选择【几何】→【旋转】→【移动复制】，进入【移动】表单，在 ⟹ 选择目标对象 状态下选择"−15，11"到"30，0"生成的直线为目标对象，在 ⟹ 选择方向 状态下选择"Y 轴"，确认未勾选【2 点矢量】，【方法】选择【复制（非均匀）】，在【距离】中输入"3@−1，−2，−1，−3"，单击【确认】，即生成如图 10-58 所示的二维模型几何图。

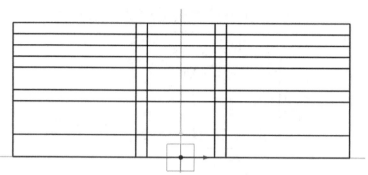

图 10-58　二维模型几何图

（3）交叉分割

在主菜单中选择【几何】→【顶点与曲线】→【╳交叉分割】，即可弹出如图 10-59 所示对话框，进入【3D】表单，在 <kbd>选择目标对象</kbd> 状态下选择全部直线和矩形，共 12 个目标，单击【确认】，退出交叉分割对话框。

图 10-59　交叉分割对话框（2）

所有的线只有在交叉位置彼此分割的情况下才能正常地生成网格。所以为了将所有的线在交叉处分割，应利用交叉分割功能完成，同时需要删除未使用的线。图 10-60 所示的标记加粗部分线段是要删除的目标。选中目标之后单击键盘上的【Delete】键，在删除对话框中单击【确认】，即可得到如图 10-61 所示的二维模型几何图。

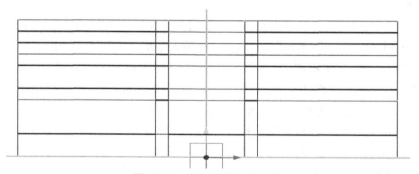

图 10-60　选择要删除的目标

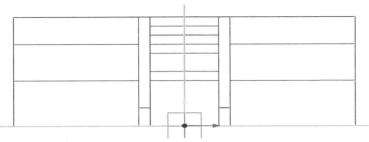

图 10-61　完成删除后的二维模型几何图

2.建立几何组

为了便于管理支护结构,应建立几何组,并将其单独注册到几何组中。

首先,在工作目录树中,使用鼠标右键单击【几何】→【几何组】,调出关联菜单,单击【新几何组】,命名为"立柱"后单击【Enter】键。然后,用鼠标右键单击【立柱】,调出关联菜单,选择【包含/排除 几何】,弹 出 如 图 10-62 所 示 对 话 框,选 择 【包 含】,在 ![选择目标]状态下选择如图 10-63 所示加黑线段为立柱目标,单击【确认】。

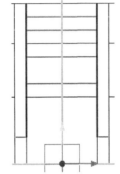

图 10-62　包含/排除几何对话框　　　图 10-63　立柱目标几何组(加黑线段)

再重复新建两个几何组,分别命名为"1-strut"和"2-strut"。然后依次用鼠标右键单击【1-strut】、【2-strut】调出关联菜单,选择【包含/排除几何】,在相应对话框中选择【包含】,在 ![选择目标]状态下选择如图 10-64 所示加黑线段为所选目标,单击【确认】。

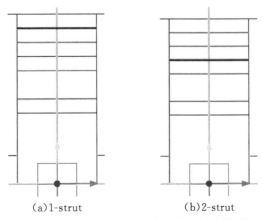

(a)1-strut　　　　　　　　(b)2-strut

图 10-64　1-strut、2-strut 目标几何组(加黑线段)

10.2.4 生成二维网格

1.生成二维网格映射-区域

(1)尺寸控制

在主菜单中选择【网格】→【控制】→【尺寸控制】,在对话框中默认选择【线】,在 <kbd>➡ 选择目标</kbd> 状态下,在二维几何图上选择全部线段,【方法】选择【单元长度】,在【网格尺寸】中输入"1",【名称】自定义即可。单击 <kbd>▦</kbd> 预览即可看到分割情况,单击【确认】,完成上述所选目标的网格尺寸分割。

(2)二维网格划分

为了在由边界线定义的区域里生成网格,需要使用在内部生成网格的映射网格-区域功能。

在主菜单中选择【网格】→【生成】→【2D】,选择【映射-区域】表单,在 <kbd>➡ 选择目标</kbd> 状态下,依次选择封闭区域,【播种方法】选择【尺寸】并输入"1",【属性】选择【仅显示】,【网格组】名称使用默认即可,单击【适用】,然后依次完成所有区域二维网格划分。按流程操作完成共 17 个区域的网格划分如图 10-65 所示。

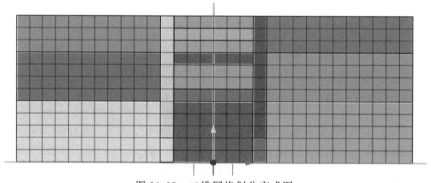

图 10-65 二维网格划分完成图

2.析取单元,网格转换

在工作目录树中,使用鼠标右键单击【网格】,调出关联菜单,选择【全部隐藏】;再使用鼠标选择【几何】→【几何组】→【立柱】、【1-strut】和【2-strut】(同时按住【Ctrl】键),单击鼠标右键则会调出关联菜单,选择【仅显示】,则会显示出如图 10-66 所示的几何图形。在主菜单单击【网格】→【单元】,选择"<kbd>▦</kbd>(析取)",弹出如图 10-67 所示对话框,选择【几何】表单,【类型】选择【线】,在 <kbd>➡ 选择目标</kbd> 状态下选择立柱为目标,【属性】选择【立柱】,单击【确认】。重复以上操作步骤,分别选择【1-strut】、【2-strut】,【属性】选择【内撑】,单击【确认】。

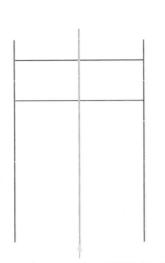

图 10-66 仅显示立柱和内撑的几何图形   图 10-67 析取单元对话框

3.移动复制单元

在主菜单中选择【网格】→【转换】→【移动复制网格】,弹出如图 10-68 所示对话框,【选择对象】选择【网格组】,在  状态下,选择立柱为目标。单击 ，并选择【Y 轴】,方法指定为【复制(均匀)】,在【距离】中输入"1",在【次数】中输入"14",在【网格组】中输入"立柱",单击【适用】。重复上述步骤,分别选择【1-strut】、【2-sturt】,单击【确认】。

图 10-68 转换网格对话框

在工作目录树中双击【网格】,显示出【立柱 1】～【立柱 13】、【1-sturt 1】～【1-sturt 13】、【2-sturt 1】～【2-sturt 13】,按住【Ctrl】键并同时选择【立柱 2】～【立柱 13】,并拖动到

MIDAS GTS NX数值模拟技术与工程应用

【立柱】,弹出如图10-69所示对话框,选择【合并】,并单击【确认】。以同样的方式将【1-sturt 2】～【1-sturt 13】合并到【1-sturt】里,将【2-sturt 1】～【2-sturt 13】合并到【2-sturt】中。完成后单击,查看立柱和内撑整体效果图,如图10-70所示。

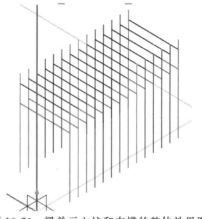

图 10-69　网格组操作对话框　　　　图 10-70　梁单元立柱和支撑的整体效果图

4.对齐单元坐标系

梁单元的内力是根据单元坐标系输出的。由于单元坐标系是由生成单元的顺序和方向决定的,所以为了输出有规律的内力,建立单元时需要考虑单元坐标系。建立好梁单元后需要查看并对齐单元坐标系。

在工作目录树中双击【网格】➡【立柱 1】、【1-strut 1】和【2-sturt 1】,单击鼠标右键调出关联菜单,选择【显示】➡【单元坐标系】,则会显示如图10-71所示的图形,强轴和弱轴都是对齐的。再次以同样的方式单击【单元坐标系】可隐藏全部单元坐标系。在工作目录树中双击【网格】➡【立柱】、【1-strut】和【2-sturt】,单击键盘的【Delete】键。可以在工作目录树中使用鼠标右键单击【几何】,调出相关菜单栏,选择【全部隐藏】。

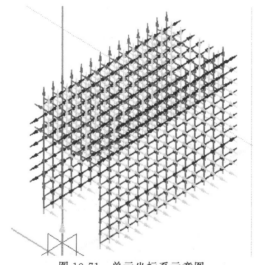

图 10-71　单元坐标系示意图

320

10.2.5 生成三维网格

在工作目录树中选择【网格】→【网格组】,单击鼠标右键调出关联菜单,选择【新网格组】,并重命名为"第一阶段"。依次以同样的操作添加"第二阶段""第三阶段""最终"网格组。

在主菜单中选择【网格】→【延伸】→【扩展网格】,选择【2D→3D】表单,在工作面上的选择工具栏中,将【选择过滤器】设置为【单元(T)】,选择【2D 单元】。在 选择2D单元(s) 状态下,首先同时选中图 10-72 中 A 和 B 区域的所有二维网格,单击【删除】选项删除。在 选择方向 状态下,选择【Y 轴】作为延伸方向。在【扩展信息】栏选择【均匀】,然后选择【偏移/次数】,在【偏移】中输入"1",在【次数】中输入"15"。【属性】选择【回填土】,【网格组】命名为"第一阶段回填土",单击【适用】。然后以相同的方式,选定 C 区域,【属性】选择【回填土】,【网格组】自定义为"第二阶段回填土",单击【适用】。同理,按照表 10-8 中的数据依次完成网格扩展,即可得到如图 10-73 所示的三维模型效果图。

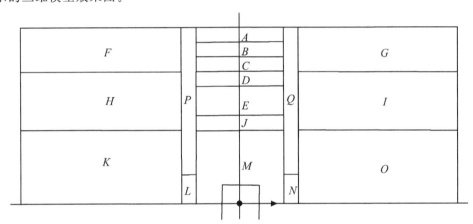

图 10-72   生成三维网格顺序示意图

表 10-8   各区域标注、网格组命名及属性

顺序	区域标注号	网格组命名	属性
1	A、B	第一阶段回填土	回填土
2	C	第二阶段回填土	回填土
3	D	第二阶段风化土	风化土
4	E	第三阶段风化土	风化土
5	F、G	最终回填土	回填土
6	H、I、J	最终风化土	风化土
7	K、L、M、N、O	最终风化岩	风化岩
8	P、Q	最终止水帷幕	止水帷幕

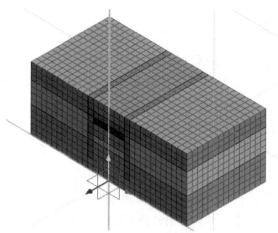

图 10-73　三维模型效果图

10.2.6　设置荷载、边界条件

1.设置自重

在主菜单中选择【渗流/固结分析】→【荷载】→【自重】,弹出如图 10-74 所示对话框,【类型】选择【坐标】,【参考坐标系】选择【整体直角】,令 $G_X=0$、$G_Y=0$、$G_Z=-1$,在【荷载组】中输入"自重",单击【确认】。

图 10-74　重力对话框

2.设置边界条件

在主菜单中选择【渗流/固结分析】→【边界】→【约束】,弹出如图 10-75 所示对话框。选择【自动】表单,【名称】默认为"约束-1",勾选【考虑所有网格组】,在【边界组】中输入"地基边界",单击【确认】。

图 10-75　约束对话框

3.设置立柱内外侧水压

在视图工具栏中选择前视图 。在主菜单中选择【渗流/固结分析】→【荷载】→【梁单元荷载】,弹出如图 10-76 所示对话框。选择【连续梁单元荷载】表单,【名称】默认为"连续梁单元荷载-1",【类型】选择【已选择单元】,在【选择第一节点】状态下,选择第一节点为右侧立柱最高点,在【选择第二节点】状态下,选择第二节点为右侧立柱最低点,在【选择单元】状态下,选择右侧立柱所有梁单元,指定选择【集中力】和【分布】,在【方向】中选择【整体 X】,【投影】默认为【是】,在【数值】里指定【比率】,在【x_2】处输入"1",在【w_2】处输入"-100",在【荷载组】处输入"外侧水压",单击【适用】。同样方式设置左侧立柱,在【w_2】处输入"100",单击【适用】。

图 10-76　梁单元荷载对话框

类似的,以相同的步骤定义荷载组"内侧水压1"(下部水压为70 kN/m)、"内侧水压2"(下部水压为50 kN/m)、"内侧水压3"(下部水压为30 kN/m),最终得到如图10-77所示的内外侧水压荷载示意图。

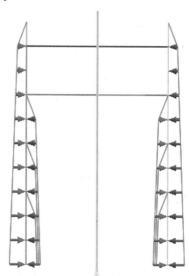

图10-77 内外侧水压荷载示意图

4. 设置"初始水头"边界条件

在视图工具栏中选择⬜前视图,在工作目录树中确认勾选所有【网格】。在菜单栏选择【渗流/固结分析】→【边界】→【节点水头】,在【节点水头】表单中,在【名称】中输入"节点水头-1",【类型】选择【节点】,在 ➡ 选择目标 状态下,框选模型左右两侧的所有节点,在【值】中输入"12",在【边界组】中输入"初始水头",单击【适用】。

类似的,继续在【节点水头】表单中,分别框选如图10-78(a)、(b)和(c)所示的目标节点,生成开挖面水头边界"水头1"(9 m)、"水头2"(7 m)和"水头3"(5 m),单击【确认】。

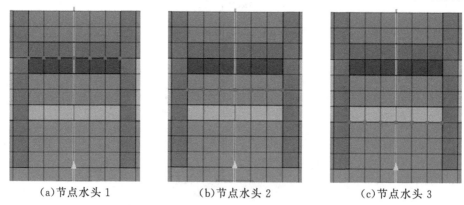

(a)节点水头1　　　　　　(b)节点水头2　　　　　　(c)节点水头3

图10-78 节点水头1、2、3的目标节点示意图

10.2.7　定义施工阶段

在视图工具栏中选择等轴侧视图,在主菜单中选择【渗流/固结分析】→【施工阶段】→

【施工阶段管理】,弹出如图 10-79 所示对话框,在【名称】中输入"基坑渗流耦合分析",【阶段类型】选择【应力-渗流-边坡】,单击【添加】。

图 10-79　施工阶段组对话框(2)

1.定义初始渗流阶段

在如图 10-79 所示对话框中,单击【定义施工阶段】,弹出如图 10-80 所示对话框,【施工阶段组名称】默认为"基坑渗流耦合分析",在【阶段名称】中输入"初始渗流",【阶段类型】选择【稳态】,将【组数据】中【网格】的"第一阶段回填土""第二阶段回填土""第二阶段风化土""第三阶段风化土""最终回填土""最终风化土""最终风化岩""最终止水帷幕"拖动到【激活数据】,将【边界条件】中的"初始水头"拖动到【激活数据】,【显示数据】选择【激活】,单击【保存】后再单击对话框上方的【新建】。

图 10-80　定义施工阶段对话框(5)

2.定义初始位移阶段

如图 10-81 所示,在【阶段名称】中输入"初始位移",【阶段类型】选择【应力】,将【组数据】中【边界条件】的"地基边界"和【静力荷载】中的"自重"拖动到【激活数据】,并勾选【位移清零】。【显示数据】选择【激活】,单击【保存】,再单击对话框上方的【新建】。因为地基在基坑开挖前其变形已经稳定,勾选【位移清零】是为了得到地基的初始应力场,也将自重作用下的变形清除掉。

图 10-81　定义施工阶段对话框(6)

3.定义打入桩阶段

如图 10-82 所示,在【阶段名称】中输入"打入桩阶段",【阶段类型】选择【应力】,将【数据组】中【网格】的"立柱-1"拖动到【激活数据】,勾选【位移清零】,【显示数据】指定为【激活】,单击【保存】,再单击对话框上方的【新建】。由于支护桩施工一般在基坑开挖之前进行,其施工期间的变形一般不计入基坑开挖引起的变形中,因此勾选【位移清零】。

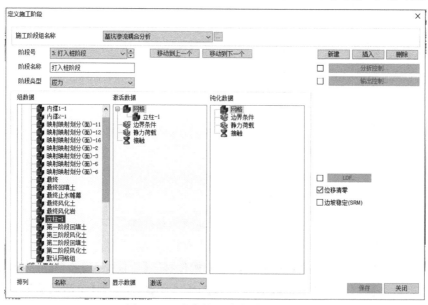

图 10-82　定义施工阶段对话框(7)

4.定义抽水 1 阶段

如图 10-83 所示,在【阶段名称】中输入"抽水 1",【阶段类型】选择【稳态】,将【组数据】

中【边界条件】的"水头 1"拖动到【激活数据】,【显示数据】选择【激活】,单击【保存】,再单击对话框上方的【新建】。

图 10-83　定义施工阶段对话框(8)

5.定义抽水 1 变形阶段

如图 10-84 所示,在【阶段名称】中输入"抽水 1 变形",【阶段类型】选择【应力】,单击【保存】,再单击对话框上方的【新建】。本施工步中仅把【阶段类型】修改为【应力】,而无其他网格及边界、荷载的激活或钝化。软件内部会将前一阶段得到的孔隙水压力场计入本施工步,从而得到第一步开挖之前的基坑降水"水头 1"引起的变形。

图 10-84　定义施工阶段对话框(9)

6.定义开挖 1 阶段

如图 10-85 所示,在【阶段名称】中输入"开挖 1",【阶段类型】选择【应力】,将【静力荷

327

载】的"外侧水压"和"内侧水压1"拖动到【激活数据】,将【组数据】中【网格】的"第一阶段回填土"拖动到【钝化数据】,【显示数据】选择【激活】,单击【保存】,再单击对话框上方的【新建】。

图 10-85 定义施工阶段对话框(10)

7.定义抽水 2 阶段

如图 10-86 所示,在【阶段名称】中输入"抽水 2",【阶段类型】选择【稳态】,将【组数据】中【边界条件】的"水头 2"拖动到【激活数据】,将"水头 1"拖动到【钝化数据】,【显示数据】选择【激活】,单击【保存】,再单击对话框上方的【新建】。

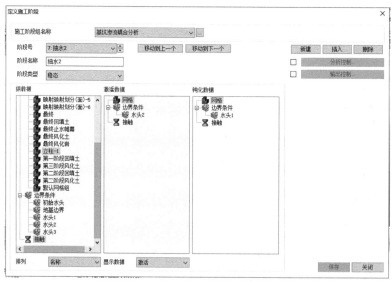

图 10-86 定义施工阶段对话框(11)

8.定义抽水 2 变形阶段

如图 10-87 所示,在【阶段名称】中输入"抽水 2 变形",【阶段类型】选择【应力】,单击

【保存】,再单击对话框上方的【新建】。

图 10-87 定义施工阶段对话框(12)

9.定义开挖 2 阶段

如图 10-88 所示,在【阶段名称】中输入"开挖 2",【阶段类型】选择【应力】,将【组数据】中【网格】的"内撑 1-1"拖动到【激活数据】,"第二阶段回填土""第二阶段风化土"拖动到【钝化数据】,将【静力荷载】的"内侧水压 2"拖动到【激活数据】,"内侧水压 1"拖动到【钝化数据】,【显示数据】选择【激活】,单击【保存】,再单击对话框上方的【新建】。

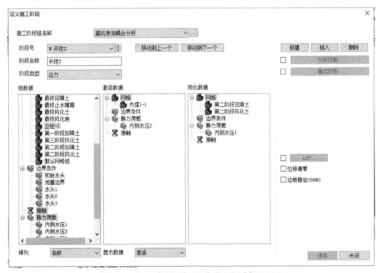

图 10-88 定义施工阶段对话框(13)

10.定义抽水 3 阶段

如图 10-89 所示,在【阶段名称】中输入"抽水 3",【阶段类型】选择【稳态】,将【组数据】中【边界条件】的"水头 3"拖动到【激活数据】,将"水头 2"拖动到【钝化数据】,【显示数据】选择【激活】,单击【保存】,再单击对话框上方的【新建】。

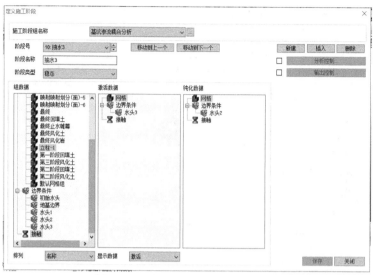

图 10-89　定义施工阶段对话框（14）

11.定义抽水 3 变形阶段

如图 10-90 所示，在【阶段名称】中输入"抽水 3 变形"，【阶段类型】选择【应力】，单击【保存】，再单击对话框上方的【新建】。

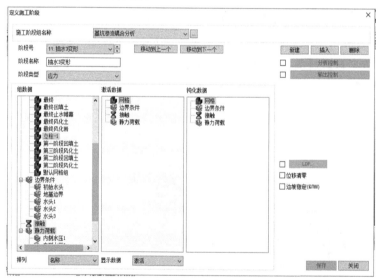

图 10-90　定义施工阶段对话框（15）

12.定义开挖 3 阶段

如图 10-91 所示，在【阶段名称】中输入"开挖 3"，【阶段类型】选择【应力】，将【组数据】中【网格】的"内撑 2-1"拖动到【激活数据】，"第三阶段风化土"拖动到【钝化数据】，将【静力荷载】的"内侧水压 3"拖动到【激活数据】，"内侧水压 2"拖动到【钝化数据】，【显示数据】选择【激活】，单击【保存】，再单击对话框上方的【新建】。

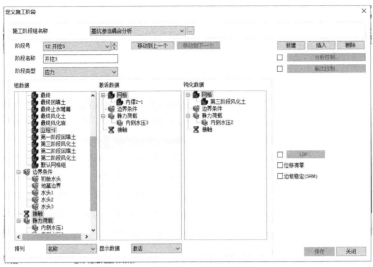

图 10-91　定义施工阶段对话框(16)

10.2.8　分析设置

在主菜单中选择【分析】→【分析工况】→【新建】,即弹出如图 10-92 所示对话框,在【标题】中输入"渗流基坑应力耦合分析",【求解类型】选择【施工阶段】,单击【确认】完成分析设置。

图 10-92　添加/修改分析工况对话框(2)

MIDAS GTS NX数值模拟技术与工程应用

10.2.9 运行分析

选择【分析】→【运行】，即弹出如图 10-93 所示对话框。勾选【渗流基坑】，单击【确认】，即进入运行状态。

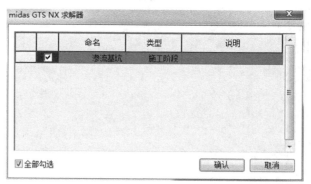

图 10-93　MIDAS GTS NX 求解器对话框(2)

10.2.10 渗流分析结果

为了清晰地查看图形结果，最好隐藏建模过程中使用的所有信息。在工作目录树中单击鼠标右键调出关联菜单隐藏全部几何、边界条件和静力荷载等。

1. 查看开挖后的水平位移

单击工作目录树中的【结果】栏，双击【开挖 3】→【 INCR=1 (LOAD=1.000) 】→【 Displacements】→【 TOTAL TRANSLATION(V)】，弹出如图 10-94 所示位移图。

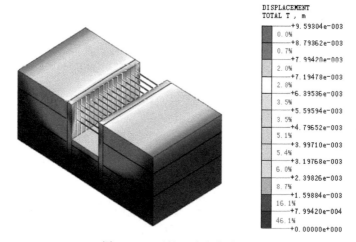

图 10-94　开挖 3 阶段位移图

在主菜单中选择【结果】→【一般】，单击【矢量】，选择【向量】，单击【云图】确定其未选择，单击【前视图】则可显示如图 10-95 所示位移等值线分布图。

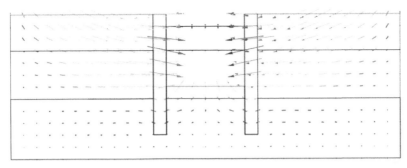

图 10-95　开挖 3 阶段位移等值线分布图

2.查看立柱及内撑内力

双击【开挖 3】→【🔩 Beam Element Forces】,显示如图 10-96 所示目录树。立柱及内撑内力表单里包括"轴力""Y 轴方向的剪力""Z 轴方向剪力""Y 轴方向的弯矩""Z 轴方向的弯矩"等。图 10-97 所示为开挖 3 阶段立柱和内撑内力示意图。

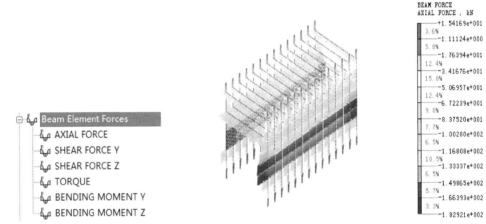

图 10-96　开挖 3 阶段立柱及内撑内力目录树　　图 10-97　开挖 3 阶段立柱和内撑内力示意图

3.立柱压力

双击【开挖 3】→【🔩 Beam Element Stresses】,显示如图 10-98 所示目录树。立柱和内撑压力表单里包括"轴力""各个方向的剪力""XY 平面上的弯矩""XZ 平面上的弯矩"等。开挖 3 阶段立柱和内撑弯矩示意图如图 10-99 所示。

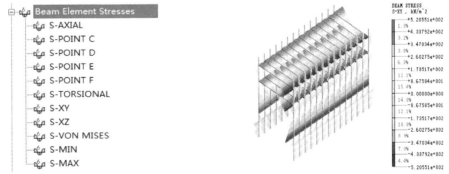

图 10-98　开挖 3 阶段立柱和内撑压力目录树　　图 10-99　开挖 3 阶段立柱和内撑弯矩示意图

4.查看土压力

双击【开挖3】→【 Solid Stresses】,显示如图 10-100 所示目录树。模型周围考虑的土压力包括类"各个方向的土压力""各个面上的土压力""最大剪力""极限空隙压力"等。图 10-101 所示为开挖 3 阶段平均有效土压力示意图。

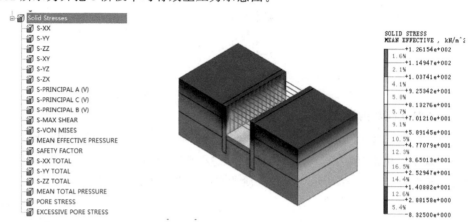

图 10-100 开挖 3 阶段土压力目录树   图 10-101 开挖 3 阶段平均有效土压力示意图

5.查看各个抽水阶段总水力梯度

可以查看各个抽水阶段总水力梯度。抽水 1 阶段、抽水 2 阶段、抽水 3 阶段的水利梯度合成示意图如图 10-102～图 10-104 所示。

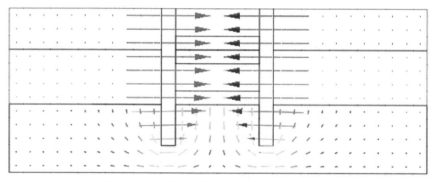

图 10-102 抽水 1 阶段水力梯度合成示意图

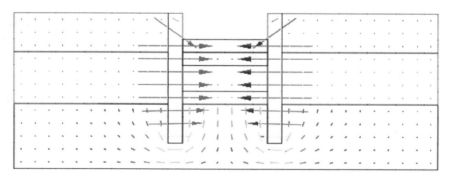

图 10-103 抽水 2 阶段水力梯度合成示意图

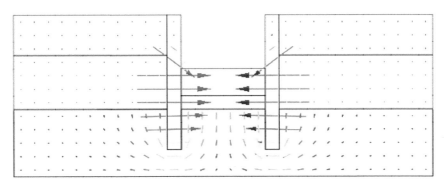

图 10-104　抽水 3 阶段水力梯度合成示意图

10.3　本章小结

　　本章主要介绍了 MIDAS GTS NX 渗流及渗流-应力耦合分析的操作流程。通过案例的模拟分析,初学者对采用 MIDAS GTS NX 进行渗流及渗流-应力耦合的操作方法有大概了解。事实上,软件使用水平的提高与使用者对该软件核心理论的掌握和熟练程度息息相关,因此,初学者在熟悉 MIDAS GTS NX 的操作流程后,应适时地了解和学习相关理论知识。

参考文献

[1] 王海涛. MIDAS/GTS 岩土工程数值分析与设计:快速入门与使用技巧[M].大连:大连理工大学出版社,2013.

[2] 卢廷浩.岩土工程数值分析[M].北京:中国水利水电出版社,2008.

[3] 王海涛,涂兵雄.理正岩土工程计算分析软件应用:支挡结构设计[M].北京:中国建筑工业出版社,2017.

[4] 裴利华.非稳定渗流基坑变形分析[J].铁道勘测与设计,2007(4):52-55.

[5] 华洪勋.考虑渗流影响与分步开挖的基坑变形性状分析研究[D].广州:广东工业大学,2008.

[6] 金慧.砂土地层地铁隧道盾构施工对邻近埋地管道影响的模型试验研究[D].大连:大连交通大学硕士论文,2017.

[7] 苏鹏,王海涛,祁可录,等.岩溶区隧道盾构法施工的相似模型试验设计[J].公路,2019,64(7):310-315.

[8] 徐明,谢永宁.盾构隧道开挖三维数值模拟方法研究[J].武汉理工大学学报,2012,34(2):65-68.

[9] 赵香山,陈锦剑,黄忠辉,等.基坑变形数值分析中土体力学参数的确定方法[J].上海交通大学学报,2016,50(1):1-7.

[10] 杨宝珠,仲晓梅.基于 FLAC-3D 的深基坑开挖过程数值分析[J].河北工程大学学报(自然科学版),2008(3):15-18.

[11] 尹盛斌,丁红岩.软土基坑开挖引起的坑外地表沉降预测数值分析[J].岩土力学,2012,33(4):1210-1216.

[12] 刘婧.深基坑边降水边开挖的变形特性研究[D].上海:上海交通大学,2010.

[13] 钱家欢,殷宗泽.土工原理与计算:2版.北京:中国水利水电出版社,1996.

[14] 于鹤然,周晓军.高速列车动荷载作用下立体交叉铁路隧道动力响应研究[J].铁道学报,2015,37(6):103-111.

[15] 陈俊.列车荷载作用下地基动力及沉降特性分析[J].重庆交通大学学报(自然科学版),2017,36(9):32-37.

[16] 贾彩虹,王翔,王媛.考虑渗流-应力耦合作用的基坑变形研究[J].武汉理工大学学报,2010,32(1):119-122.

[17] 王晓莉.兰州某地铁深基坑在降水条件下的渗流稳定性及监测分析[D].兰州理工大学,2016.